Liebe Leserin, lieber Leser,

Naturwissenschaftler sind vor allem eines: neugierig. Sie wollen wissen, wer wir sind, wie die Erde aufgebaut und das Leben beschaffen ist, wie es im Kosmos aussieht. Sie suchen nach natürlichen Ursachen für natürliche Phänomene.

Dafür haben sie im Lauf der Jahrhunderte spezielle Werkzeuge der Erkenntnis entwickelt. Die alten Griechen versuchten, die Natur allein durch Nachdenken und Beobachten zu begreifen. Für moderne Wissenschaftler aber sind ausgeklügelte Versuche und Messapparaturen entscheidend: Nachprüfbare Beobachtungen und Messungen liefern ihnen Daten, auf denen sie ihre Theorien gründen – und weitere Experimente bestätigen oder widerlegen diese Theorien anschließend.

Bis weit ins 20. Jahrhundert gingen die entscheidenden neuen Ideen von einzelnen Forschern aus – und revolutionierten zuweilen ein sicher geglaubtes Weltbild: Seit Nicolaus Copernicus etwa steht die Erde nicht mehr im Zentrum des Universums, seit Charles Darwin ist der Mensch nicht mehr die Krone der Schöpfung – und seit Albert Einstein und den Quantenforschern gibt es keine „absolute" Zeit und keine „objektive" Wirklichkeit mehr.

Das Gremium: GEO-Redakteur Jörn Auf dem Kampe (l.), der das Konzept dieses Heftes erarbeitet hat, der Physiker und Leiter der GEO-Dokumentation Dr. Arno Nehlsen (3. v. l.), die Wissenschaftshistoriker Prof. Gudrun Wolfschmidt und Prof. Stefan Kirschner (beide von der Universität Hamburg)

Dieses Heft präsentiert Ihnen die Sternstunden der Forschungsgeschichte, von der Antike bis heute. Im Verlauf von zweieinhalb Jahrtausenden haben Wissenschaftler Spektakuläres vollbracht: etwa das Rätsel der Vererbung gelöst, die Materie bis in die Bestandteile der Atome gespalten und die Erdgeschichte entschlüsselt; sie sind bis in die Körperzellen vorgedrungen und an den Anfang der Zeit.

Gemeinsam mit den Wissenschaftshistorikern Prof. Dr. Gudrun Wolfschmidt und Prof. Dr. Stefan Kirschner haben meine GEO-Kollegen Dr. Arno Nehlsen und Jörn Auf dem Kampe eine Liste der 100 bedeutendsten Forscher aus 2500 Jahren erstellt. Und natürlich sind sich die vier – ist sich die Redaktion – bewusst, dass es Proteste geben wird. Nicht gegen die Nominierung etwa eines Charles Darwin, wohl aber gegen die anderer, weniger bekannter Wissenschaftler.

Entscheidend für die Auswahl der Juroren war unter anderem:

- dass ein Forscher ein altbekanntes Phänomen erstmals wissenschaftlich zu erklären vermochte – so wie Ludwig Boltzmann, der 1877 mit der kinetischen Gastheorie mathematisch beschrieb, weshalb ein Ofen einen Raum erhitzt;
- dass es ihm gelang, auf etwas gänzlich Neues zu stoßen – wie William Harvey, der um 1620 den Blutkreislauf entdeckte;
- dass er eine Fachdisziplin begründete – wie der Grieche Theophrast, der um 320 v. Chr. zum ersten Botaniker wurde;
- oder dass er in der Lage war, ein komplexes Problem aus einer vollkommen neuen Perspektive zu deuten – wie Albert Einstein, der das Phänomen der Gravitation ganz anders erklärte, als es Isaac Newton gut 250 Jahre vor ihm versucht hatte.

Trotzdem sind wir uns bewusst, dass es über diese Liste Diskussionen geben wird – und laden Sie ein, daran im Internet unter www.geokompakt.de teilzunehmen. Denn jede Auswahl bedeutet zunächst einmal: viele wegzulassen. So haben wir uns im Großen und Ganzen auf die Forscher des Abendlandes beschränkt, weil sie uns sehr viel stärker geprägt haben als die anderer Hochkulturen, etwa der chinesischen.

Zudem haben wir uns ausschließlich den klassischen Naturwissenschaftlern gewidmet, sodass Grenzgänger wie Sigmund Freud, dessen Thesen nicht im Experiment nachprüfbar sind, unberücksichtigt blieben.

Zum Abschluss dieses Heftes präsentieren wir Ihnen einen Ausblick auf die Wissenschaft im 21. Jahrhundert – am Beispiel des wohl aufwendigsten Experiments aller Zeiten: Noch in diesem Jahr wird am Genfer Forschungszentrum CERN ein neuer, sechs Milliarden Euro teurer Atomkernbeschleuniger in Betrieb genommen, und die Reportage meines Kollegen Malte Henk illustriert, wie sehr sich die Suche nach Erkenntnis in den vergangenen Jahrzehnten verändert hat.

Denn es sind in der Regel nicht mehr einzelne Genies, denen ein Durchbruch gelingt, sondern Wissenschaftlerteams – beim CERN arbeiten mehr als 5000 Physiker. Und ihre Instrumente werden immer komplizierter, ihre Erkenntnisse immer abstrakter, ihre Begründungen immer mathematischer.

Die 100 großen Geister, die wir hier vorstellen (genau genommen sind es 105, denn in einigen Fällen arbeiteten mehrere eng zusammen) stehen für 2500 Jahre Forschungsgeschichte, für das, was Menschen heute über die Natur wissen. Und sie lehren einen, dass die Wissenschaft, so die französische Philosophin Simone Weil, im Grunde nichts anderes ist als das „Studium der Schönheit der Welt".

Herzlich Ihr

Geheimnis der Gene: Wie bestimmte Merkmale vererbt werden, weist Thomas Morgan 1910 nach – an Taufliegen. **Seite 91**

Der erste Ingenieur: Archimedes konstruiert um 214 v. Chr. Kräne und Katapulte und ist ein besessener Mathematiker. **Seite 20**

Neues Weltbild. Als Galileo Galilei um 1630 den Geozentrismus anzweifelt, steht ihm ein mächtiger Gegner gegenüber: die Kirche. **Seite 38**

> **Inhalt**

Thales *um 640 v. Chr. – Pionier der Naturwissenschaften
Pythagoras *um 570 v. Chr. – Die Kraft der Zahlen **16**
Demokrit *um 460 v. Chr. – Theorie der kleinsten Teilchen
Hippokrates *um 460 v. Chr. – Der erste Diagnostiker
Platon *427 v. Chr. – Vorkämpfer der absoluten Wahrheit...... **17**
Aristoteles *384 v. Chr. – Der große Vorbereiter............ **18**
Theophrast *um 372 v. Chr. – Begründer der Pflanzenkunde
Euklid *um 350 v. Chr. – Architekt der Geometrie............ **19**
Archimedes * um 287 v. Chr. – Der erste Ingenieur............ **20**
Ptolemäus *87 n. Chr. – Von Sphären, Kreisen, Epizyklen
Galen von Pergamon *129 n. Chr. – Der Vater der Heilkunde
Alhazen *995 – Wie das Auge funktioniert **26**
Friedrich II. *1194 – Vom Staunen zum Wissen
Roger Bacon *um 1214 – Erkenntnis durch Mathematik
Nikolaus Oresme *um 1320 – Der Scholastiker............ **28**
Regiomontanus *1436 – Wegbereiter des Copernicus.......... **29**
Nicolaus Copernicus *1473 – Der Herr der Ringe **30**
Paracelsus *um 1493 – Reformator der Medizin
Georgius Agricola *1494 – Ordnung für Steine und Erze
Andreas Vesalius *1514 – Vorstoß in den Körper **36**
Tycho Brahe *1546 – Vermessung des Himmels **37**
Galileo Galilei *1564 – Der Forscher und die Inquisition..... **38**
Johannes Kepler *1571 – Den Planeten auf der Spur........... **46**
William Harvey *1587 – Entdecker des Blutkreislaufs
Robert Boyle *1627 – Der große Skeptiker **47**
Marcello Malpighi *1628 – Mikroskopische Anatomie
Christiaan Huygens *1629 – Der Ring des Saturn **48**
Antoni van Leeuwenhoek *1632 – Die Welt des Kleinsten **49**
Isaac Newton *1643 – Die wundersame Schwerkraft **50**
Gottfried Wilhelm von Leibniz *1646 – Das Universalgenie
Carl v. Linné *1707 – Ordnung in der Welt des Lebendigen .. **56**
Leonhard Euler *1707 – Die schönste Formel der Welt
William Herschel *1738 – Der Musiker und die Astronomie .. **57**
Antoine de Lavoisier *1743 – Vater der Chemie............ **58**
Jean Baptist Lamarck* 1744 – Eine Theorie der Evolution
John Dalton *1766 – Das Geheimnis der Gase **59**
Carl Friedrich Gauß *1777 – Ein Fürst der Zahlen............ **60**
Joseph von Fraunhofer *1787 – Der perfekte Schliff
Georg Simon Ohm *1789 – Von Strom und Spannung......... **66**
Charles Lyell *1797 – Kräfte, die den Planeten formen
Friedrich Wöhler *1800 – Mittler zwischen zwei Welten
Justus von Liebig *1803 – Chemie des Lebens............ **67**
Charles Darwin *1809 – Die Kraft, die neue Arten schafft.... **68**
Theodor Schwann *1810 – Der kleinste Baustein: die Zelle
Julius R. von Mayer *1814 – Energie, die nie vergeht **80**
Hermann von Helmholtz *1821 – Das Prinzip Faulheit
Rudolf Virchow *1821 – Die pathologische Anatomie.......... **81**
Gregor Johann Mendel *1822 – Von Zucht und Ordnung
Louis Pasteur *1822 – Der Wunderheiler **82**
Gustav Kirchhoff *1824 – Die Sprache des Lichts............ **83**

Wichtige Begriffe sind durch eine **blaue** Schriftfarbe hervorgehoben und werden im Glossar ab Seite 150 kurz definiert. **Querverweise:** Die mit → gekennzeichneten Namen verweisen auf andere Porträts im Heft.
Alle Fakten und Daten in dieser Ausgabe sind vom GEO-Verifikationsteam auf ihre Richtigkeit überprüft worden.

Friedrich August Kekulé *1829 – Wie sich Atome verbinden
James Clerk Maxwell *1831 – Von der Natur der Wellen 84
Dmitri Mendelejew *1834 – Periodensystem der Elemente
Robert Koch *1843 – Vom Wesen der Bakterien
Ludwig Boltzmann *1844 – Wie sich Wärme ausbreitet 85
Wilhelm Conrad Röntgen *1845 – Geheimnis der X-Strahlen
Wilhelm Roux *1850 – Von der Zelle zum Organismus 86
Emil Fischer *1852 – Mitbegründer der Biochemie
Paul Ehrlich *1854 – Die magischen Kugeln
Joseph J. Thomson *1856 – Dem Elektron auf der Spur 87
Heinrich Hertz *1857 – Der Funken der Kommunikation
Charles Sherrington *1857 – Nestor der Neurowissenschaft.. 88
Max Planck *1858 – Eine neue Sicht der Welt 89
W. Bayliss, E. Starling *1860 –Die Botenstoffe des Lebens ... 90
David Hilbert *1862 – Reformer des Rechnens
Leo Hendrik Baekeland *1863 – Der erste Kunststoff
Thomas Hunt Morgan *1866 – Kartograph der Gene 91
Marie Curie *1867 – Die unsichtbare Gefahr 92
Ernest Rutherford *1871 – Von der Leere der Materie
Oswald T. Avery *1877 – Der Stoff, aus dem die Gene sind 94
Lise Meitner *1878 – Theorie der Kernspaltung
Otto Hahn *1879 – Kraft aus der Materie 95
Albert Einstein *1879 – Das Licht der Erkenntnis 96
Alfred Wegener *1880 – Die Reise der Kontinente
Hermann Staudinger *1881 – Riesen in der Mikrowelt 102
Arthur Stanley Eddington *1882 – Das Innere der Sterne
Max Born *1882 – Regiment des Zufalls
Niels Bohr *1885 – Atom als Planetensystem 103
Walter Schottky *1886 – Von kristallinen Datenspeichern
Erwin Schrödinger *1887 – Die Gleichung der Elektronen.. 104
Edwin Hubble *1889 – Ein neues Bild des Universums...... 105
Wolfgang Pauli *1900 – Das Ausschließungsprinzip
Hans A. Krebs *1900 – Die Chemie der Zelle 106
Enrico Fermi *1901 – Der Tod aus dem Kern 108
Linus Pauling *1901 – Was das Kleinste zusammenhält
Werner Heisenberg *1901 – Die Grenzen der Gewissheit 118
Paul Dirac *1902 – Expedition in die Antiwelt
Barbara McClintock *1902 – Wenn Gene wandern 119
Brattain, Bardeen, Shockley *1902 – Der Transistoreffekt
John von Neumann *1903 – Von Computern und Spielern ..120
Konrad Lorenz *1903 – Die Sprache der Tiere
Ernst Mayr *1904 – Der neue Darwin 121
Maria Goeppert-Mayer *1906 – Im Inneren des Atomkerns
S. Chandrasekhar *1910 – Vom Tod und Leben der Sterne
Francis Crick, James Watson *1916 – Bauplan des Lebens ...122
Richard Feynman *1918 – Physik, leicht gemacht 123
Marshall Nirenberg *1927 – Das Archiv der Gene 124
Murray Gell-Mann *1929 – Der Teilchenzoo 132
Rudolf Mößbauer *1929 – Messen mit Gammastrahlen
Arno Penzias, Robert Wilson *1933 – Die Stunde null 133

Bildessay – Wege zum Wissen 6
CERN – Das Monster von Genf 134
Martensteins Welt The Mad Scientist 146
Kompakt erklärt Glossar, Register 150
Vorschau Das Gehirn 154
Impressum, Bildnachweis, Autorenverzeichnis 153

Redaktionsschluss dieser Ausgabe: 20. Februar 2008
Titelbild-Illustration: Tim Wehrmann

Forschung heute: Mehr als 5000 Physiker suchen am Genfer CERN mit Großaufwand nach kleinsten Teilchen. Seite 134

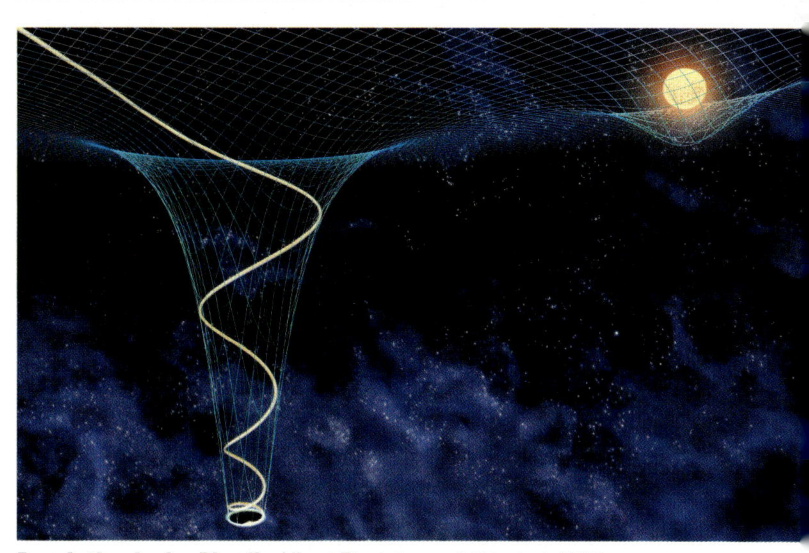

Revolution in der Physik: Albert Einstein erschüttert ab 1905 die Vorstellung von Raum, Zeit und Materie. Seite 96

Vordenker aller Wissenschaft: der Grieche Aristoteles. Seite 18

Halbleitertechnik: Bardeen, Shockley und Brattain. Seite 120

Frauen als Forscher: Marie Curie setzt sich als Erste durch. Seite 92

Urknall: Arno Penzias und Robert Wilson weisen ihn nach. Seite 133

Richard Feynman
Der Physiker aus den USA – hier 1970 bei einer Vorlesung – beschreibt mit seinen Formeln die bizarr anmutende Welt der Elektronen und Lichtteilchen

Die Wege zum Wissen

Wie gewinnt der Mensch eine Vorstellung von der Welt? Philosophen denken nach, Theologen interpretieren das Wort Gottes, Naturwissenschaftler aber machen Beobachtungen und Versuche. Immer raffinierter, komplexer und oft auch größer werden ihre Messinstrumente im Lauf der Jahrhunderte, immer ausgeklügelter die Experimente, um Theorien zu beweisen oder sie zu widerlegen – und so ein Bild von der Wirklichkeit zu erhalten

Text: Henning Engeln

Edwin Hubble
Die Beobachtungen des Amerikaners an einem kalifornischen Observatorium in den 1920er Jahren zeigen: Die Galaxien bewegen sich voneinander fort, das Weltall dehnt sich aus. Damit wird Hubble zum Wegbereiter der Urknalltheorie. Denn was sich fortwährend ausdehnt, war womöglich einst auf kleinstem Raum konzentriert

Marie Curie
Die gebürtige Polin – hier um 1908 in ihrem Pariser Labor – schafft es als eine von nur wenigen Frauen, in das Pantheon der Naturwissenschaften vorzudringen. Sie erforscht die Radioaktivität, entdeckt zwei neue Elemente und erhält gleich zweimal den Nobelpreis

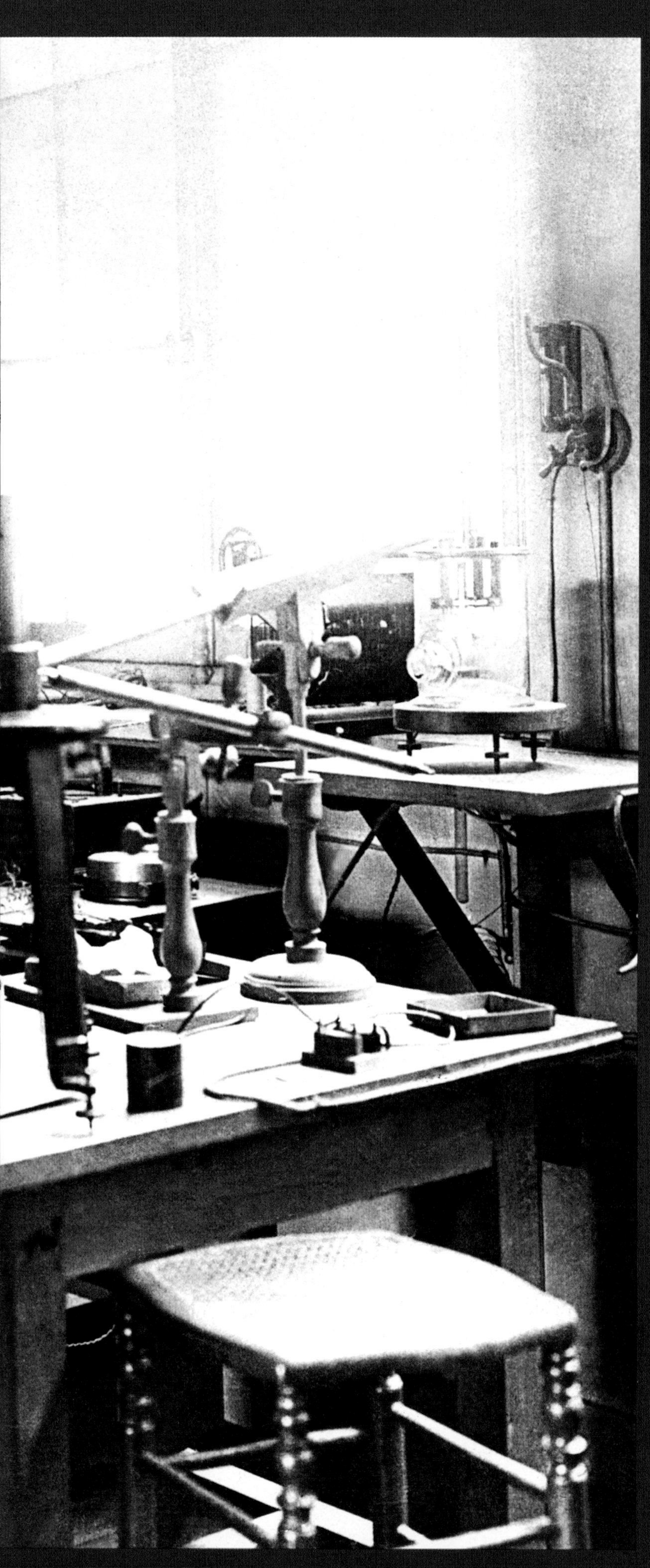

Hans Adolf Krebs
Der nach England emigrierte Deutsche erforscht, wie Zellen aus biochemischen Prozessen Energie gewinnen, und entdeckt 1937 den »Zitronensäurezyklus«

James Watson und Francis Crick
An einem Modell erklären Watson (links) und Crick 1953, wie die Erbsubstanz DNS aufgebaut ist – und bereiten damit den Weg für die Gentechnik

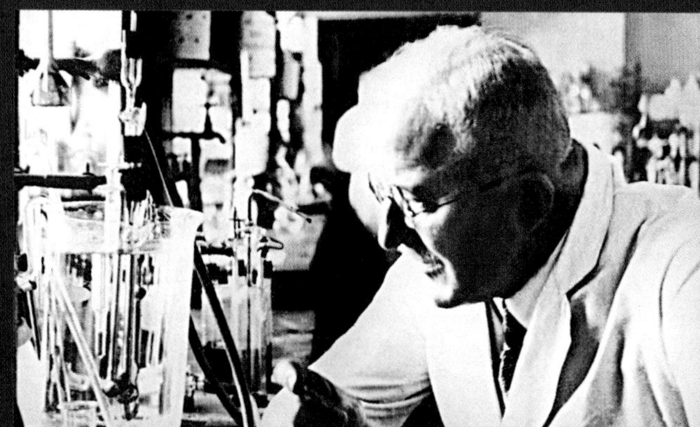

Hermann Staudinger
Der deutsche Chemiker erkennt 1920, dass manche Stoffe aus Riesenmolekülen bestehen. Damit wird er zum Schöpfer einer neuen Materialklasse: der Kunststoffe

Ernest Rutherford

Um 1909 lässt der in Neuseeland geborene Chemiker und Physiker (M., Foto von 1936) Metallfolie mit Heliumkernen bestrahlen und erhält Ergebnisse, die ihn zu einer revolutionären Schlussfolgerung bringen: Atome, die Grundbausteine der Materie, sind nicht etwa kompakt. Vielmehr umkreisen winzige Elektronen den Atomkern in großem Abstand – der Raum dazwischen ist leer

Subrahmanyan Chandrasekhar

Die Berechnungen des Astrophysikers rufen 1935 Kopfschütteln hervor: Manche ausgebrannte Sterne brechen demnach unter ihrer Schwerkraft zusammen. Atomkerne und Elektronen werden zu einer ungeheuer kompakten Masse zusammengepresst, zu einem Neutronenstern oder – bei besonders massereichen Sternen – zu einem Schwarzen Loch. Der gebürtige Inder behält recht

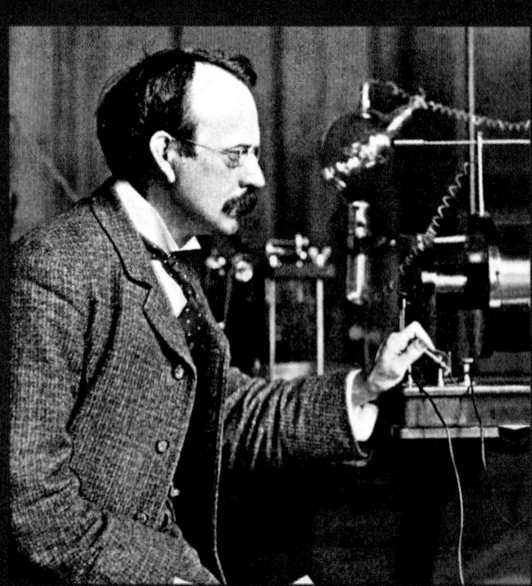

Joseph John Thomson

Der Brite experimentiert mit der Kathodenstrahlröhre, einem luftleeren Glaskolben mit zwei unter Spannung stehenden Elektroden. Thomson beweist, dass die seltsame Strahlung in der Röhre aus winzigen, negativ geladenen Teilchen besteht: Er hat das Elektron entdeckt

Alfred Wegener
Als der Deutsche 1912 erstmals öffentlich die Vermutung äußert, alle Kontinente hätten einst einen einzigen Urkontinent gebildet, erntet er nur Spott. Wegener kommt 1930 bei einer Grönlandexpedition (Foto) ums Leben. Seine Theorie aber bildet heute eine Grundlage der Geologie

Konrad Lorenz

In den 1930er Jahren macht der österreichische Zoologe eine erstaunliche Beobachtung – frisch geschlüpfte Gänseküken akzeptieren ihn als „Mutter". Seine Erklärung: Durch ein angeborenes Verhaltensmuster reagieren die Tiere auf bestimmte Reize der Umwelt und erfahren eine unwiderrufliche „Prägung". Lorenz wird zum Vater der Verhaltensbiologie

Otto Hahn und Lise Meitner

30 Jahre lang erforschen der deutsche Chemiker und die Wiener Physikerin gemeinsam die radioaktiven Elemente. 1938 muss Meitner emigrieren, doch Hahn informiert sie über den Fortgang der Experimente. Schließlich gelingt ihm eine Kernspaltung: Uran zerfällt unter Neutronenbeschuss zu Barium und Krypton. Sie liefert kurz darauf die theoretische Erklärung

Paul Ehrlich
Der Mediziner färbt Zellen mit Farbstoffen an und kann so einen neuen Typ von Immunzellen nachweisen. Er experimentiert mit Giften, die er 1909 erstmals erfolgreich zur Chemotherapie gegen Syphilis nützt. Und Ehrlich begreift, wie körpereigene Abwehrzellen mit speziellen Molekülen („Antikörpern") Krankheitserreger bekämpfen

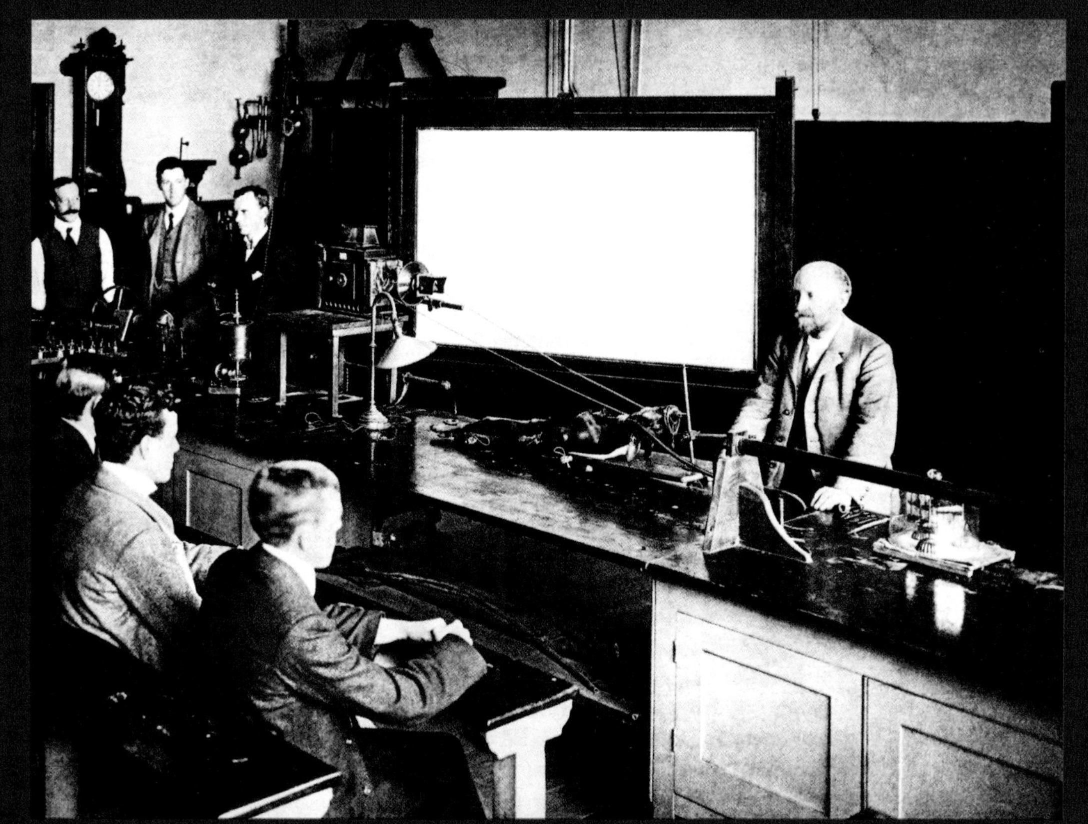

William Bayliss
Der britische Physiologe untersucht 1902 gemeinsam mit seinem Landsmann Ernest Starling die Verdauung von Hunden. Ihre Experimente zeigen: Nicht Nerven steuern den Ausstoß von Sekreten, sondern chemische Botenstoffe – sie werden bald Hormone genannt. Wie man heute weiß, spielen sie eine wichtige Rolle, um Vorgänge im Körper zu regulieren. Etwa das Schwitzen, den Blutzuckerhaushalt oder die weibliche Fruchtbarkeit

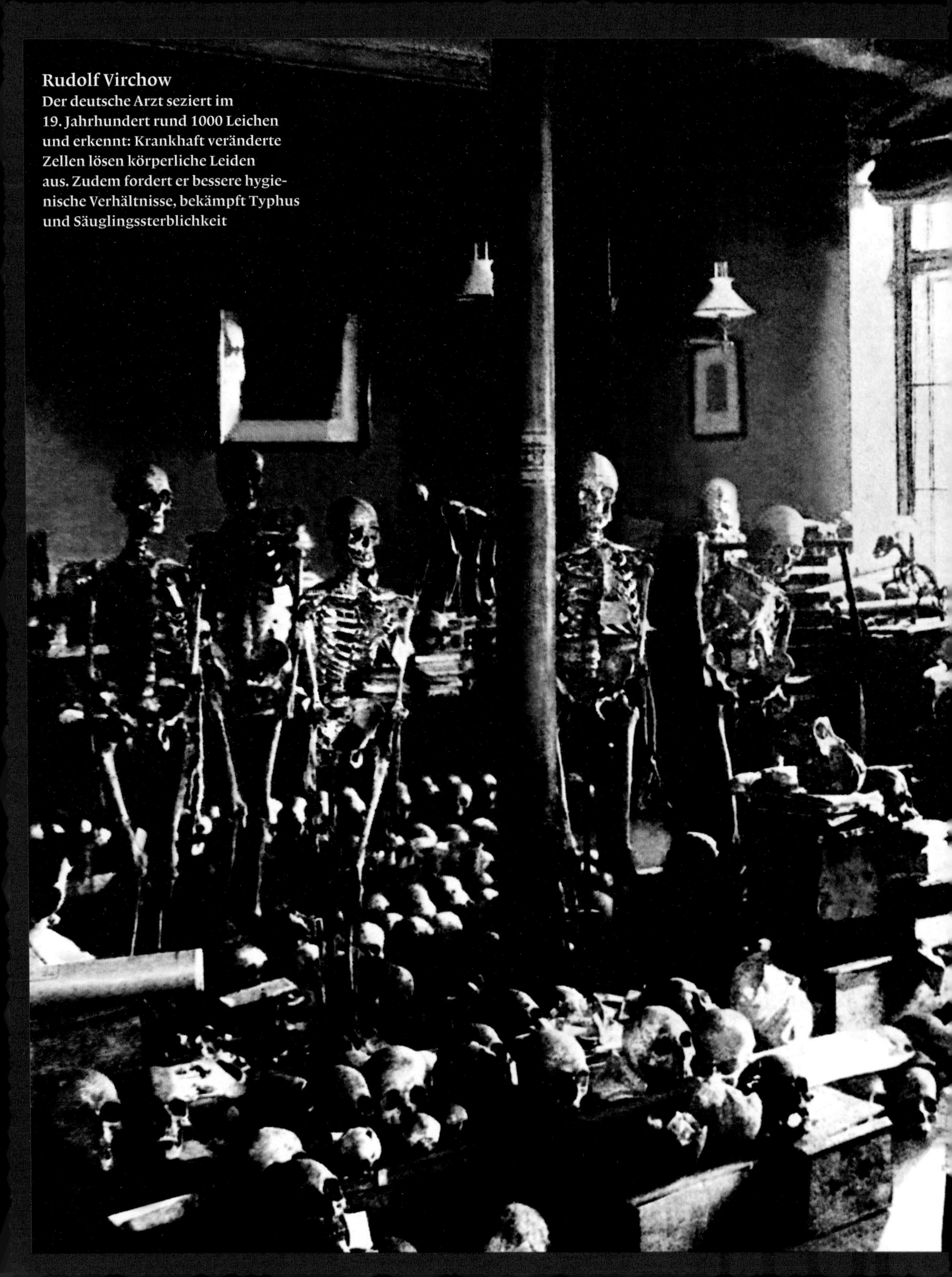

Rudolf Virchow
Der deutsche Arzt seziert im 19. Jahrhundert rund 1000 Leichen und erkennt: Krankhaft veränderte Zellen lösen körperliche Leiden aus. Zudem fordert er bessere hygienische Verhältnisse, bekämpft Typhus und Säuglingssterblichkeit

Thomas Hunt Morgan

Der US-amerikanische Biologe züchtet Taufliegen, untersucht deren Mutationen und entdeckt 1910, dass manche Gene nur über Tiere eines Geschlechts vererbt werden. Später erforscht er die Anordnung der Gene auf den Chromosomen – ein wichtiger Schritt zur Entschlüsselung des Erbguts

Enrico Fermi

Dem Italiener gelingt noch vor Otto Hahn eine Kernspaltung – er merkt es aber nicht und deutet seine Ergebnisse falsch. Später emigriert er in die USA, konstruiert den ersten Kernreaktor und engagiert sich im „Manhattan Project“: dem Bau der Atombombe □

NATURBEOBACHTUNG

Thales von Milet um 640–550 v. Chr. 1

Pionier der Naturwissenschaften

Mit ihm fängt alles an – das Nachdenken über das Denken, die Suche nach Regeln, denen die natürlichen Erscheinungen unterliegen: Das zumindest glauben die alten Griechen. Sie sehen in Thales ihr erstes mathematisches und astronomisches Genie. Was indes von den Fähigkeiten und Erkenntnissen des Mannes aus der ionischen Hafenstadt Milet überliefert ist, verbirgt sich vor allem in Anekdoten.

Genius Nr. 1 der Weltgeschichte: Thales

Danach sagt Thales etwa die Sonnenfinsternis vom 28. Mai 585 v. Chr. voraus (vermutlich dank über lange Zeiten gewonnener astronomischer Notizen aus Babylon), was seinen Landsleuten zu einem Sieg über Lyder und Meder verhilft. Während einer Ägyptenreise soll er die Höhe einer Pyramide gemessen haben – anhand der Sonnenschatten, den sie und ein Mensch zur gleichen Zeit werfen und die dann je eine Seite zweier ähnlicher, rechtwinkliger Dreiecke bilden. Und die jährlichen Nilfluten erklärt er als Folge natürlicher Phänomene und nicht mehr als Werk der Götter. Nur die Thales zugeschriebene Einsicht, dass alle Dreiecke rechtwinklig sind, deren Grundlinie der Kreisdurchmesser ist und deren Scheitel den Kreisumfang berühren, ist wohl eine spätere Erkenntnis.

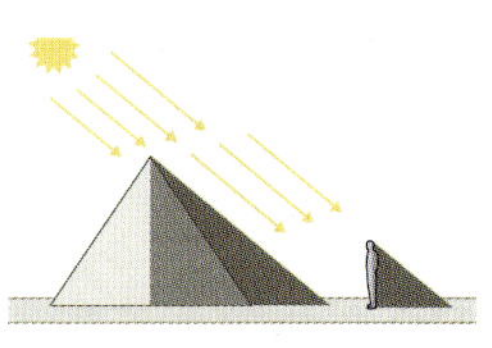

Mithilfe des Verhältnisses der Schattendreiecke, die Pyramide und Mensch werfen, soll Thales die Höhe des Bauwerks bestimmt haben

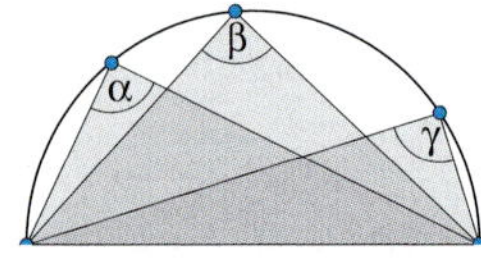

Satz des Thales: Dreiecke mit einer Seite, die zugleich der Kreisdurchmesser ist und deren Scheitel auf dem Kreis liegen, haben rechte Winkel

Was aber von dem Griechen abseits aller Legenden bleibt, ist das Urbild des forschenden Menschen. Ist ein Denker, der vielleicht als Erster anhand der Beobachtung natürlicher Phänomene auf rational zu begreifende Regeln geschlossen hat – also erkannt hat, dass es in der Natur gegenseitige Abhängigkeiten geben kann.

Quadrate, Rechtecke, Dreiecke: die geometrischen Grundformen – hier auf einer Kreuzung in Tokio

MATHEMATIK

Pythagoras um 570–480 v. Chr. 2

Die Kraft der Zahlen

In der Gestalt des Pythagoras begegnet sich der Mensch von heute: Einerseits hat der Grieche höchstwahrscheinlich die Rechenkunst als Werkzeug der Forschung in die Wissenschaft eingeführt, andererseits auf Zahlen und Zahlenverhältnisse eine esoterische Weltsicht begründet und den Rationalismus zur Religion gemacht.

Wohl wegen politischer Querelen in das süditalienische Kroton emigriert, gründet er dort eine religiös-ethische Gemeinschaft, der er unter anderem gemeinschaftliches Eigentum verordnet. Dieser Bund überlebt Pythagoras um mehrere Generationen, und es ist offen, wie weit die von den Pythagoreern verkündete Lehre vom Gründer selbst stammt.

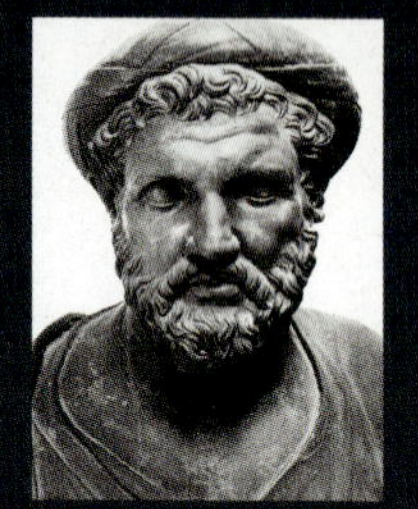

Bronzebüste des Pythagoras, 4. Jh. v. Chr.

Deren Basis aber, die auf Pythagoras zurückgeht, ist die Zahl – als eine die gesamte Natur konstituierende Kraft. Erstmals übernimmt somit ein abstraktes Prinzip diese Rolle. Denn Rechenergebnisse sind Produkte reinen Denkens und nicht der Sinnenwelt, sie sind entweder korrekt oder falsch – und nicht von Emotionen abhängig. Den Pythagoreern zufolge sind alle Dinge aus zählbaren Mengen von Punkten zusammengesetzt, und Zahlen machen Dinge vergleichbar. Rechtecks- oder Dreieckszahlen etwa geben die Menge von Punkten wieder, mit denen diese Figuren darstellbar sind.

Doch lassen die Pythagoreer nur ganze oder Brüche zweier ganzer Zahlen gelten. Und so sind sie verwirrt, als sie entdecken, dass es auch „unverständliche“ Zahlen gibt. Das erkennen sie bei Anwendung des berühmten Satzes des Pythagoras: $a^2 + b^2 = c^2$. Denn in einem gleichschenkligen rechtwinkligen Dreieck sind ja die Seiten a und b gleich, sodass für die Länge der Grundlinie gilt: $c^2 = 2a^2$ oder $c = a\sqrt{2}$. $\sqrt{2}$ aber ist eine „unverständliche“ Zahl, die heute irrationale Zahl genannt wird.

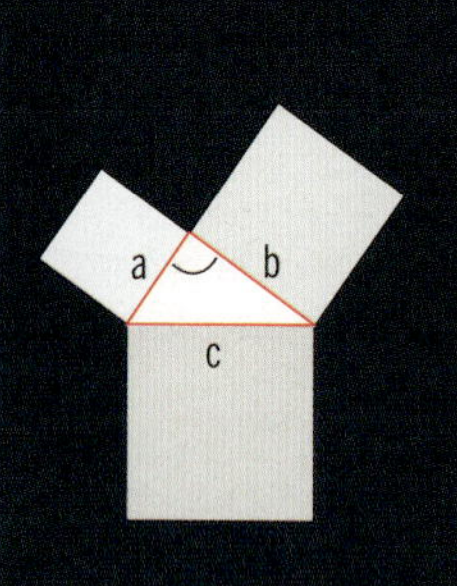

Satz des Pythagoras: Die Fläche der Quadrate über den Seiten a und b entspricht jener unter c

Daneben leisten Pythagoras und seine Schule Bedeutendes in der Musiktheorie, der Akustik und der Astronomie. Und mit seinem Appell, der Mathematik den Vorrang bei der Erkenntnissuche zu geben und im Zusammenspiel aller Dinge Harmonie zu erwarten, wird er zu einem der wirkungsmächtigsten Denker des Abendlandes.

ATOME UND MATERIE

Demokrit um 460–370 v. Chr. 3

Die Theorie der kleinsten Teilchen

Wer um 400 v. Chr. in Griechenland mitreden will über das, was die Welt bewegt, der hält sich an Demokrit. Kaum jemand hat so gründlich und vielseitig studiert. Er forscht und lehrt auf nahezu allen Wissensgebieten und verfasst Schriften über Mathematik, Physik, Geographie, Landwirtschaft, Medizin, Musik und Ethik. Von seinen Werken ist zwar keines erhalten geblieben, aber sie haben spätere griechische Autoren so beeindruckt, dass sie seine Thesen immer wieder zitieren. Vor allem eine fasziniert noch heute: Sämtliche Materie bestehe aus Atomen.

Demokrits Konzept der Materie hat teils bis heute Bestand

Demokrit hat diese Idee von dem Philosophen Leukipp übernommen, sie aber zu einer umfassenden Theorie ausgearbeitet: Danach sind Atome unteilbar, unvergänglich, von unendlicher Menge. Sie selbst haben keine Qualität, etwa die chemischer **Elemente**, sondern unterscheiden sich nur in Größe und Form (rund oder eckig, glatt oder rau) sowie durch Anordnung und Lage. Sichtbare Materie entsteht laut Demokrit, wenn diese Atome aufeinanderstoßen, sich verflechten, verhaken oder sonstwie aneinander binden. Wirbelnde Zusammenballungen drängen Leichteres nach außen, sammeln Schweres in der Mitte, bilden so immer größere Komplexe. Unsichtbar indes bleiben leicht bewegliche Partikel, die Leben und Denken bewirken: Sie sind der Stoff, aus dem die Seele ist – für den konsequenten Materialisten Demokrit ebenfalls ein physisches Phänomen.

Er glaubt nicht an den Zufall, sondern an Naturgesetze, er fragt nicht nach einer außerweltlichen Ursache der Dinge oder deren Zweck, sondern will die Wirklichkeit schlüssig erklären. Und obwohl er nur von Annahmen ausgeht und nicht wie heutige Forscher Gesetzmäßigkeiten anhand der Beobachtung einzelner Vorgänge zu erkennen sucht, steht er der modernen Naturwissenschaft weit näher als spätere griechische Denker.

HEILKUNDE

Hippokrates um 460–370 v. Chr. 4

Der erste Diagnostiker

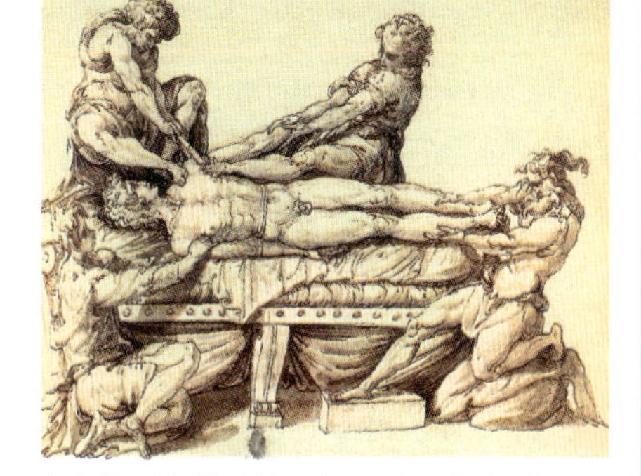

Jede Krankheit hat Ursachen, erkennt Hippokrates, ausgekugelte Glieder lassen sich wieder einrenken

Der Grieche ist einer jener seltenen Forscher, mit deren Namen sich ein Paradigmenwechsel verbindet: Er steht für den Übergang von der magischen Heilkunst zur rationalen Medizin. Dabei waren sein Vater und Großvater Priesterärzte auf der Insel Kos. Hippokrates jedoch, der schon als Jugendlicher als Arzt praktiziert, kommt zu der Überzeugung, dass Krankheiten nicht gottgesandt sind, sondern erklärbare Ursachen haben.

Krank sei ein Mensch immer dann, wenn die Mischung der Körpersäfte Blut, Schleim, gelbe und schwarze Galle aus dem Gleichgewicht gerate. Durch sorgfältige Untersuchung könne der Arzt die Ursachen ermitteln und den Krankheitsverlauf abschätzen. Heilen aber werde der Organismus sich letztlich selbst, durch Ausscheidung schädlicher Säfte. Der Arzt müsse ihm nur dabei helfen – durch Arzneien und Verhaltensempfehlungen.

Hippokrates, der einen Großteil seines Lebens als Wanderarzt verbringt, ist auch Buchautor. Dass allerdings das riesige „Corpus Hippocraticum", über Jahrhunderte das medizinische Unterrichtswerk schlechthin, komplett von ihm selbst stammt, ist Legende. Vielmehr haben andere, die sich zu seinen Lehren bekannten, daran mitgeschrieben.

Legendär ist zudem der berühmte Eid, den Hippokrates seinen Schülern vor ihrer Zulassung zum Unterricht abverlangt haben soll. Er repräsentiert das Ethos dieses großen Gesundheitsreformers. Und mit der Essenz des Eides, dass ein Arzt stets die Würde des Patienten zu achten habe, appelliert Hippokrates noch heute an seine Zunftgenossen.

Lehrer der Erkenntnis: Platon

IDEENLEHRE

Platon 427–348 v. Chr. 5

Vorkämpfer der absoluten Wahrheit

Im 4. Jahrhundert v. Chr. ist Athen Schauplatz einer der folgenreichsten philosophischen Auseinandersetzungen der Geschichte: Platon stellt sich gegen die Sophisten. Die brillanten Rhetoriker sind Anhänger einer Redekunst, bei der erfundene, scheinbare Argumente – etwa vor Gericht – mehr zählen als objektive Erkenntnisse. Das aber ist dem großen Denker zuwider.

Denn gerade der Schein ist es, der für Platon auf dem Weg zur Erkenntnis überwunden werden muss. Während die Sophisten lehren, dass ein jeder Mensch Maßstab seiner Wahrheit ist, jeder also sich seine eigene Realität schaffen kann, geht Platon von der Möglichkeit allgemeingültiger Erkenntnis aus. Objekte einer solchen verbindlichen Erkenntnis sind zum Beispiel übergeordnete, abstrakte Begriffe, die unabhängig vom Menschen existieren. Platon nennt sie „Ideen". Sie sind ewig und absolut wahr, niemand kann sie verändern, sondern nur im Denken an ihnen teilhaben.

Alle Menschen etwa haben die gleiche Vorstellung von dem, was die Farbe Rot ist – obwohl sie jeder unterschiedlich wahrnimmt. Die Idee aber vereinheitlicht das Relative der Wahrnehmung zu etwas Absolutem, zu einem übergeordneten Wissen, das nicht von den Sinnen, sondern einzig vom Geist erfasst werden kann: nämlich, dass die Farbe Rot existiert.

Platons Ideenlehre überwindet nicht nur den Relativismus der Sophisten, sondern legt zugleich das auf mathematischer Beweisführung beruhende Fundament abendländischer Wissenschaft. Seither suchen Forscher nach den unveränderlichen Dingen in der Natur, nach Gesetzmäßigkeiten, die immer gelten. Das Konzept dazu geht auf den Mann aus Athen zurück.

Als Universaldenker geht Aristoteles (hier eine römische Büste) in die Geschichte ein. Mit seinen Lehren entwickelt er Voraussetzungen für die Entfaltung jeglicher Wissenschaften

GRUNDGESETZE DER WISSENSCHAFT

Aristoteles 384–322 v. Chr. 6

Der große Vorbereiter

Dafür, dass Philosophie zu seiner Zeit mehr umfasst als der verengte Begriff von heute, ist Aristoteles das herausragendste Beispiel. Denn dieser „Liebhaber der Weisheit" hat sich in fast allen wissenschaftlichen Disziplinen hervorgetan – und die abendländische Forschung wie kein anderer beeinflusst, ja über mehr als zwei Jahrtausende deren Richtung bestimmt.

Nach 20 Jahren als Student und Dozent an →*Platons* Akademie und einem Zwischenspiel in seiner Heimat als Erzieher des makedonischen Kronprinzen und späteren Weltreich-Eroberers Alexander lehrt Aristoteles zwölf Jahre in Athen, emigriert dann aus politischen Gründen auf die nahe Insel Euböa und stirbt dort kurz darauf.

Anders als die Werke der meisten anderen antiken Denker sind seine Schriften oder zumindest Zitate daraus weithin erhalten, und sie offenbaren eine bis heute herausragende wissenschaftliche Leistung. Mit äußerster Knappheit und Präzision formuliert Aristoteles für immer gültige Gesetze der Logik – ein simples Beispiel mit „Obersatz", „Untersatz" und „Schluss": Wenn alle B C sind (etwa alle Hunde Tiere) und alle A B sind (alle Pudel Hunde), dann sind alle A C (alle Pudel Tiere).

Feuer, Erde, Luft, Wasser: Nach Aristoteles ist die Welt aus vier Elementen aufgebaut

Und er kommt zu einem Naturverständnis, das weniger auf Spekulation beruht als etwa das seines Lehrers Platon, sondern auf der erkennbaren Wirklichkeit. Die Urmaterie, lehrt Aristoteles, formt sich in die vier Elemente Feuer, Wasser, Luft und Erde aus; durch Vermischung entstehen daraus alle Dinge.

Während die Welt für Aristoteles ewig ist und der Himmel unveränderlich, herrscht unterhalb des Himmels, im irdischen Bereich, ein ständiges Werden und Vergehen. Alles ist somit in Bewegung. Die aber hat letztlich ihren Ausgang im Metaphysischen: in einem ersten, unbewegten Beweger. Obwohl diese konkrete Wesenheit nur unzulänglich mit dem Gott der Bibel vereinbar ist, hat dieser Schluss den Kirchenlehrern des Mittelalters ausnehmend gut gefallen. Kraft ihres Einflusses auf Europas junge Universitäten wurde Aristoteles dort für Jahrhunderte zum Wegbereiter jeglicher Wissenschaft.

Das aber sicherlich auch dank seiner Leidenschaft für die Systematik: Denn Aristoteles hat das gesamte Erfahrungswissen seiner Zeit geordnet und Biologie, Physik oder Poesie erst zu unterscheidbaren Disziplinen gemacht. Ihm zufolge ist die Natur auf einer Stufenleiter nach dem Grad ihrer „Vollkommenheit" angeordnet – die belebte Natur etwa nach den Kategorien Stoffwechsel, Gemütsbewegung, Vernunft. Er ist der Erste, der Tiere zudem anhand von Merkmalen klassifiziert und noch heute geltende Begriffe wie „Diptera" für die Insektenordnung der Zweiflügler einführt.

Auch chemische Prozesse beschreibt er anhand von Alltagserfahrungen: Sie führten, so Aristoteles, zu einer Stoffumwandlung wie die Verdauung – also ein Vorgang, den jeder verstehe. Weil der Ordnungsfanatiker darauf vertraut, dass die erkennbare Wirklichkeit niemals betrüge, baut er die Vorstellung, dass die Erde das Zentrum und der Fixsternhimmel die Peripherie der Weltkugel bilden, im Einklang mit seinen anderen Prinzipien in sein Weltbild ein.

Bis weit in die Neuzeit bleibt das allumfassende Konzept dieses Universalgenies unantastbar, auch wenn manche daran rütteln. Und obwohl die meisten seiner naturwissenschaftlichen Thesen der modernen Forschung nicht standhalten, erweisen sich andere als zeitlos – etwa der Grundsatz, dass es für jede Veränderung eine Ursache geben muss.

BIOLOGIE

Theophrast um 372–287 v. Chr. 7

Begründer der Pflanzenkunde

Die Ausbildung des jungen Theophrast könnte exzellenter kaum sein: Zwei der wichtigsten Denker der Antike unterrichten ihn, →***Platon*** und →***Aristoteles***. Er beschließt, sein Leben ganz der Wissenschaft zu widmen. Nachdem Aristoteles Athen verlassen hat, übernimmt er dessen Philosophenschule und verfasst mehr als 200 Schriften, etwa über Logik, Theologie, Zoologie, Meteorologie, Ethik, Politik und Musik. Einen Platz in der Geschichte aber sichert ihm eine Disziplin, die damals noch gar nicht etabliert ist: die Botanik.

In einer Zeit, da Pflanzen allein als Nahrungs- und Heilmittel von Interesse sind, beschäftigt sich Theophrast mit ihnen auch um ihrer selbst willen. In seinen Schriften über „Die Naturgeschichte der Pflanzen" und „Erklärungen des Pflanzenwuchses" legt er die erste systematische Untersuchung der Pflanzenwelt vor.

Insgesamt beschreibt der „Vater der Botanik" gut 550 Pflanzenarten – in einer geographischen Region, die sich von der Atlantikküste über den Mittelmeerraum bis nach Indien erstreckt. Er stützt sich dabei auch auf Berichte von Bauern, Ärzten sowie Forschungsreisenden, die Alexander den Großen auf dessen Feldzügen begleitet haben.

Theophrast teilt Pflanzen in Bäume, Sträucher, Stauden und Kräuter ein und untersucht selbst die Bedeutung von Umwelteinflüssen wie Bodenbeschaffenheit, Klima oder Kultivierung. Nach seinem Tod aber werden die Studien für lange Zeit nicht fortgesetzt. Und so bleibt die Botanik bis zur Renaissance auf dem Stand des antiken Wissens.

Ersinnt eine Systematik für die Welt der Gewächse: Theophrast (Kupferstich aus dem 17. Jh.)

Die Philosophen in Raffaels Fresko »Die Schule von Athen«, darunter Euklid (unten rechts, mit Zirkel)

MATHEMATIK

Euklid um 350–280 v. Chr. 8

Architekt der Geometrie

Euklidische und nichteuklidische Geometrie, euklidische Ebenen, euklidische Räume, euklidische Körper, euklidischer Höhen- und euklidischer Kathetensatz, euklidischer Algorithmus usw.: Mit keinem anderen Namen verbinden sich in der Wissenschaftsgeschichte so viele noch heute aktuelle Begriffe. Doch der Mann dahinter ist ein Phantom: Nur aus Literaturhinweisen lässt sich schließen, dass ein griechischer Mathematiker namens Euklid zur Zeit König Ptolemaios' I. (366–282 v. Chr.) in Alexandria gewirkt hat, dem damaligen Zentrum hellenistischer Gelehrsamkeit. Und es ist keineswegs sicher, dass er alle ihm zugeschriebenen Werke verfasst hat.

In diesen Schriften ist vermutlich das damalige naturwissenschaftliche Wissen versammelt. Erhalten ist wenig, außer Aufsätzen über mathematische und physikalische Pointen nur die Schriften „Data" und „Elemente" (das wohl einflussreichste Mathematikbuch aller Zeiten). Aber die haben es in sich: nämlich umfassende Lehrsätze, Beweise sowie Grundsätze für die Geometrie und die Zahlenlehre.

Zum Teil sind diese Lehrsätze zu jener Zeit längst geläufig – Euklid aber systematisiert sie und führt sie auf Axiome zurück, auf unbezweifelbare Elementaraussagen. Zum Beispiel: *Fügt man Gleichem Gleiches hinzu, so sind die Summen gleich* (hat man also zwei gleiche Zahlen und addiert jeweils einen identischen Betrag, so sind auch die Summen gleich).

Speziell die Geometrie unterwirft Euklid fünf Postulaten, von denen das letzte als das berühmteste gilt: *Schneiden zwei Geraden eine dritte so, dass auf deren einer Seite die Summe der Innenwinkel kleiner ist als zwei rechte, dann schneiden die beiden Geraden sich irgendwann auf dieser Seite.* Euklids präzise Beweisführungen prägen die Wissenschaft bis heute.

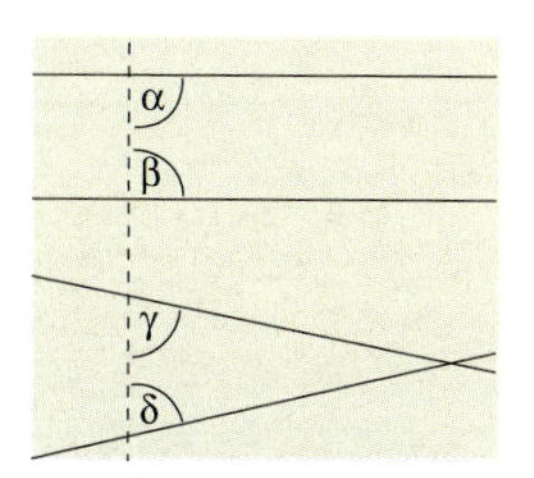

Ist die Summe der Winkel unten kleiner als die der rechten Winkel oben, schneiden sich die Geraden

DER ERSTE INGENIEUR

Text: Rainer Harf; Illustrationen: Tim Wehrmann

Er entdeckt das Prinzip des Auftriebs, erfindet den Flaschenzug, konstruiert Waffen und löst komplexe mathematische Probleme. Archimedes von Syrakus ist einer der größten Wissenschaftler der Antike – und stirbt so, wie er sein Leben geführt hat: auf sonderbare Weise

Technik: Der Legende nach entwirft Archimedes Kräne mit Greifhaken, die selbst mächtige Kriegsschiffe emporheben und zerstören können

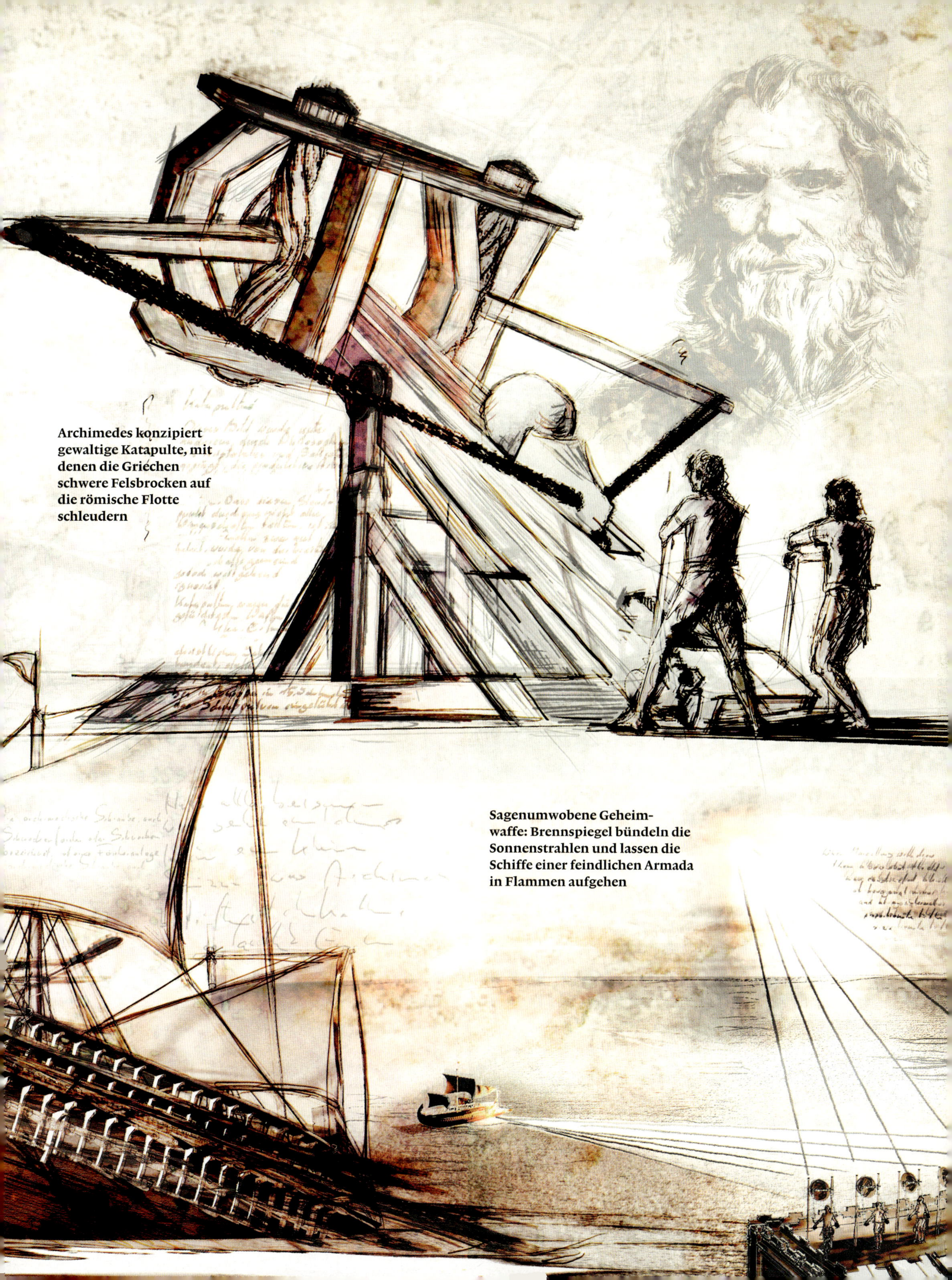

Archimedes konzipiert gewaltige Katapulte, mit denen die Griechen schwere Felsbrocken auf die römische Flotte schleudern

Sagenumwobene Geheimwaffe: Brennspiegel bündeln die Sonnenstrahlen und lassen die Schiffe einer feindlichen Armada in Flammen aufgehen

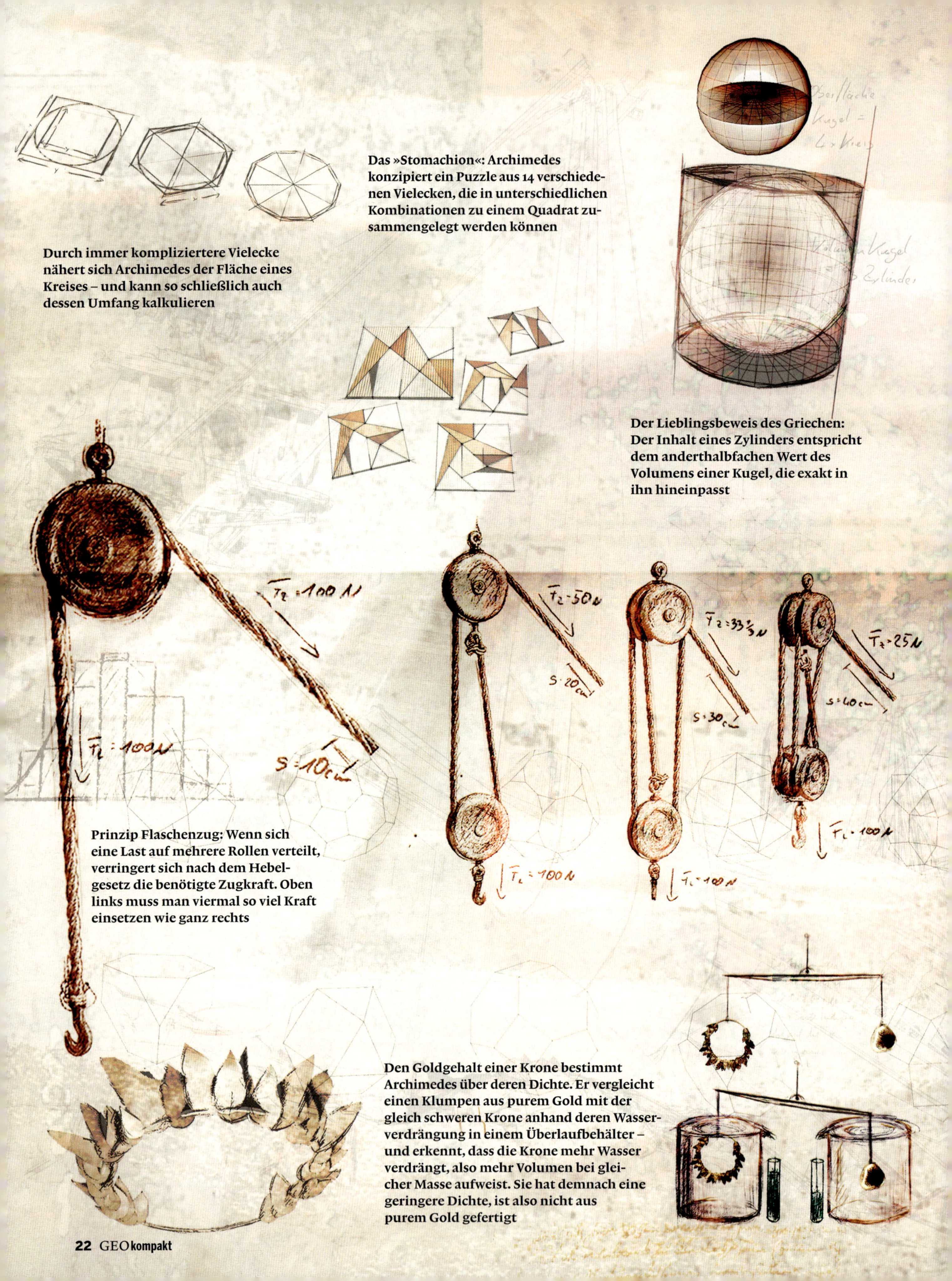

Durch immer kompliziertere Vielecke nähert sich Archimedes der Fläche eines Kreises – und kann so schließlich auch dessen Umfang kalkulieren

Das »Stomachion«: Archimedes konzipiert ein Puzzle aus 14 verschiedenen Vielecken, die in unterschiedlichen Kombinationen zu einem Quadrat zusammengelegt werden können

Der Lieblingsbeweis des Griechen: Der Inhalt eines Zylinders entspricht dem anderthalbfachen Wert des Volumens einer Kugel, die exakt in ihn hineinpasst

Prinzip Flaschenzug: Wenn sich eine Last auf mehrere Rollen verteilt, verringert sich nach dem Hebelgesetz die benötigte Zugkraft. Oben links muss man viermal so viel Kraft einsetzen wie ganz rechts

Den Goldgehalt einer Krone bestimmt Archimedes über deren Dichte. Er vergleicht einen Klumpen aus purem Gold mit der gleich schweren Krone anhand deren Wasserverdrängung in einem Überlaufbehälter – und erkennt, dass die Krone mehr Wasser verdrängt, also mehr Volumen bei gleicher Masse aufweist. Sie hat demnach eine geringere Dichte, ist also nicht aus purem Gold gefertigt

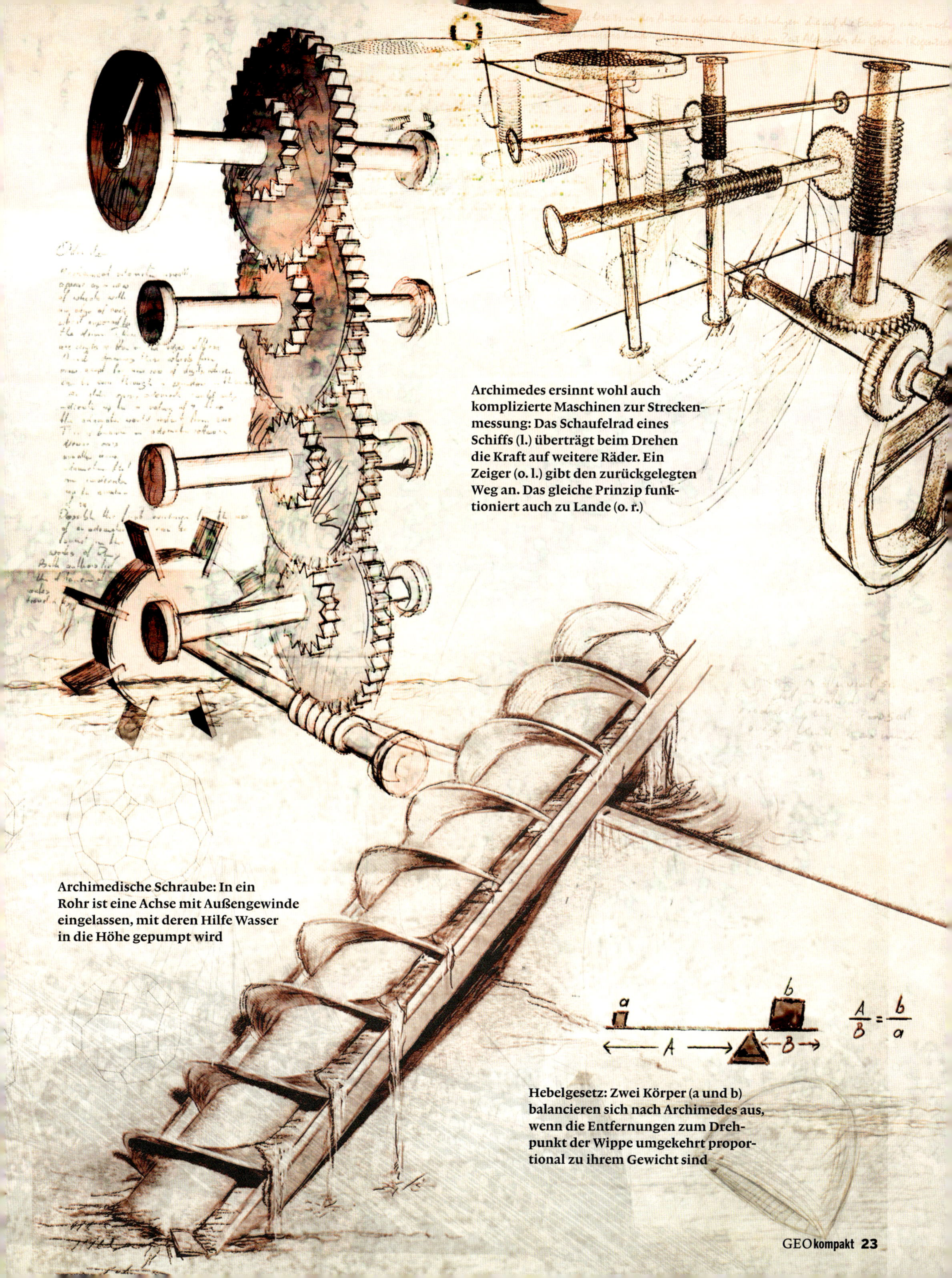

Archimedes ersinnt wohl auch komplizierte Maschinen zur Streckenmessung: Das Schaufelrad eines Schiffs (l.) überträgt beim Drehen die Kraft auf weitere Räder. Ein Zeiger (o. l.) gibt den zurückgelegten Weg an. Das gleiche Prinzip funktioniert auch zu Lande (o. r.)

Archimedische Schraube: In ein Rohr ist eine Achse mit Außengewinde eingelassen, mit deren Hilfe Wasser in die Höhe gepumpt wird

Hebelgesetz: Zwei Körper (a und b) balancieren sich nach Archimedes aus, wenn die Entfernungen zum Drehpunkt der Wippe umgekehrt proportional zu ihrem Gewicht sind

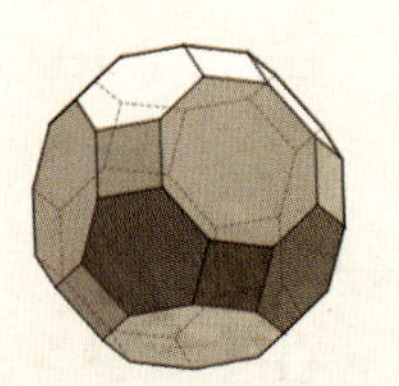 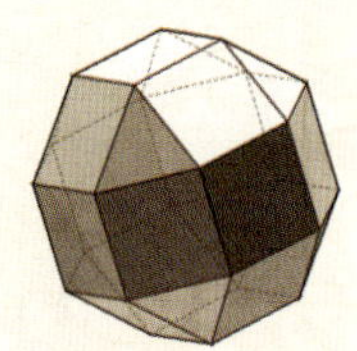 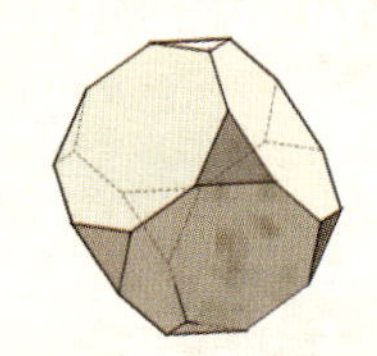 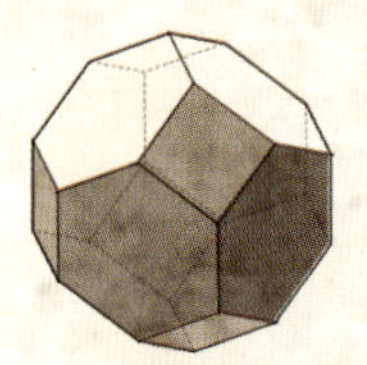 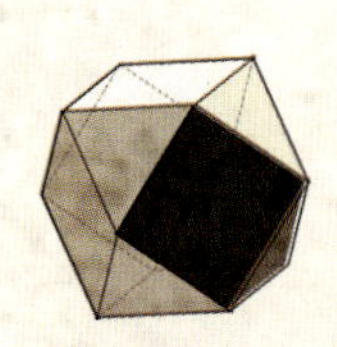 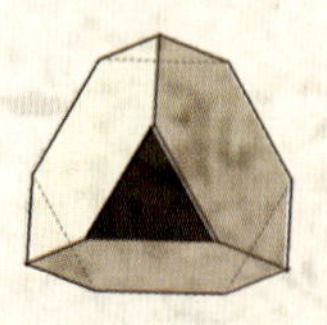

Oktober 2005, mitten in Cambridge, Massachusetts. Auf dem Dach eines Parkhauses bereiten Studenten ein Experiment vor: An einer Betonmauer postieren sie die gut drei Meter lange Attrappe eines Schiffsrumpfes, die sie aus daumendickem Eichenholz gefertigt haben. Anschließend stellen die Jungforscher des Massachusetts Institute of Technology in 30 Meter Entfernung mehr als 100 verspiegelte Kacheln in zwei Bögen auf; jede der Spiegelflächen ist exakt auf den Schiffsbug ausgerichtet. Nach einer Stunde ist alles justiert. Sobald sich die Sonne hinter der Wolkendecke hervorgeschoben hat, soll sich die sonderbare Konstruktion aus Spiegeln in eine Waffe verwandeln. In eine antike Strahlenkanone, die das Sonnenlicht so stark bündelt, dass das Holz in Flammen aufgeht.

Eine uralte Legende, so die Hoffnung, kann dann endlich auf ihren Wahrheitsgehalt geprüft werden: die Geschichte jenes Erfinders, der diese Batterie von Brennspiegeln im 3. Jahrhundert v. Chr. ersonnen haben soll, um seine Vaterstadt vor einem Angriff der römischen Flotte zu verteidigen.

Die Geschichte des Archimedes von Syrakus.

Der Mathematiker, Mechaniker und Ingenieur war so einfallsreich wie kein anderer Gelehrter der Antike. Auch heute noch haben die meisten seiner mathematischen Erkenntnisse Bestand, sind zahlreiche seiner Erfindungen nahezu unverändert in Gebrauch – etwa der Flaschenzug oder die archimedische Schraube, eine Vorrichtung zum Wasserschöpfen.

Im Pantheon der großen Gelehrten der Antike nimmt Archimedes zudem eine Sonderstellung ein, denn so wie er hatte kein anderer zuvor die abstrakte Mathematik und die angewandte Physik zusammengeführt. Damit schuf der Mann aus Syrakus eine Grundlage der modernen Ingenieurswissenschaften. So innovativ und seiner Zeit so weit voraus waren seine Ideen, dass die Geschichte seines Wirkens auch 1500 Jahre später spielen könnte.

DOCH SIE BEGINNT UM 250 V. CHR. im griechischen Stadtstaat Syrakus auf Sizilien, wo Archimedes, geboren 287 v. Chr., aufwächst. Seine Eltern sind wahrscheinlich verwandt mit König Hieron II., an dessen Hof der Vater als Astronom arbeitet. Von dort bricht der junge Archimedes zu einer Reise nach Alexandria auf, wo er auf die besten Wissenschaftler der hellenistischen Welt trifft und Mathematik studiert.

Als er in seine Heimatstadt zurückkehrt, widmet sich der Gelehrte Fragen der Geometrie und Arithmetik, der Astronomie, der Mechanik und Hydrostatik (der Lehre über die Kräfte in Flüssigkeiten). Dabei, so berichtet der Geschichtsschreiber Plutarch später, hört Archimedes auf eine „eigentümliche" Stimme in seinem Inneren. Und ist von ihr derart besessen, dass er häufig zu essen und trinken vergisst und seinen Körper vernachlässigt. Seine Freunde schleifen ihn zum Baden und Salben. Doch selbst dann ist Archimedes oft so entrückt, dass er in das Öl auf seinem Körper geometrische Figuren zeichnet.

Vor allem faszinieren ihn Kreise und Kegel, Kugeln und Zylinder. Er berechnet ihre Flächen und Volumina. Und erkennt dabei etwa, dass das Volumen eines Zylinders und das einer von ihm umschlossenen Kugel im Verhältnis 3 : 2 stehen.

Für seine Berechnungen schlägt der Mathematiker vollkommen neue Denkrichtungen ein. In einer Abhandlung etwa erweitert er das begrenzte griechische Zahlensystem. Bis dahin ist die Myriade (10 000) der höchste Zahlenwert. Doch Archimedes will Zahlen bis zu einer Myriade Myriaden benennen. Und erfindet ein geniales System: das der Exponenten (etwa $10\,000 \times 10\,000 = 10\,000^2$). Damit vermag man erstmals beliebig große Ziffern zu schreiben. Zum Beispiel die Anzahl der Sandkörner, die ins Universum passen: Archimedes gibt sie mit 10^{63} an.

Einige seiner Ideen sind so weitsichtig, dass sie noch Jahrtausende später die Wissenschaft beschäftigen: Die Kreiszahl etwa ermittelt Archimedes bis auf mehrere Stellen hinter dem Komma genau, indem er sich ihr mathematisch über den Umfang zweier Vielecke nähert.

Auch sein *Verfahren* ist revolutionär, denn die Mathematik war bis dahin stets auf präzise Antworten ausgerichtet – nie zuvor hat jemand Näherungswerte, also das Ungefähre, zur Lösung eines komplexen Problems genutzt.

Die Methode des Archimedes ist ein Vorläufer zu einer der größten Entdeckungen der Mathematik: der Integral- und Differenzialrechnung, die jedoch erst im 17. Jahrhundert von →***Gottfried Wilhelm von Leibniz*** und →***Isaac Newton*** ausformuliert wird.

Vermutlich beschäftigt sich Archimedes als erster Forscher auch damit, dass es für manche mathematischen Fragestellungen nicht eine, sondern mehrere Lösungen gibt. Davon zeugt das „Stomachion", ein lange als Kinderrätsel angesehenes Mosaik, das Archimedes konzipiert hat: 14 unterschiedliche Vielecke, die sich in verschiedenen Kombinationen zu einem Quadrat zusammenlegen lassen.

Der US-Historiker Reviel Netz geht davon aus, dass Archimedes damit bereits an den Grundzügen der Kombinatorik gearbeitet hat – einer komplexen mathematischen Disziplin, die eine wichtige Grundlage der Wahrscheinlichkeitsrechnung ist. Ob Archimedes die Zahl der möglichen Varianten seines Stomachions auch selbst ermittelt hat, ist unbekannt. Im Jahr 2003 benötigten vier Experten sechs Wochen dafür – und kamen auf 17 152 verschiedene Kombinationen.

FORTSCHRITTLICH IST ARCHIMEDES auch in der Physik. So setzt er unter anderem auf mechanische Versuche – eine un-

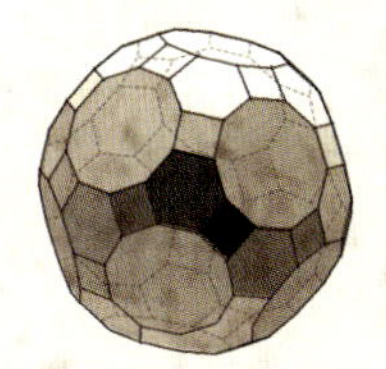 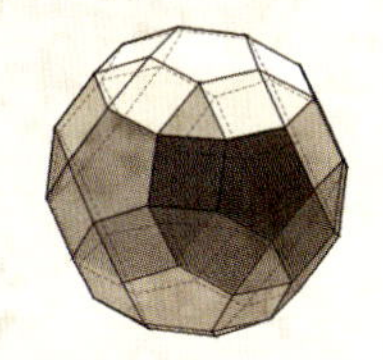 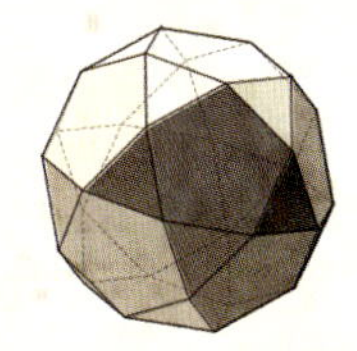 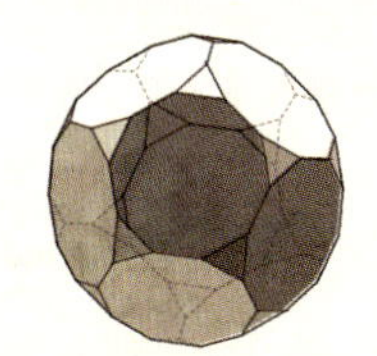 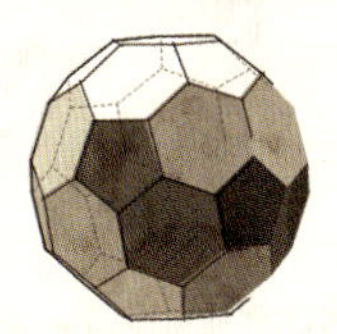 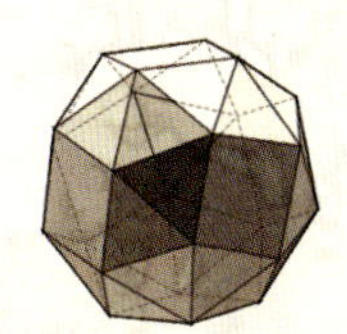

Archimedes beschäftigt sich auch mit komplexen Körpern, die sich aus mindestens zwei gleichmäßigen Vielecken zusammensetzen (oben rechts etwa aus Quadraten und Dreiecken)

erhörte Methode in den Gelehrtenkreisen seiner Zeit. Denn hoch angesehene Denker wie →*Platon* und →*Euklid* haben Forscher verachtet, die sich mit Fragen der Mechanik befassten: weil sie die „Reinheit" der Lehre beschmutzten und die reine Wissenschaft vom „Unkörperlichen" und Intellektuellen ins „Körperliche" herabsinken ließen. Für Probleme der Technik war in ihrem Bild der Wissenschaft kein Platz.

Zwar denkt auch Archimedes, so schildert es Plutarch, vornehmlich über hochabstrakte Fragen der Mathematik nach. Doch er weiß das Geistige mit dem unedlen Handwerk genial zu verbinden. „Gewisse Sätze sind mir erst durch eine mechanische Methode klar geworden", heißt es in einem Brief, „denn es ist leichter, den Beweis zustande zu bringen, wenn man schon vorher einen Begriff von der Sache bekommen hat."

Umgekehrt wendet er seine theoretischen Kenntnisse auf das Praktische an – was den Mathematiker und Wissenschaftshistoriker Herbert Meschkowksi zu dem Schluss veranlasst hat, man könne Archimedes wohl den „geistigen Vater der modernen technischen Hochschulen" nennen.

Auch König Hieron schätzt den Wissenschaftler wegen seiner Begabung, sich mit konkreten Problemen auseinanderzusetzen. So beauftragt er ihn beispielsweise, den königlichen Schiffsbauern zu helfen: Sie haben einen etwa 50 Meter langen Dreimaster konstruiert, den der Monarch König Ptolemaios von Ägypten schenken will. Mit gut 4000 Tonnen ist die fertige „Syrakosia" jedoch so schwer, dass die Arbeiter sie auf der Werft nicht zu Wasser lassen können.

„Gebt mir einen festen Platz, und ich werde die Erde bewegen", soll Archimedes auf dieses Ansinnen hin gesagt und anschließend, so berichtet es etwa der Philosoph Proklos, das voll beladene Schiff samt seiner gesamten Besatzung ganz allein zu Wasser gelassen haben.

Der geniale Trick dahinter: Der Forscher wendet erstmals das von ihm formulierte Hebelgesetz an. Mithilfe eines Systems von Flaschenzügen erzeugt er die für das Hebemanöver nötige Übersetzung – und kurbelt per Winde und mit minimalem Kraftaufwand das Schiff in die Höhe. So widerlegt Archimedes nicht nur die Behauptung des großen →*Aristoteles*, nach der die Kraft unterhalb einer bestimmten Grenze unwirksam sei. Sondern bringt auch eine der großen Erfindungen der Geschichte hervor: Noch heute arbeiten die meisten Kräne mit der Kraftübertragung durch Flaschenzüge.

Als Syrakus im Jahr 214 v. Chr. von den Römern angegriffen wird, erklärt sich Archimedes bereit, neue Verteidigungswaffen zu konstruieren. Er entwickelt gewaltige Katapulte, die Felsbrocken auf die römische Flotte schleudern. Oder Kräne mit eisernen Klauen, die feindliche Schiffe zu erfassen vermögen, sie aus den Wellen heben und an Klippen zerschmettern.

Und auf den Festungsmauern blitzen womöglich Spiegel, deren Strahlen die gegnerische Flotte in Brand setzen. Jene Apparatur, auf deren zerstörerische Kraft die MIT-Studenten mehr als 2000 Jahre später gespannt warten.

ALS DER HIMMEL ÜBER CAMBRIDGE aufklart, ist der Bug der Schiffsattrappe schnell in gleißend helles Licht getaucht. Kurz darauf steigen erste Rauchwolken auf. Die jungen Forscher justieren rasch die verspiegelten Kacheln – und wenige Minuten später züngeln die ersten Flammen am Eichenholz empor.

Technisch ist der Versuch geglückt. Dennoch wäre die Strahlenkanone als Kriegsinstrument denkbar unpraktisch: Das zeigt sich, als das Team das Experiment kurze Zeit später vor San Francisco wiederholt. Die Bordwand eines alten Fischerbootes beginnt aus 50 Meter Entfernung zunächst lediglich zu glimmen. Erst als das Forscherteam die Distanz auf 25 Meter verringert, lodert eine kleine Flamme auf – doch lässt sich die Waffe auf dem unruhigen Wasser nur mit Mühe fokussieren.

Vielleicht also hat Archimedes die antiken Brennspiegel vollkommen anders konstruiert. Oder sie gehören zu den zahlreichen Legenden, die sich um ihn ranken.

Wahrscheinlich konnten die Griechen ihre Stadt Syrakus vor allem dank der archimedischen Geschütze verteidigen. Bis die Römer nach zwei Jahren Belagerung den Stadtstaat dann doch durch eine Kriegslist eroberten. Einer der Soldaten traf dabei auf einen alten Mann, der inmitten des Schlachtenlärms geometrische Figuren in den Sand malte. „Störe meine Kreise nicht", rief der Mann. Woraufhin der Legionär Archimedes erschlug. Und das ist leider keine Legende.

Die Ermordung des großen Forschers blieb, wie der britische Philosoph und Mathematiker Paul Strathern 1998 bissig vermerkte, der einzige Beitrag der Römer zur Mathematik. □

Seine Ideen sind ihrer Zeit so weit voraus, dass sie die Wissenschaft noch Jahrtausende später beschäftigen

Rainer Harf, 31, lebt in Hamburg und arbeitet regelmäßig für GEOkompakt – wie auch der Illustrator **Tim Wehrmann**, 33.

Literatur: Paul Strathern, „Archimedes & der Hebel", Fischer.

ASTRONOMIE

Claudius Ptolemäus 87–150 n. Chr. 10

Von Sphären, exzentrischen Kreisbahnen und Epizyklen

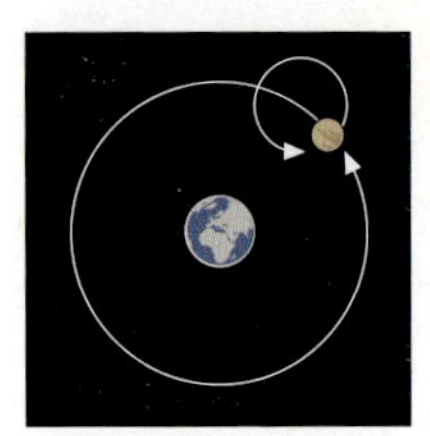

Mit Kreisen und Nebenkreisen erklärt Ptolemäus den Lauf der Gestirne

Es gibt Forscher, die auch in ihren Irrtümern groß sind. So Claudius Ptolemäus, der für ein anderthalb Jahrtausende lang gültiges Weltbild steht: die Ansicht, dass die Erde im Zentrum des Universums ruht und alle Gestirne sie umkreisen. Der in Alexandria lehrende Mathematiker, Astronom und Geograph systematisiert und ergänzt dieses Weltbild mit wissenschaftlicher Methodik. Zuvor haben Forscher vermutet, dass sich alle Himmelskörper gleichmäßig und kreisförmig auf Sphären um den gemeinsamen Mittelpunkt Erde bewegen. Tatsächlich aber vollführen die Planeten, von der Erde aus gesehen, seltsam ungleichförmige Bahnen, ja sogar Schleifen.

Ptolemäus nun kann diese Bewegungen mathematisch erklären. Nach seiner (wie wir heute wissen: falschen) Kalkulation läuft die Sonne auf einer exzentrischen Kreisbahn direkt um unseren Heimatplaneten. Die Planeten dagegen umrunden die Erde nach seinem Modell nicht nur auf großen, ebenfalls exzentrischen Hauptkreisen, sondern drehen zudem kleine Nebenkreise (Epizyklen), deren Mittelpunkte auf dem Hauptkreis liegen. Auf diese Weise löst Ptolemäus den Konflikt zwischen Idealvorstellung und Blick zum Himmel derart überzeugend, dass erst 1400 Jahre später →***Copernicus***, →***Kepler*** und →***Galilei*** auffällt, dass daran etwas nicht stimmen kann – und erkennen, dass die Sonne Zentrum des Planetensystems ist.

Trotz vieler Irrtümer gilt Ptolemäus als Altmeister der Himmelskunde und Autor des umfassendsten Sternenkatalogs der Antike. Und als Schöpfer der wissenschaftlichen Kartographie: Auf ihn gehen die **Projektionslehre** sowie die Einnordung von Landkarten zurück.

MEDIZIN

Galen von Pergamon 129–ca. 216 n. Chr. 11

Der Vater der Heilkunde

Das Urteil der Mediziner von heute über Galen ist kontrovers: Manche meinen, er habe den Fortschritt ihrer Wissenschaft gebremst – etwa mit seinen irrigen Ansichten über die Funktion des Blutes, des Herzens und der Blutbewegung. Für andere ist der aus der hellenistischen Metropole Pergamon stammende Römer der nach →***Hippokrates*** bedeutendste Arzt der Antike, dessen Regeln noch in der Neuzeit Menschen Gesundheit und Leben verdankten.

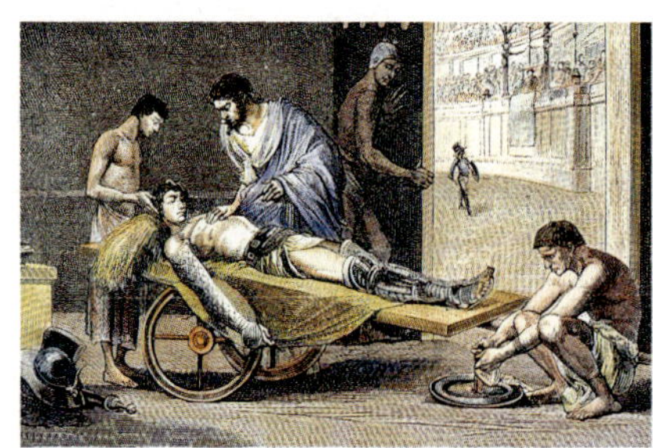

Auch verwundeten Gladiatoren, hier in der Arena von Pergamon, hilft der Arzt Galen

Galen folgt den hippokratischen Lehren, bereichert sie aber um physiologische Erkenntnisse. Diese beruhen auf seinen profunden anatomischen Kenntnissen, die er unter anderem durch die Sektion von Tieren gewinnt und auf Menschen überträgt – wenn auch zuweilen unkorrekt: So beschreibt er etwa eine fünflappige Leber, ein Herzknöchelchen oder den zweikammerigen Uterus. Er ergänzt die diagnostischen Methoden, beschreibt die Stadien von Entzündungen, forscht „Über Mischung und Wirkung einfacher Heilmittel" und wird so zum Begründer der systematischen Pharmakologie.

Zudem ist Galen erfolgreicher Praktiker: flickt etwa lädierte Gladiatoren zurecht, wird sogar ein Leibarzt römischer Kaiser. Er veröffentlich Hunderte von Schriften. Bis in die Neuzeit sind sie die wichtigsten Quellen medizinischen Wissens – einschließlich der Irrtümer.

BLÜTE DER ISLAMISCHEN WISSENSCHAFT

Alhazen 995–1040 12

Wie das Auge funktioniert

Als sich der arabische Mathematiker Alhazen mit dem menschlichen Auge befasst, sind sich die Gelehrten schon seit mehr als 1000 Jahren uneins über dessen Funktionsweise: Die Verfechter der „Sendetheorie" sagen, dass vom Auge Strahlen ausgehen, Kontur und Farbe eines Gegenstandes aufnehmen und zurückbringen. Für die Anhänger der „Empfangstheorie" hingegen lösen sich kleine Bilder von der Umwelt ab und dringen ins Auge ein. Mithilfe von Experimenten mit Leuchtern und Lochblende kann Alhazen um 1028 nachweisen, dass das Auge tatsächlich als Empfänger arbeitet, dabei jedoch ein Bild aus jenen Strahlen zusammensetzt, die von jedem einzelnen Punkt eines Gegenstandes ausgehen.

Diese bis heute gültige Erkenntnis macht ihn zu einem der berühmtesten Wissenschaftler seiner Zeit. In Basra geboren, verbringt er einen Großteil seines Lebens in Ägypten, wo er einen Nilstaudamm bauen soll. Als das Projekt scheitert, kann er sich in Kairo seinen Studien widmen: So definiert Alhazen die Ausbreitung des Lichts richtig als Bewegung mit hoher Geschwindigkeit, die in dichteren Medien abnimmt. Er erkennt, dass Farben erst durch Lichteinfall entstehen.

Seine Beweise führt er anhand optischer Versuche mit selbst hergestellten Linsen und Spiegeln – eine völlig neue Wissenschaftspraxis, bei der Geräte zielgerichtet zur Überprüfung von Theorien dienen.

Auch andere arabische und persische Gelehrte hinterfragen die Erkenntnisse der Autoritäten aus der Antike. So studiert der in Isfahan lebende Al-Sufi das astronomische System des →***Ptolemäus***. Und er kopiert nicht – wie bis dahin üblich – einfach dessen Angaben der Sternenpositionen, sondern korrigiert sie durch eigene Beobachtungen. In seinem „Buch der Fixstern-Konstellationen" von 964 gelingt ihm zudem die eindeutige Zuordnung von Hunderten von Sternen zu ihren überlieferten arabischen Namen.

Wenig später veröffentlicht der in Buchara geborene Avicenna ein Lehrbuch, das jahrhundertelang die Anschauungen prägt. Er unterscheidet erstmals zwischen inneren und äußeren Krankheitsursachen, verbessert viele bekannte Behandlungsmethoden,

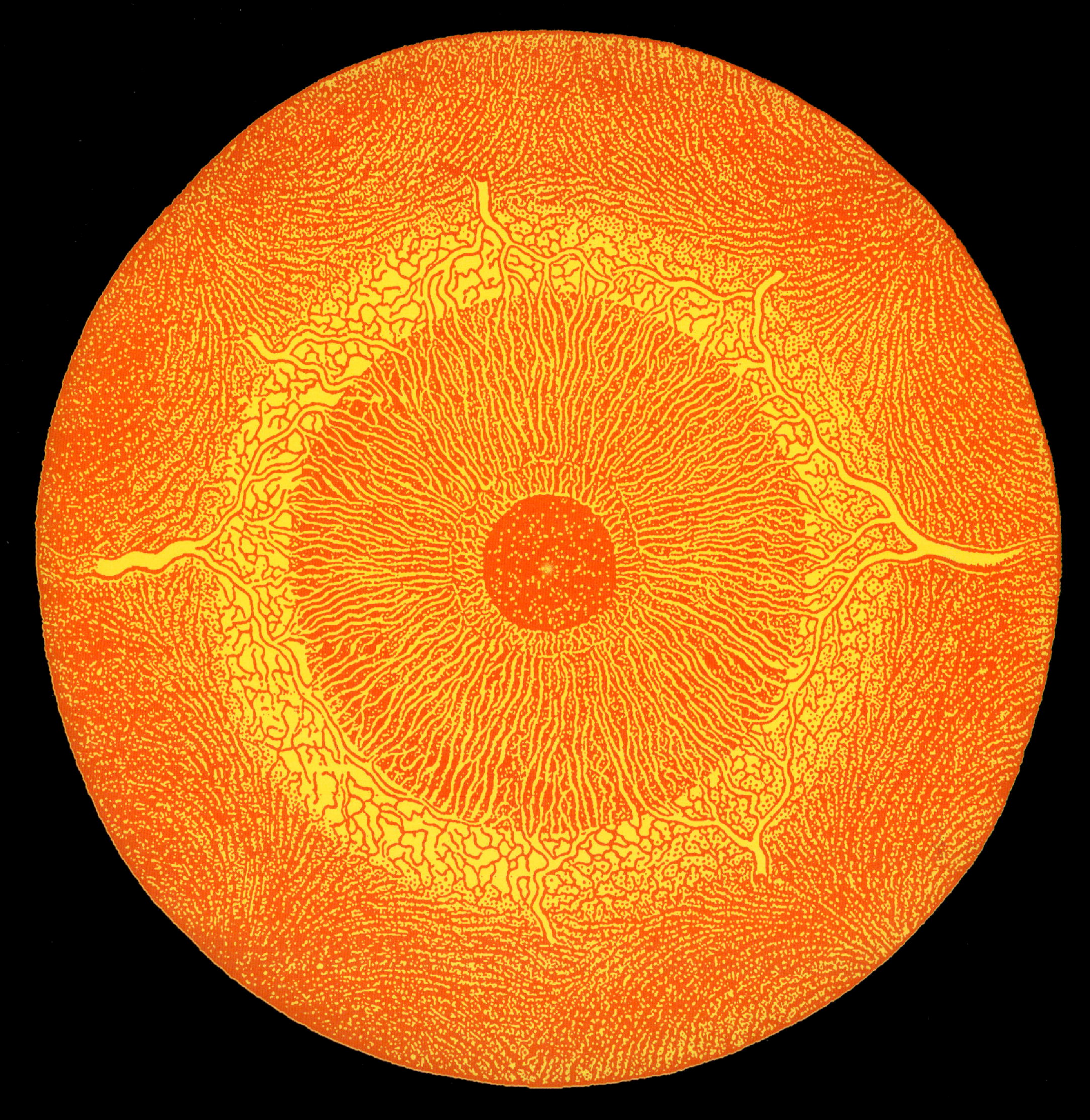

experimentiert bei Operationen mit Narkosemitteln und erkennt bereits, dass sich die Pest durch Mäuse und Ratten verbreitet.

Die Bedingungen für die Forschung könnten günstiger kaum sein: Denn seit dem Tod des Propheten Mohammed im Jahr 632 fördern die Kalifen die Wissenschaften in ihrem Herrschaftsgebiet, richten Sternwarten und Bibliotheken ein. Es entstehen, so in Damaskus und Bagdad, Stätten der Gelehrsamkeit, die ersten Zentren eines organisierten Forschungsbetriebs, in denen die antiken Handschriften systematisch gesammelt, übersetzt und kommentiert werden. Keine Erkenntnis soll verloren gehen: Orientalisches, hellenistisches, chinesisches und indisches Wissen verschmelzen zu einer islamischen Wissenschaft, die im 10. und 11. Jahrhundert ihre Blütezeit erlebt. Deren Gelehrte vermitteln auch dem Abendland einen reichen Schatz an Kenntnissen: vom antiken Schriftgut über die indischen Zahlen (die wir als „arabische" Zahlen kennen) bis hin zur chinesischen Kunst der Papierherstellung. Noch heute künden arabische Begriffe wie „Algebra", „Chemie", „Algorithmus" oder „Ziffer" vom Einfluss jener Epoche.

Wie Alhazen entdeckt, bündelt das Auge – oben dessen Aderstruktur – Licht

In dieser Zeit der Inventur des Weltwissens analysiert der arabische Arzt, Richter und Philosoph Averroës aus Cordoba die Werke des ›*Aristoteles*. Seine Kommentare sind die vielleicht wichtigste Hinterlassenschaft des islamischen Mittelalters. Im 13. Jahrhundert ins Lateinische übersetzt, eröffnen sie den westlichen Gelehrten einen Zugang zu den aristotelischen Schriften – und prägen damit bis heute das europäische Wissenschaftsverständnis.

NATURFORSCHUNG

Friedrich II. 1194–1250 13

Vom Staunen zum Wissen

Der letzte Stauferkaiser hat viele Facetten: rücksichtsloser Machtpolitiker, Dichterfürst, Amateurarchitekt, Förderer der Wissenschaften, Naturforscher. Aufgewachsen im arabisch geprägten Palermo, kommt Friedrich II. früh mit der islamischen Geisteswelt in Kontakt. Als Kaiser des Heiligen Römischen Reiches (ab 1220) sucht er den Gedankenaustausch mit dem vermeintlichen Erzfeind: richtet Fragebriefe an muslimische Gelehrte, lässt erstmals wichtige Schriften, darunter arabische Aristoteles-Ausgaben, ins Lateinische übertragen, versammelt an seinem Hof Weise aus Orient und Okzident. Friedrich hinterfragt Zusammenhänge, die als gottgegeben gelten, und bricht so mit der Weltanschauung des Mittelalters, die nicht auf Beweisen, sondern auf Vermutungen gründet.

Sein fast schon modern anmutendes wissenschaftliches Denken offenbart sich, als er ein Werk über Falknerei verfasst und die Dinge so darlegt, „wie sie sind". Dem Abschnitt über die Beizjagd schickt er eine allgemeine Vogelkunde voraus, in der er zahlreiche Arten beschreibt, begleitet von genauen Zeichnungen sowie Schilderungen von Anatomie und Verhalten. Seine Erkenntnisse gewinnt er durch methodische Naturbeobachtung: So experimentiert er mit Brutöfen und widerlegt durch Versuche die Auffassung, dass Falken ihre Beute mit dem Geruchssinn aufspüren. Damit wird der Kaiser, der von seinen Zeitgenossen „Stupor mundi", das Staunen der Welt, genannt wird, zum Vorreiter einer auf Erfahrung gründenden Wissenschaft.

Mit Experimenten ergründet Friedrich II. das Verhalten von Falken

Im Labor entwickelt Bacon das Schwarzpulver – und verheimlicht die gefährliche Erfindung

EXPERIMENTALWISSENSCHAFT

Roger Bacon um 1214–1292 14

Erkenntnis durch Mathematik

In einer Zeit, in der Zweifel an religiösen Dogmen lebensgefährlich sein können, tritt der englische Mönch beharrlich für das Studium der Natur ein – und bereitet so der empirischen Wissenschaft den Weg.

Bacon studiert und lehrt in Oxford und Paris, tritt dem Franziskanerorden bei und richtet sich in Oxford ein Labor ein. Er ist ein Visionär, der von Flugmaschinen und Unterwasserbooten träumt, die Grundlage für die Erfindung der Brille schafft und Schwarzpulver entwickelt.

In den Verdacht der Freidenkerei geraten, wird er mit Klosterhaft und Schreibverbot belegt. Erst nach einigen Jahren kann er durch die Unterstützung des neuen, reformfreudigen Papstes Clemens IV. einige Traktate erstellen. Darin betont er die Bedeutung der von der Kirche verrufenen Mathematik für den Erkenntnisgewinn, plädiert für universelle Bildung und eine Experimentalwissenschaft, die auf präzisen Versuchen statt gelehrten Disputen beruht.

Doch Bacons Hoffnung auf Reformen wird enttäuscht, als der Papst kurz darauf stirbt. Vom Orden erneut zu jahrelanger Klosterhaft verurteilt, wird er dennoch zu einer Vaterfigur der mittelalterlichen Wissenschaft: Seine Schriften zur Mathematik, Optik und Naturphilosophie sind begehrtes Studienmaterial. Auch seine Überlegungen zur Möglichkeit eines westlichen Seeweges nach Indien haben weitreichende Folgen – eine Abschrift davon liest später ein Mann namens Christoph Kolumbus.

SCHOLASTIK

Nikolaus Oresme um 1320–1382

Skeptiker und Naturphilosoph

Das Mittelalter hat in Sachen Naturwissenschaft keinen guten Ruf. Obwohl in jener Zeit überall in Europa Universitäten gegründet werden, gelten die zehn Jahrhunderte zwischen 500 und 1500 als das „dunkle Zeitalter": als eine Epoche, in der das abendländische Denken eine Phase der Stagnation durchmacht. Obwohl die angesehensten Wissenschaftler die Herrschaft der Vernunft betonen. Obwohl Thomas von Aquin im 13. Jahrhundert den Begriff „Naturwissenschaft" überhaupt erst prägt. Obwohl Albertus Magnus, eine viel zitierte Autorität, nicht anders als jeder heutige Physik-Nobelpreisträger erforscht wissen will, „was in der Natur aufgrund natürlicher Ursachen gemäß der Weise der Natur geschehen kann".

Indessen sind all diese Forscher auch bedeutende Theologen, und an Grundsätzen ihres Glaubens rütteln sie kaum. Deshalb gelten diese „Scholastiker" den aufklärerischen Fundamentalisten der Neuzeit eher als Anhänger des Irrationalismus denn als Wegbereiter des wissenschaftlichen Fortschritts.

Verdrängt wird weithin, dass diese Denker in weltlichen Dingen fast alles infrage stellen – was allein ein Indiz ist für unbefangene Forschung. Selbst ihr Vorbild →***Aristoteles*** ertappen sie bei zahlreichen Unzulänglichkeiten und Trugschlüssen. So bewegt sich dem alten Griechen zufolge ein Körper, weil kontinuierlich eine Kraft auf ihn einwirkt, die einen ebenfalls dauerhaften Widerstand überwindet; Geschwindigkeit wäre mathematisch gesehen stets proportional dem Quotienten aus Kraft und Widerstand.

Der Oxforder Gelehrte und spätere Erzbischof von Canterbury Thomas Bradwardine (um 1290–1349), der die Mathematik als Forschungsmittel favorisiert, erkennt jedoch, dass diese Formel zu simpel ist, und ersetzt sie durch eine komplexere Beziehung: Tatsächlich wachse die Geschwindigkeit in Abhängigkeit von einer logarithmischen Zunahme des Verhältnisses von Kraft und Widerstand. Diese Theorie beschreibt die Natur in einem Punkt genauer als der alte Ansatz: Es kommt zu keiner Vorwärtsbewegung, wenn der Widerstand größer ist als die Kraft.

15

Bei diesem Einbruch in die aristotelische Physik bleibt es nicht. Johannes Buridan (um 1300–1358) erweitert ihn zum Beispiel, indem er den Begriff Impetus einführt: Die Bewegung auslösende Kraft präge sich dem Körper ein – quasi als innerer Motor –, bis sie infolge der Wirkung anderer Kräfte verlösche, was nicht mehr allzu weit entfernt ist vom Trägheitsbegriff →***Newtons***.

Buridan lehrt an der Universität Paris, an der sich Intellektuelle aus allen christlichen Ländern darüber Gedanken machen, was die Welt bewegt und wie deren Phänomene fassbar werden. Zu ihnen gehört auch Nikolaus Oresme (um 1320–1382), womöglich der genialste Naturphilosoph des 14. Jahrhunderts, dem es gelingt, eine naturwissenschaftliche Behauptung geometrisch zu beweisen, nämlich das **Theorem der mittleren Geschwindigkeit**.

Generell leidet die Naturforschung dieser Gelehrten darunter, dass sie zwar unerhört viel berechnen, mangels geeigneter Instrumente aber fast nichts messen können. Doch angeregt von einer Untersuchung Buridans, erkennt Oresme allein durch kühle Analyse der Alltagswahrnehmung, dass für die Behauptung des Aristoteles, die Erdkugel ruhe unbeweglich im Mittelpunkt des Universums, nicht mehr spricht als dafür, dass sie rotiert.

Oresme grübelt am Schreibpult seiner Studierstube in Paris. Nur mit Berechnungen versuchen die Scholastiker, die Natur der Welt zu verstehen – Messinstrumente stehen ihnen kaum zur Verfügung

Diese Aussage veröffentlicht der Lehrer und Vertraute König Karls V. in französischer Sprache, was ihn dazu veranlasst, zahlreiche neue Begriffe für seine Muttersprache zu erfinden. Publikationen, die für den Diskurs unter Kollegen bestimmt sind, bringt Oresme aber in Latein heraus – damit ihn die Gelehrten in Salamanca, Bologna, Oxford, Paris und Toulouse überhaupt verstehen.

So können sie Oresmes Ideen zur Kenntnis nehmen, die weit in die Zukunft weisen, etwa einen ersten Vorläufer des Modells einer Evolution.

Denn Oresme geht davon aus, dass sich natürliche Arten fortwährend aus eigenem Antrieb optimieren. Individuen definiert er als von Natur her instabile Systeme, die danach streben, ihre Struktur zu erhalten oder zu verbessern, um so an Beständigkeit gegenüber der Umwelt zu gewinnen.

Auch lernen die Gelehrten von ihm, dass ein geringfügiger Fehler oder eine kleine Unordnung zu Beginn eines Prozesses einen gewaltigen Unterschied in den Wirkungen zur Folge haben können. Doch sie ahnen natürlich nicht, dass sich Oresme damit einem Thema widmet, das 600 Jahre später zu einem neuen Gebiet der Mathematik heranwächst: der Chaosforschung.

Allerdings: Ziel scholastischen Forschens sind solch singuläre Erkenntnisse nicht. Während die moderne Naturwissenschaft einzelne Phänomene aus dem komplexen Zusammenhang löst, untersucht und dabei allgemein gültige Regeln zu gewinnen sucht, wandern Scholastiker von Teilproblem zu Teilproblem, vergleichen oft Unvergleichbares, verzetteln sich, sind aber ständig bemüht, nicht den Gesamtzusammenhang aus dem Auge zu verlieren.

Immerhin hat Johannes Buridan Trost für alle: Die entdeckten Regeln der Natur müssen nicht absolut gelten. Sie können trotzdem akzeptiert werden, „wenn sie sich in vielen Einzelfällen als wahr und in keinem Fall als falsch erweisen".

Mehr können Forscher auch heute nicht erwarten.

Die Darstellung des Mittelalters als Phase der Stagnation hat zwar aus naturwissenschaftlicher Sicht ihre Berechtigung – so fehlten etwa die Experimente, um die Vielzahl der falschen Theorien von den richtigen Ansätzen zu unterscheiden –, doch nur „dunkel" ist das Zeitalter nicht, wie die Erkenntnisse von Scholastikern wie Oresme und Buridan beweisen.

Regiomontanus entdeckt Fehler im Weltbild des Ptolemäus

STERNKUNDE

Regiomontanus 1436–1476 **16**

Wegbereiter des Copernicus

Viele Kollegen betrieben ihre Kunst „in einer Hütte und nicht am Himmel", klagt Regiomontanus, der bedeutendste Astronom und Mathematiker seiner Zeit. Tatsächlich steckt die Sternkunde in einer Krise: Oft begnügt sie sich mit der Kalkulation von Feiertagen und Kalendern. Regiomontanus dagegen beobachtet und rechnet mit ungekannter Präzision, erkennt Mängel der althergebrachten Himmelskunde und wird zum Wegbereiter der copernicanischen Wende.

Als Johannes Müller nahe dem fränkischen Königsberg geboren, berechnet er bereits mit zwölf Jahren ein Jahrbuch der Planetenpositionen, dessen Genauigkeit zeitgenössische Werke weit übertrifft. Nach Studien in Leipzig und Wien verfasst der Königsberger (lat. *Regiomontanus*) in Italien die „Dreieckslehre", die bis dahin umfassendste Darstellung der **Trigonometrie** – der Grundlage für die Ortsbestimmung von Himmelskörpern.

In Nürnberg baut er eine Sternwarte auf, verlegt fremde und eigene astronomische Werke, darunter seine 1474 erschienenen „Ephemeriden", ein Himmelskalender mit exakten Berechnungen der Positionen von Sonne, Mond und Planeten über einen Zeitraum von 32 Jahren. 1475 reist Regiomontanus nach Rom, wo er an einer Reform des Julianischen Kalenders arbeiten soll. Dort stirbt er wenig später an einer pestartigen Seuche.

Seine Werke werden nicht nur von Astronomen wie →***Copernicus*** studiert – die Ephemeriden gehören bald zum Gepäck großer Seefahrer wie Kolumbus: als Navigationshilfe auf dem Weg ins Unbekannte.

Das Sonnensystem als Modell: In dieser »Armillarsphäre« (ca. 1725) steht die Sonne als Kugel in der Mitte. Der Ring, der den Weg der Erde um das Zentralgestirn repräsentiert, ist unterbrochen für eine Darstellung der Umlaufbahn des Mondes

Der Herr der Ringe

Eigentlich will Copernicus nur die Modelle der alten Astronomen verbessern. Doch dann entdeckt er ihre grundlegenden Fehler: Die Erde steht nicht still, sondern wandert um die Sonne. Eine wissenschaftliche Revolution beginnt – und erschüttert so das althergebrachte Weltbild

Text: Bertram Weiß

Schwer wiegt das druckfrische Buch in seinen schwachen Händen. Auf rund 400 Seiten ist das Lebenswerk des greisen Mannes niedergeschrieben. Fast 30 Jahre hat er daran gearbeitet. Beinahe wäre die erste Ausgabe im Dombezirk von Frauenburg, 70 Kilometer östlich von Danzig am Frischen Haff gelegen, zu spät eingetroffen. Denn nach einem Schlaganfall ist der Gelehrte Nicolaus Copernicus in diesen Frühlingstagen des Jahres 1543 teilweise gelähmt und liegt im Sterben. Die Veröffentlichung seiner Gedankenarbeit erlebt der 70-Jährige kaum noch bewusst.

Fast ein ganzes Jahr hat es den Buchdrucker gekostet, die rund 500 Exemplare der Erstausgabe in seiner Werkstatt am Fuße der Nürnberger Burg fertigzustellen. Die Anfänge der Kapitel hat er mit verzierten Buchstaben geschmückt, den lateinischen Text aber in üblichen Lettern gesetzt. „De revolutionibus orbium coelestium" heißt das Werk: „Über die Umdrehungen der Himmelskörper".

Domherr, Astronom, Revolutionär wider Willen: Nicolaus Copernicus

Das Originalmanuskript von Copernicus' Schrift »De revolutionibus orbium coelestium« verwahrt die Universität Krakau

In der Himmelskunde werden die Drehbewegungen kosmischer Objekte „Revolutionen" genannt, von lateinisch *revolvere*, „zurückrollen". Copernicus' Text löst aber eine Revolution in einem ganz anderen Sinne aus. In dieser Abhandlung hat der Gelehrte eine astronomische Theorie dargestellt, welche die Welt erschüttern wird. Sein Lebenswerk ist der Anstoß für eine fundamentale Wende in Astronomie und Kosmologie, in Physik, Philosophie und Religion.

Und mehr noch: Es revolutioniert das menschliche Bewusstsein.

DER MANN, DER DAS BILD von der Erde verändert, wächst in einer Kaufmannsfamilie in Thorn an der Weichsel auf.

Zwölf Jahre lang studiert er: in Krakau Mathematik, Astronomie und Philosophie, in Italien Kirchenrecht und Medizin. Der Onkel, seit dem frühen Tod des Vaters sein Vormund, ermöglicht Nicolaus eine Laufbahn in der Kirche.

Der Student aber hat noch anderes im Sinn: Ihn fesseln die Rätsel des Himmelsgewölbes. Die Astronomie ist eine der wichtigsten Wissenschaften jener Tage. Denn die astrologische Deutung der Himmelszeichen bestimmt das Leben der Menschen.

Doch die Beobachtungen der Astronomen lassen sich immer weniger mit dem geltenden geozentrischen Weltbild in Einklang bringen, das sich auf →***Aristoteles*** beruft. Danach ruht die Erde im Zentrum des Universums, und der Mond, die Sonne, die Planeten sowie das Firmament mit all seinen funkelnden Sternen drehen sich um sie in makellosen Kreisbewegungen.

Manche Himmelskörper aber folgen ganz offensichtlich nicht dem gleichmäßigen Gang der Fixsterne, sondern haben eine eigene Bewegung, ziehen ihre Bahn in unterschiedlicher Geschwindigkeit und veränderlicher Entfernung zur Erde. Da die Idee, der Zug der himmlischen Körper könne unregelmäßig sein, dem aristotelischen Glauben an die Harmonie des Universums widerspricht, hat der Mathematiker und Astronom →***Claudius Ptolemäus*** bereits im 2. Jahrhundert n. Chr. ein kompliziertes System entwickelt, das die Abweichungen mit der himmlischen Harmonie in Einklang bringt.

Danach ziehen Sonne und Mond in gleichförmigen Bahnen um die Erde. Auch die Planeten bewegen sich auf perfekten Kreisbahnen. Doch gleichzeitig, so Ptolemäus, drehen sie kleine Nebenkreise, deren Mittelpunkte auf dem Hauptkreis liegen – als wäre jeder Planet die Gondel eines kleinen Karussells, das selbst die Gondel eines großen Karussells ist.

Seine Verfeinerung des geozentrischen Weltbildes stellt Ptolemäus durch ein gewaltiges System verschiedenartiger Kreise dar, mit deren Hilfe sich in komplizierten Berechnungen der Lauf der Planeten bestimmen lässt.

Wann immer es seine Aufgaben als Domherr erlauben, arbeitet Copernicus in seiner Studierstube. Bei seinen Berechnungen stützt er sich auch auf die Beobachtungen älterer Astronomen

Für Copernicus gleicht dieses Weltbild einem „Monstrum“. Er ist davon überzeugt, dass es von einer fundamentalen Fehlannahme ausgeht. Zwar vermag es die meisten beobachteten Unregelmäßigkeiten zu erklären, doch werde es den himmlischen Idealen gerade nicht gerecht. Deshalb beschließt er, das Problem selbst zu lösen.

Sein einflussreicher Onkel verschafft ihm ein Kirchenamt: Nicolaus wird Domherr in Frauenburg, führt Aufsicht über die Bäckereien, Brauereien und Mühlen des Bistums, ist als Arzt gefragt. Doch sobald er Zeit findet, forscht er nach einer Begründung für die Planetenbewegungen.

Er liest die Bücher aller großen Gelehrten, die er finden kann. Bei Cicero schließlich entdeckt er eine maßgebliche Passage: Der römische Staatsmann berichtet von einem Mann namens Hicetas, der im 4. Jahrhundert v. Chr. behauptet hat, die Erde stehe nicht still, sondern rotiere wie ein Kreisel.

Aus einer anderen Quelle erfährt Copernicus, dass ein Jahrhundert später der Astronom Aristarchos von Samos gedanklich noch weiter gegangen ist: Er glaubte, alle Planeten samt Erde bewegten sich um die Sonne. Doch fehlten ihm Beweise für diese Behauptung, und so gerieten Aristarchos' Gedanken fast in Vergessenheit.

Aber er hatte die entscheidende Idee: Nicht die Erde bildet das Zentrum. Sondern die Sonne.

Wäre es nicht viel einfacher und harmonischer, wenn sich die Erde bewegte und nicht das ganze gewaltige Firmament? Dieses neue System könnte schöner und vollkommener sein als das mathematische Ungeheuer des Ptolemäus.

Der Gedanke ist keineswegs neu, doch Copernicus macht sich als Erster daran, die Bewegung der Planeten auf der Grundlage des sonnenzentrierten Modells mathematisch präzise zu begründen. Sollte an seiner „heliozentrischen“ Theorie etwas dran sein, dann müssten sich die Bewegungen der Planeten auch aus der neuen Perspektive mathematisch nachvollziehen lassen.

Im Kosmos soll Harmonie herrschen – doch die Planeten bewegen sich unregelmäßig

Copernicus überarbeitet sein Werk wieder und wieder, 25 Jahre lang. Dann erst stimmt er der Veröffentlichung zu

Schnell stellt er einen ersten Entwurf fertig: Danach kreist die Erde um die Sonne, um die auch die Planeten ihre Bahnen ziehen; zudem dreht sich die Erde im Verlauf eines Tages einmal um die eigene Achse. Plötzlich ist es da – ein fulminantes Konzept, das alles bis dahin Geglaubte infrage stellt.

DER DOMHERR IST SICH bewusst, dass seine Behauptungen für viele ein „misstönender Ohrenschmaus" sind. Denn sie würden Ungeheuerliches bedeuten: Die Auffassung des Menschen von sich selbst wäre erschüttert. Er hätte Jahrhunderte mit einem Irrtum gelebt.

Wie sollte er sich weiter als alleinige Krone der Schöpfung verstehen, wenn sich seine Heimat, die Erde, nicht mehr von den anderen Planeten unterschiede?

Müsste Gott seine Aufmerksamkeit dann nicht auf alle anderen Körper des Universums ebenso richten wie auf die Erde? Würde Copernicus nicht zudem die Autorität der Bibel infrage stellen, in der die Unbeweglichkeit der Erde doch geschrieben steht?

Copernicus weiß: Wenn seine Theorie in der Welt Gehör finden soll, muss er zunächst die Experten überzeugen, die Mathematiker und Astronomen. Und dafür muss sie die Beobachtungen am Himmel schlüssig erklären können. Er beobachtet und rechnet, korrigiert und erweitert seine Ausführungen.

25 Jahre lang.

Allmählich werden seine Thesen über die Stadtgrenzen hinaus bekannt. Abschriften des ersten Entwurfes gehen von Hand zu Hand. Selbst der Papst in Rom lässt sich über den kühnen Gelehrten im fernen Frauenburg informieren – und zeigt sich interessiert. Gerüchte erreichen auch den jungen Georg Joachim Rheticus in Wittenberg. Der Mathematikprofessor ist beeindruckt von der Kühnheit, mit der Copernicus sich gegen das stellt, was seit Jahrhunderten als Wahrheit gilt.

Er besucht ihn in einem zwölf Meter hohen Turm der Frauenburger Dommauern. Wird sein einziger Schüler. Und versucht, Copernicus zur Veröffentlichung der Arbeit zu bewegen.

Doch der sträubt sich. Groß ist seine Angst vor dem Unverständnis der Kollegen. Die Welt revolutionieren? Das ist nicht seine Sache.

Womöglich will Copernicus seine Thesen nur im Gespräch weitergeben, damit allein jene sie hören, die auch bereit sind, sie ganz zu durchdringen. Mit großem Respekt vor den Werken der antiken Gelehrten will er das Wissen reformieren, leise und zurückhaltend. Er arbeitet sehr gewissenhaft, überprüft seine Aussagen wieder und wieder.

Schließlich überlässt er Rheticus doch seine Aufzeichnungen, damit dieser sie in Druck gibt. Zahlreiche Korrekturen sowie Korrekturen der Korrekturen auf den eng und beidseitig beschriebenen Manuskriptblättern zeugen vom jahrelangen Ringen des Forschers um die Überzeugungskraft der Darstellung: Mal führt Copernicus die Feder breit, bedächtig und steil, mal hektisch, klein und eckig, als könne er es nicht erwarten, die Gedanken zu Papier zu bringen.

Im Wohnturm des Astronomen zeigt das Frauenburger Copernicus-Museum in einer Nachbildung das Arbeitszimmer eines Renaissance-Gelehrten

Das heliozentrische Weltbild auf einem Kupferstich von 1660. Zu diesem Zeitpunkt haben Galilei und Kepler neue Belege für die Thesen des Copernicus erbracht

Die Erstdrucke seines Werkes verteilen sich über ganz Europa. Sie werden für einen Gulden oder mehr gehandelt – das ist teurer als die Gebühr für die Einschreibung an einer Universität. Nur die besten Mathematiker und Astronomen können die Diagramme, Tabellen und Formeln überhaupt lesen.

Die von Copernicus befürchtete Entrüstung bleibt zunächst aus. Die Fachleute betrachten sie gelassen als hypothetische Überlegung, die dabei hilft, Planetenbahnen und relative Entfernungen am Himmel zu berechnen.

Als sich der Inhalt des Buches auch unter Laien verbreitet und schließlich auf heftige Empörung stößt, halten viele führende Gelehrte Teile von Copernicus' Berechnungen – etwa von den Umlaufzeiten der Planeten – bereits für nützlich, selbst wenn sie das Modell insgesamt nicht akzeptieren. Die Zahlentafeln benutzen sie für Kalender, Prognostiken und Horoskope.

Doch so hilfreich die Berechnungen auch sein mögen – es fehlen die Beweise für die Richtigkeit der Behauptungen. In der alltäglichen Erfahrung weise doch alles darauf hin, dass die Erde stillstehe und die Gestirne sich indes um sie bewegten, argumentieren die Gegner der These. Copernicus sei nur so tollkühn, zu behaupten, die Menschheit erläge einer Täuschung.

ERST MEHR ALS 60 JAHRE SPÄTER erhält die Theorie der bewegten Erde echte Unterstützung. →***Johannes Kepler*** und →***Galileo Galilei*** leiten jene Wende des Denkens ein, die als „copernicanische Revolution" in die Geschichte eingeht.

Galilei entdeckt nahezu zeitgleich mit einem anderen Astronomen vier Jupitermonde. Ihre Existenz beweist, dass sich Himmelskörper nicht ausschließlich um die Erde bewegen müssen.

Und Kepler belegt, dass die Planetenbahnen nicht kreisförmig, sondern elliptisch verlaufen. Erst durch diese wichtige Erkenntnis erlangt die Lehre des Copernicus Einfachheit und Vollkommenheit, nach der ihr Schöpfer strebte.

Vor allem protestantische Theologen widersprechen den Zweiflern am althergebrachten Weltmodell. Für sie ist die Bibel die einzige maßgebende Instanz.

Auch der Vatikan verurteilt den Heliozentrismus schließlich als ketzerische Lüge. Doch die ptolemäische Lehre ist ins Wanken geraten. Ganz allmählich verliert sie ihre Glaubwürdigkeit und Autorität.

Die Wirkung seiner Worte, die Vollendung seines Lebenswerks erlebt Copernicus nicht mehr. Schon wenige Stunden, nachdem er die Erstausgabe seiner Arbeit erstmals in den Händen gehalten hat, stirbt Nicolaus Copernicus am 24. Mai 1543. Erst auf dem Totenbett, so heißt es, habe er die Genugtuung erfahren, dass seine Arbeit nicht verborgen bleibt und in Vergessenheit gerät.

Sein Leichnam wird im Dom zu Frauenburg beigesetzt, der Wohnturm geht in den Besitz eines anderen Domherrn über, seine Bücher werden der kirchlichen Bibliothek einverleibt.

Doch seine Ideen erobern die Welt. □

Ein später Beweis

Erst im 19. Jahrhundert gibt es an dem von Copernicus begründeten Weltbild keinerlei wissenschaftlichen Zweifel mehr: Die Astronomen Friedrich Wilhelm Bessel und Thomas Henderson belegen endgültig, dass die Erde um die Sonne kreist. Sie beobachten, dass ein Stern im Laufe der Zeit, von der Erde aus gesehen, gegenüber seinem Hintergrund scheinbar eine andere Position einnimmt. Der Blickwinkel des Betrachters auf das Gestirn verändert sich – und das ist nur durch eine Veränderung der Erdposition im All zu erklären.

Bald nach diesem Nachweis können die Bürger von Paris im Panthéon auch über den anschaulichen Beweis staunen, dass sich die Erde um sich selbst dreht: Der Physiker Léon Foucault lässt ein Pendel an einem 67 Meter langen Strang in dem Kirchengebäude schwingen. Es pendelt augenscheinlich nicht auf dem gleichen Weg hin und her, sondern wechselt seine Bahn. Einzige Erklärung: Der Erdboden bewegt sich unter dem Pendel. Für einen Beobachter, der sich auf der Erde mitdreht, bewirkt deren Rotation, dass sich die Schwingungsbahn des Pendels fortlaufend verschiebt.

Bertram Weiß, 24, ist Wissenschaftsjournalist in Hamburg.

Literatur: Jürgen Teichmann, „Wandel des Weltbildes. Astronomie, Physik und Messtechnik in der Kulturgeschichte", Deutsches Museum München.

Philippus Aureolus Theophrastus Bombastus von Hohenheim, genannt Paracelsus, auf einem Stich aus dem 19. Jahrhundert

PHARMAZIE

Paracelsus um 1493–1541 **18**

Reformator der Medizin

Die Heilkunde seiner Zeit vertraut blind auf antikes Wissen: Als Standardwerke gelten die Schriften der Griechen. Dagegen setzt der exzentrische Reformator 1527 ein unerhörtes Zeichen: In Basel, wo er kurz als Professor wirkt, verbrennt er Schriften von →***Galen*** und Avicenna und bereitet den Boden für eine Modernisierung der Medizin.

Geboren als Theophrastus von Hohenheim im schweizerischen Einsiedeln, studiert der Arztsohn Medizin an mehreren Universitäten. Doch statt Heilmethoden aus Büchern zu übernehmen, vertraut Paracelsus – „der über Celsus Hinausgehende", wie er sich in Anspielung auf einen bedeutenden römischen Arzt ab etwa 1529 nennt – auf eigene, durch die Praxis gewonnene Erfahrung, die er auf Wanderungen quer durch Europa sammelt: So arbeitet er als Wundarzt und beobachtet mit den Lungenerkrankungen der Minenarbeiter erstmals ein Berufsleiden. Zudem sucht er die „vollkommene" Arznei. Während zeitgenössische Heilmittel meist auf pflanzlichen Stoffen basieren, setzt er Metalle wie Antimon ein und begründet so die pharmazeutische Chemie. Anders als die antiken Lehrer scheut er sich nicht, Gifte im Körper mit Giften zu bekämpfen, solange sie sorgsam bemessen sind. „Alle Ding sind Gift", erkennt er und fährt fort. „Allein die Dosis macht, dass ein Ding kein Gift ist." Als Paracelsus stirbt, ist er vor allem als Arzt berühmt. Doch seine Schriften finden schon bald immer mehr Anhänger – bis die Chemie als Hilfsmittel der Medizin anerkannt ist.

MINERALOGIE

Georgius Agricola 1494–1555 **19**

Eine Ordnung für Steine und Erze

Als Georg Pawer (Bauer), der seinen Namen latinisiert hat, nach vier Jahren Medizinstudium 1527 Stadtarzt und -apotheker in St. Joachimsthal wird, dem Hauptort des böhmisch-erzgebirgischen Silberbergbau-Reviers, beginnt er sich für Erzabbau und Gesteinskunde zu interessieren. Ausgelöst werden seine Forschungen vor allem durch Minerale, die therapeutisch wirksam, aber in der Medizin unbekannt sind. Die Ergebnisse seiner vielfachen Grubenbegehungen und der Untersuchung des gesammelten Materials münden schließlich in das erste lagerstättenkundliche Werk in der Geschichte der Montanwissenschaften.

Der industrielle Bergbau (wie in dieser Kohlengrube) geht auf Vorarbeiten Agricolas zurück

Nach drei Jahren geht Agricola nach Chemnitz, wo er zum Stadtleibarzt und mehrfach zum Bürgermeister ernannt wird. Dennoch vernachlässigt er seine wissenschaftliche Arbeit nicht. 1546 bringt er „De natura fossilium libri X" heraus, das erste auf langjährige Beobachtungen und vergleichende Studien gestützte Handbuch der Mineralogie. Es listet Unterscheidungsmerkmale auf und führt Klassen von insgesamt 570 Mineralen, Fossilien, Gesteinen und Kunstprodukten, etwa Schlacken, ein.

Die zwölf Bücher seines *Opus magnum* „De re metallica libri XII" beschreiben den Erzbergbau sowie die Metallgewinnung und -verhüttung in allen Facetten. Die Bewunderung für dieses Werk, mit dem Agricola zum Begründer der Bergbaukunde wird, hält über Jahrhunderte an.

ANATOMIE

Andreas Vesalius 1514–1564

Vorstoß in den Körper des Menschen

Der junge Professor ist ganz verrückt nach Leichen. Seine erste stiehlt er im belgischen Löwen von einem Scheiterhaufen. In Padua stellt er sich gut mit dem Strafrichter, der manche Exekution nach den Wünschen des gelehrten Herrn terminiert. Und hin und wieder sendet er sogar Studenten aus, auf dass sie ihm frisch Verblichene aus Gräbern entführen – es dient ja der Wissenschaft.

Denn Andreas Vesalius, seit 1537 Professor der Chirurgie und der Anatomie an der Universität Padua, hat sich vorgenommen, mit seinem Skalpell ein Universum zu erschließen, das zu jener Zeit noch auf den Lehren des römischen Arztes →***Galen*** fußt: den Körper des Menschen. Seine dabei gewonnenen Erkenntnisse machen

Kunstwerk Mensch: für die Bildhauerbrüder Chapman grotesk, für Vesalius Objekt wissenschaftlicher Neugier

20

Vesalius zum Begründer der wissenschaftlichen Anatomie.

Andreas kommt in Brüssel zur Welt, als Sohn eines Apothekers. Während seines Studiums fasziniert ihn der Aufbau des menschlichen Körpers, und bald beginnt er selbst mit dem Sezieren: Er will sehen, was Galen beschrieben hat. Leichen allerdings sind kaum verfügbar. Mit 23 geht der Anatom deshalb als Professor nach Padua – und findet nun Studienobjekte genug. Doch je tiefer er mit dem Messer in die Geheimnisse des menschlichen Körpers eindringt, umso mehr begreift er, dass viele von Galens Thesen nicht stimmen können. So findet er im Herzen keinen Knochen und in der Leber keine fünf Lappen. Vermutlich hat Galen zeitlebens nicht einen einzigen Menschen seziert.

Sezieren als Kunst: der Flame Vesalius

Vesalius hingegen bringt, was er sieht, zu Papier: 1539 veröffentlicht er Zeichnungen als Studienmaterial für angehende Mediziner. 1543 schließlich folgt das Hauptwerk, in dem detailliert die Lage der Muskeln, das Geflecht der Blutgefäße, die Knochen und innere Organe abgebildet sind: die „Sieben Bücher über den Aufbau des menschlichen Körpers".

Es wird ein großer Erfolg, in viele Sprachen übersetzt und bis ins 18. Jahrhundert immer neu aufgelegt: das erste vollständige Lehrbuch der menschlichen Anatomie.

ASTRONOMIE

Tycho Brahe 1546–1601  21

Die Vermessung des Himmels

Erfolgreicher hat niemand mit unbewaffnetem Auge den Sternenhimmel beobachtet: Denn es gibt noch keine Teleskope, als Tycho Brahe den Lauf der Planeten und die Positionen von rund 800 Fixsternen am Firmament vermisst – so präzise, dass dank dieser Daten die Korrektheit des heliozentrischen Weltbildes beweisbar wird, das →***Copernicus*** entworfen hat.

Womöglich ahnt der ehrgeizige Däne dies und unterlässt deshalb zu seinen Lebzeiten die Veröffentlichung wichtiger Messwerte, sodass sein Assistent →***Johannes Kepler*** sie erst posthum auswerten kann. Denn einerseits erkennt Brahe die Unzulänglichkeit des alten geozentrischen Weltbildes, andererseits verwirft er die neue copernicanische Lösung als inakzeptabel – unter anderem, weil ihm die gewaltigen Entfernungen der Fixsterne, die Copernicus voraussetzt, unbegreiflich erscheinen.

Und so stellt Brahe eine eigene Himmelsarchitektur vor, die die Erde im Zentrum des Universums lässt. Um sie kreisen jedoch nur Sonne und Mond, alle Planeten bewegen sich um die Sonne. Das „Tychonische Weltsystem" findet enormen Anklang.

In seinem Observatorium kartiert Tycho Brahe (Mitte) mit Gehilfen das Firmament

Seit der dänische Astronom 1567 eine Sonnenfinsternis und 1572 erstmals eine **Supernova** beschrieben hat, genießt er einen hervorragenden Ruf. Befreundet mit fürstlichen Mäzenen, richtet er Sternwarten ein und lässt selbst entworfene Geräte zur Himmelsvermessung anfertigen.

Als Tycho Brahe 1601 in Prag stirbt, ist er der Hofastronom Kaiser Rudolfs II. und Chef eines Stabes, dem Johannes Kepler als wissenschaftliche Hilfskraft angehört. Mit dem jedoch soll ihn eine innige Eifersucht verbunden haben.

Die Akte Galilei

Text: Christoph Kucklick

Sonderbares erblickt Galileo Galilei, als er sein Fernrohr zum Himmel richtet: Mondkrater, Jupitertrabanten, Sterne in der Milchstraße. Der Forscher vertritt ein neues Prinzip der Wissenschaft: Beobachtung als Weg der Erkenntnis. Doch dann kommt es zum Kampf gegen einen mächtigen Gegner

Der Astronom (rechts) und sein Assistent Viviani: So stellt Tito Lessi im 19. Jahrhundert den in seinen letzten Lebensjahren erblindeten Forscher dar

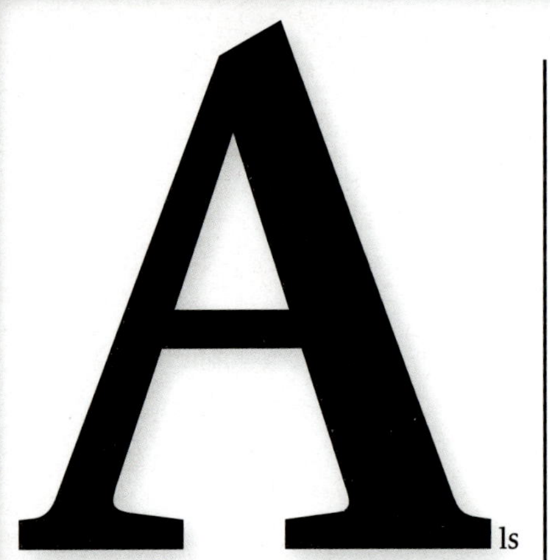ls Galileo Galilei am 20. Januar 1633 in Florenz die Sänfte besteigt, um zu seinem Inquisitionsprozess nach Rom zu reisen, kann der 68-jährige, altersschwache und in aller Welt berühmte Mathematiker und Astronom voller Hoffnung sein, dass ihn die kirchliche Macht nicht strafen wird. Denn was hat er schon zu befürchten? Er ist der intellektuelle Star Italiens, der bedeutendste Wissenschaftler Europas.

Sein Buch, für das er sich verantworten muss, „Der Dialog über die beiden hauptsächlichen Weltsysteme", hat von vier Zensoren der römischen Kirche die Druckerlaubnis erhalten. Und Papst Urban VIII. ist ein Freund, der ihn zu diesem Werk ermutigt hat.

Zudem ist Galilei ein strenggläubiger Katholik und vertraut der Kirche. Die Inquisition ist für ihn kein Schrecken: Schon zweimal ist er denunziert worden, und beide Male haben die Kirchenherren nichts gegen ihn unternommen. Was also soll ihm geschehen?

Ein halbes Jahr später aber ist er gestürzt. Die Richter der Inquisition verurteilen ihn und verbieten sein Buch, der Papst lässt ihn fallen, auf Knien muss der Mathematiker der Lehre abschwören, die Erde drehe sich um die Sonne.

Es ist eine historische Demütigung und ein Debakel. Aber nicht für Galilei, der weiterhin forscht und veröffentlicht – sondern für die Kirche.

Nie hat ein einzelner Prozess einer Institution so geschadet wie dieser. Bis heute hängt dem Vatikan das Verdikt an: wissenschaftsfeindlich, rückwärtsgewandt, unbelehrbar! Der Prozess gegen Galileo Galilei war, so die übliche Lesart, der Höhepunkt der jahrhundertelangen Unterdrückung Andersdenkender, der letzte Beweis für die Intoleranz der Inquisition.

Zugleich war er der Beginn einer strahlenden Epoche, an der die Kirche weder teilhaben konnte noch durfte: Aufklärung, moderne Wissenschaft, Fortschritt! Galilei war ein Held, die Kirche ein Schurke. So wird das Drama bis heute gelesen.

Galileis Fernrohre: Seine Instrumente baut der Forscher selbst – aus Holz, Leder, Kupfer und Papier. Nur die Linsen lässt er schleifen

Nur kann die neueste Forschung diese Deutung nicht bestätigen. Sie findet im Galilei-Prozess weniger ein Heldenstück als eine Tragikomödie: ein verworrenes Lehrstück über Macht und Missbrauch, über Eitelkeit und Eigennutz, über Verfehlungen und Verirrungen. Nur eines kommt darin kaum vor: die Wissenschaft. Um sie ging es am wenigsten, auch wenn das Stück mit ihr beginnt.

Im Juli 1609 hört der 45-jährige Galilei – Professor in Padua, das damals zu Venedig gehört – von einer neuen Erfindung in den Niederlanden: dem Teleskop. Er ahnt sofort, dass solche Ferngläser einer Seemacht wie Venedig von unschätzbarem Wert sein müssten.

Ohne je eines der Gläser gesehen zu haben, geht er davon aus, dass nur eine Kombination aus konkaven und konvexen Linsen jenen Effekt erzielen kann, von dem er erfahren hat.

Innerhalb eines Monats baut der technisch hochbegabte Forscher ein Teleskop mit mehr als dreifacher Vergrößerung. Es erlaubt den venezianischen Admiralen und Kaufleuten, herannahende Schiffe zwei Stunden früher zu erkennen als mit bloßem Auge.

Damit seine Konkurrenten nicht erfahren, wie sein Material beschaffen ist, besorgt sich Galilei heimlich Rohglas aus Florenz und lässt noch bessere Linsen schleifen. Am 1. Dezember hält er ein Teleskop mit 20-facher Vergrößerung in den Händen. In der nächsten wolkenlosen Nacht richtet er es erstmals auf den Mond. Dies ist der Beginn der modernen Astronomie.

Und es ist ein Schock.

Nicht viel in Galileis bisherigem Leben hat ihn auf diesen Augenblick vorbereitet. Seine Hauptsorgen gelten dem Geld. Als Mathematikprofessor verdient er nur ein Sechstel dessen, was die höher angesehenen Philosophen und Theologen einnehmen. Zudem muss er drei Kinder versorgen aus einer unehelichen Beziehung, drei Geschwister erwarten Unterstützung, seine Experimente verschlingen große Summen.

Um über die Runden zu kommen, erteilt er jungen Adeligen Unterricht

Messen, beobachten, experimentieren – das sind für ihn die einzigen Wege zur Erkenntnis

in Festungsbau, Vermessung und Mechanik, verkauft selbst gebaute Zirkel, hält Vorträge. Erstaunlich, dass er noch Zeit findet, raffinierte Experimente mit schiefen Ebenen und Pendeln zu ersinnen, um dem Geheimnis von Bewegung und Geschwindigkeit nachzuforschen.

Doch wie unendlich mühsam sind die Fortschritte. So existiert keine Apparatur, um kleine Zeiteinheiten auch nur annähernd exakt zu messen. Galilei behilft sich mit einer Wasseruhr, aus der er in grob geschätzten Zeitintervallen Flüssigkeit ablässt und diese wiegt, um daraus ein Maß für die Zeit zu erhalten.

Der Blick durch das Teleskop muss ihm eine willkommene Abwechslung gewesen sein. Und dann dieser Schock: Auf dem Mond gibt es Berge! Täler! Krater! Das kann, das darf nicht sein.

Nach gängiger Lehre, unbezweifelt seit den antiken Gelehrten →***Aristoteles*** und →***Claudius Ptolemäus***, ist der Kosmos in zwei Sphären unterteilt. In der irdischen Sphäre sind alle Dinge veränderlich, endlich, unvollkommen. Jenseits davon, im himmlischen Reich, auf dem Mond also und bei den Sternen, ist alles ewig, unveränderlich, vollkommen. Daher hat man sich den Mond als glatt polierte, wenngleich leicht fleckige Kugel vorgestellt.

Denn am perfekten Himmel kann nur eine perfekte Kugel hängen.

Aber nichts davon: Der Mond gleicht der Erde in all ihrer Unvollkommenheit – sollten Himmel und Erde also aus dem gleichen Stoff sein? Es wäre ein kosmologischer Umsturz.

Und das Universum birgt noch weitere Rätsel: Die Milchstraße besteht offensichtlich aus Myriaden von Sternen – warum waren sie bislang verborgen? Die Sonne, erkennt er später, hat Flecken – ist auch sie nicht perfekt? Ganz besonders beschäftigt Galilei ein verstörendes Phänomen am Jupiter. Lange Nächte studiert er das Rätsel, bis er die Lösung niederschreibt: Den Jupiter umkreisen vier Monde! Diese Erkenntnis beunruhigt ihn noch stärker als die Entdeckung, wie unvollkommen der Erdtrabant ist.

In jenen Tagen glaubt man, das gesamte Universum habe nur einen einzigen Drehpunkt: die Erde. Dies besagt zumindest das ptolemäische Weltbild, dem nur die wenigen Anhänger des →***Nicolaus Copernicus*** widersprechen.

Und jetzt das: Die Monde, die ihre Bahnen um den Jupiter ziehen, sind der Beweis, dass nicht alle Himmelskörper um die Erde kreisen. In jenen Nächten müssen Galilei nagende Zweifel gekommen sein – ist denn alles traditionelle Wissen über den Himmel falsch?

digen. Diese scholastischen Gelehrten werden in den folgenden Jahren zu Galileis erbittertsten Feinden.

Sie haben auch am meisten zu verlieren: Sollte sich Galileis Forschungsmethode durchsetzen – Erkenntnis durch Beobachtung und Experiment –, wären sie entbehrlich.

Im Laufe der Jahrhunderte haben sie auf einigen Grundsätzen des Aristoteles und anderer antiker Philosophen ein

Am Ende seines Lebens steht Galilei unter Hausarrest – dennoch forscht er weiter und empfängt zahlreiche Gäste in seiner Villa (Stich nach einem Gemälde des 19. Jahrhunderts)

Rasch schreibt er nieder, was er entdeckt hat. Bereits im März 1610 veröffentlicht er eine schmale Schrift mit dem Titel „Die Sternenbotschaft". Die nur 48-seitige Broschüre macht ihn innerhalb weniger Wochen zum berühmtesten Wissenschaftler Europas.

Die Reaktionen sind gewaltig. Und tief gespalten. Vor allem an den Fürstenhöfen ist die Begeisterung über die verblüffenden Erkenntnisse groß. Die Herrscher – weltliche wie geistliche – gieren nach Sensationen, nach Abwechslung. Ob das Weltbild wankt, interessiert sie wenig.

Ganz anders die Philosophen, die das Geistesleben Europas beherrschen und weit energischer als Kirche und Obrigkeit die traditionelle Weltsicht vertei-

überwältigend komplexes Denksystem errichtet. Das Messen, Experimentieren, Wiegen, so wie es Galilei unternimmt, gilt ihnen als völlig untauglicher Weg zur Erkenntnis. Nach ihrer Vorstellung lassen sich die tiefsten Seinsgründe nicht durch Beobachtung, nicht durch die Sinne erschließen, sondern nur durch die Vernunft, durch eine rein geistige Wesensschau.

Darin besteht der zentrale Streitpunkt: Beobachtung gegen Spekulation.

Also richtet sich ihre Kritik zunächst gegen die Zuverlässigkeit des Fernrohrs. Galileis Entdeckungen seien nichts als „eitle Wahngebilde der Linsen".

Das Teleskop zeige nicht die Wirklichkeit, es spiegele eine Realität vor, die es entweder gar nicht oder nur in den

Linsen gebe. Der beste Beweis: Nimmt man die Linsen weg, verschwindet, was man gesehen hat.

Galilei verfügt über keinerlei Rüstzeug, die Angriffe zu widerlegen. Er kann die Gültigkeit seiner Entdeckungen wissenschaftlich nicht beweisen; auch gibt es noch keine Theorie der Optik, mit der er den Vergrößerungseffekt erklären könnte. Dem Teleskop muss man glauben. Das ist eine elend schwache Position.

Es gehört zum Mythos der modernen Naturwissenschaft, dass ihre frühen Entdeckungen die Menschen wie selbstverständlich überzeugt hätten, allein durch die Macht ihrer Wahrheit. Und dass nur verstockte Ewiggestrige wie die kirchlichen Inquisitoren sich dieser Evidenz verweigert hätten.

Aber so ist es nicht gewesen. Nach damaligem Kenntnisstand haben Galileis Gegner gute wissenschaftliche Argumente. Also muss der Astronom dafür sorgen, dass seine Entdeckungen auf anderen Wegen akzeptiert werden.

Mit der „Sternenbotschaft" nutzt der ebenso ehrgeizige wie weltgewandte Galilei seine einmalige Karrierechance: Er widmet die Schrift Cosimo II., dem Großherzog der Toskana, dessen Privatlehrer er einst gewesen ist.

Bald darauf ernennt der Großherzog Galilei zu seinem „Ersten Mathematiker und Philosophen". Der Fürst erhofft sich von der Förderung Ansehen und ein fortschrittliches Image, der Forscher braucht Unterstützung und Geld.

Als Hofmathematiker hat Galilei nun einen entscheidenden Vorsprung gegenüber seinen Kritikern: Ihn kann niemand mehr ignorieren. Zudem verschickt er über das diplomatische Netzwerk der Medici Fernrohre an die wichtigsten Höfe Europas. Wenn erst die Herrscher seine Erkenntnisse anerkennen, so das Kalkül, werden die Widersacher Ruhe geben.

Die Überlegung geht auf. In Prag schaut Kaiser Rudolf II. durch ein Fernrohr und bestätigt „glücklich und zufrieden" die neuen Funde. Aus Frankreich lässt der König vermelden, er sei bereit, sich jeden neu entdeckten Stern widmen zu lassen. 1611 reist Galilei nach Rom an den päpstlichen Hof – ein Triumph. Empfehlungsschreiben von Cosimo II. öffnen ihm alle Türen.

Galilei ist nun der Star auf jedem Fest: ein großer Forscher, gewitzter Gesprächspartner, beißender Spötter.

Kardinäle besuchen seine Teleskop-Vorführungen, die jesuitischen Astronomen bestätigen seine Entdeckungen und feiern ihn auf einer eigens einberufenen Konferenz. Papst Paul V. gewährt ihm eine Privataudienz – es gibt keinerlei Anzeichen, dass die Kirche ihren Glauben bedroht sieht durch Galileis Entdeckungen.

Dennoch hält sich bis heute die Legende, die Kirche sei durch Galileis Teleskop in eine tiefe Krise geraten. Und dass sie ihn verfolgt habe von Anfang an, als Ketzer, als Zerstörer des Glaubens.

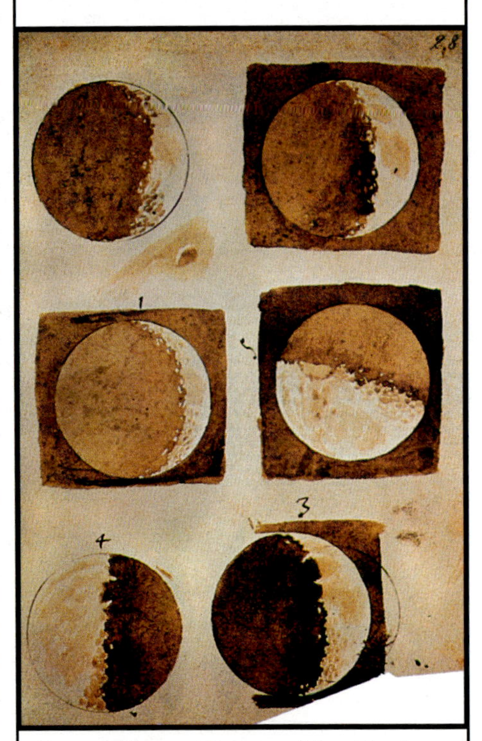

Berge, Täler und Krater auf dem Mond: Mit diesen Zeichnungen illustriert Galilei, was er 1609 durch sein Fernglas erblickt

Nichts dergleichen. Das sind Erfindungen des 18. und 19. Jahrhunderts, als Aufklärer die Kirche schwärzer malen, als diese jemals gewesen ist.

Die Kirche ist in der frühen Neuzeit der bedeutendste Förderer des Wissens. Italien steht weitgehend unter dem Einfluss des Papstes, und Kunst und Wissenschaft florieren wie kaum anderswo in Europa. Das Verhältnis zwischen Religion und Forschung ist nicht spannungsfrei, doch die Kirche hat sich seit Langem mit den Forschern arrangiert.

Schon Kirchenlehrer wie Augustinus (354–430) und Thomas von Aquin (1225–1274) haben Naturerkenntnis und Glauben zu unterscheiden gewusst. Sie waren klug genug, die Bibel nicht wegen jeder neuen wissenschaftlichen Entdeckung Zweifeln auszusetzen.

In der Astronomie, verkündete im 4. Jahrhundert Augustinus, könne ein Ketzer mitunter besser informiert sein als ein frommer Christ. Und zu Galileis Zeit heißt es: Die Bibel zeigt den Weg in den Himmel, aber nicht, wie es am Himmel zugeht.

Die katholische Kirche hat die Heilige Schrift zu keiner Zeit als wörtliche Wahrheit verstanden, erst recht nicht als wissenschaftliches Lehrbuch. Dass die Bibel *obscura* ist, „dunkel", dass sie also der Interpretation bedarf, stand bei ihr nie in Zweifel. Umstritten war stets nur, wer sie bindend interpretieren dürfe: die Päpste, die Konzile, die Kirchenväter, die Theologen? Ein Quell endloser Zwistigkeiten, die meist verhindern, dass sich die Kirche in einer Frage endgültig festlegt.

Als Galilei seine Entdeckungen macht, kennt die Kirche daher kein Dogma, nach dem die Welt sich um die Erde drehe. Zwar sind die meisten Theologen – wie praktisch alle Menschen jener Zeit – fest vom Geozentrismus überzeugt; aber bis dato ist er nicht zur Glaubenssache erhoben worden.

Erbitterte Gegner des Heliozentrismus von Copernicus finden sich in jener Zeit eher unter Protestanten, eben weil sie die Bibel oft wortwörtlich nehmen. Und doch: Zeitgleich mit den Entdeckungen des Galilei verschärft sich der Ton der katholischen Kirche allmählich. Das liegt weniger an der Wissenschaft als an der Furcht vor der protestantischen Expansion.

Diese Furcht greift rasch um sich, und in einem widersprüchlichen, sprunghaften Prozess erodiert

Die Bibel zeigt den Weg in den Himmel. Wie es dort zugeht, erklärt die Wissenschaft

die traditionelle Toleranz der Kirche innerhalb von wenigen Jahren.

1613: Galilei verteidigt in seinen „Briefen über die Sonnenflecken" zum ersten und einzigen Mal in seinem Leben schriftlich die Lehren des Nicolaus Copernicus.

1614: Der Karmeliterpater Paolo Antonio Foscarini veröffentlicht eine Streitschrift, in der er die Bibel Punkt für Punkt mit dem heliozentrischen Weltbild aussöhnt. Er legt sie dem Kardinal-Inquisitor Bellarmin vor.

1615: Ein Dominikanerpater zeigt Galilei an, aber die römische Inquisition sieht keinen Anlass, ein Verfahren zu eröffnen. Bellarmin schreibt Foscarini in einem höflichen Brief, die Kirche habe nichts gegen Copernicus einzuwenden, solange die Forscher dessen Lehre bloß „ex suppositione" darstellen, also als Hypothese, nicht als bewiesene Wahrheit.

Der 73-jährige Kardinal will auf diesem Wege beides schützen, die herrschende Bibelauslegung und die Freiheit der Forschung. Die meisten Wissenschaftler akzeptieren den Vorschlag. Er behindert ihre Arbeit nicht, und einen Beweis für das copernicanische Weltbild kann eh noch niemand erbringen.

Einer der wenigen, die gegen den Kompromiss anschreiben, ist Galilei. Er verlangt, dass sich die Kirche aus allen naturwissenschaftlichen Fragen heraushalte – nicht so sehr, um die Forschung vor der Kirche zu bewahren, sondern um im Geiste der Kirchenlehrer die Bibel vor neuen Erkenntnissen zu schützen. Dennoch schafft er sich viele Feinde, weil er sich weit auf das Gebiet der katholischen Theologen wagt.

Die werden immer nervöser, je mehr sich der Protestantismus ausbreitet. Die Bibelexegese ist der zentrale Streitpunkt zwischen den Konfessionen, und in jenen Tagen gilt jede Neudeutung als heikel: Wenn man die astronomischen Aussagen der Bibel neu auslegen kann, so fürchtet der Vatikan, warum dann nicht gleich die ganze Bibel?

1616 gewinnen die Hardliner im Vatikan die Oberhand. Die Kirche setzt das Hauptwerk des Copernicus „De revolutionibus orbium coelestium" („Über die Umdrehungen der Himmelskörper", 1543), das sie 73 Jahre lang toleriert hat, auf den Index.

Zugleich billigt der Papst ein drastisches Edikt: Der Standpunkt der Copernicaner, die Sonne sei der Mittelpunkt der Welt, sei „philosophisch töricht und absurd, und formal ist er ketzerisch". Das Gleiche gelte für die Lehre von der Erdbewegung, auch sie sei „hinsichtlich der theologischen Wahrheit zumindest glaubensmäßig irrig".

Erstmals in ihrer Geschichte macht sich die Kirche eine kosmologische Lehre offiziell zu eigen – und dann ausgerechnet jenen Geozentrismus, den die meisten Astronomen zwar noch unterstützen, der aber längst nicht mehr zweifelsfrei dasteht. Ein gewaltiger Irrtum, so empfindet es Galilei.

Er führt diesen Rückschritt auf den Einfluss der gehassten Philosophen zurück. Dahinter steckt aber eher eine große Koalition aus Konservativen und Ängstlichen aus allen Disziplinen, die in ihrer Bedrängnis eine Grenzlinie ziehen wollen gegen biblische Neudeutungen aller Art.

Die Folgen dieses neuen Dogmatismus sind zunächst allerdings weit weniger dramatisch als befürchtet. Denn wieder einmal ist der Vatikan alles andere als konsequent. Eigentlich müsste die römische Inquisition nun sofort ein Verfahren wegen Ketzerei gegen Galilei einleiten. Stattdessen zitiert Kardinal Bellarmin den Forscher herbei und übergibt ihm in herzlicher Atmosphäre eine schriftliche – und väterliche – Ermahnung, die beiden verbotenen Aussagen nicht mehr zu verteidigen.

Das ist alles, was die Kirche zu diesem Zeitpunkt unternimmt. Erst in dem Inquisitionsprozess gegen Galilei 17 Jahre später wird diese Ermahnung eine wichtige Rolle spielen.

Erstaunlich milde verfährt die Kirche auch mit dem Buch des Copernicus. Sie lässt nach der Indizierung alle Aussagen über die Erdbewegung als Hypothesen umschreiben, und bereits 1620 erhält das Werk wieder die Druckerlaubnis.

Galileo Galilei, vermutlich kurz nach seinem Inquisitionsprozess porträtiert von dem niederländischen Maler Justus Sustermans

Galilei lässt sich durch seine kurze Konfrontation mit den römischen Glaubenswächtern nicht sonderlich beunruhigen. Sein Ruf leidet jedenfalls nicht – im Gegenteil. 1623 wird sein Gönner und Freund Maffeo Barberini als Urban VIII. auf den Papstthron gewählt. Im Jahr darauf empfängt Urban Galilei sechsmal in seinem Palast zu langen philosophischen Gesprächen; er schenkt ihm Medaillen, gewährt ihm Ablässe und eine lebenslange Pension.

Urban ermuntert den Forscher zudem, in seinem nächsten Buch „durchaus die mathematischen Betrachtungen der copernicanischen Annahme über die Bewegung der Erde" anzuführen, solange er sie als Hypothese darstelle. Der Papst ist nicht der Einzige, der hofft, Galilei könne den ursprünglich griechisch-heidnischen Aristotelismus ablösen und dem Christentum eine neue Weltsicht schenken.

Acht Jahre später aber endet diese Freundschaft wie aus heiterem Himmel. Urban zwingt seinen Lieblingsforscher, dem Copernicanismus abzuschwören, und verurteilt ihn zu lebenslangem Hausarrest. Wie es zu dieser beispiellosen Demütigung kommt, wird sich wohl nie mehr genau rekonstruieren lassen. Nach allen Erkenntnissen kann aber eines nicht der Grund gewesen sein: blinde Wissenschaftsfeindlichkeit der Kirche.

Im Februar 1632 veröffentlicht der 68-jährige Galilei den „Dialog über die beiden hauptsächlichen Weltsysteme, das ptolemäische und das copernicanische". Der Mathematiker will vor allem belegen, dass sich die Erde bewegen müsse, weil sonst Ebbe und Flut nicht zu erklären seien. Die Ideen sind weitgehend als Hypothesen verfasst.

Dennoch ist der Papst zornig. Mitte August ergeht die Anweisung, den Verkauf des „Dialogs" einzustellen. Zwar haben kirchliche Zensoren in Rom und Florenz die Druckerlaubnis erteilt, doch Urban fühlt sich von seinen „Dienern, die sich wie Herren aufführen" hintergangen. Ein Kompetenzgerangel. Ob der Papst dabei von den vielen Feinden Galileis angestachelt wird, ist unklar.

Nach außen wird als Grund für den päpstlichen Unmut erzählt, Urban persönlich habe die letzte Fassung des Werkes absegnen wollen und sei darüber verärgert, übergangen worden zu sein. Hinter verschlossenen Türen aber klingt es anders. Galilei habe alle Vereinbarungen „hinterhältig" gebrochen und gewagt, sich „mit den ernstesten und gefährlichsten Materien zu befassen". Welchen, das erklärt der Papst nicht. Zugleich klagt er, wie leid es ihm tue, Galilei „solches Ungemach bereiten zu müssen, aber hier geht es um die Interessen des Glaubens und der Religion". Seine christliche Pflicht zwinge ihn, einen Freund zu verfolgen.

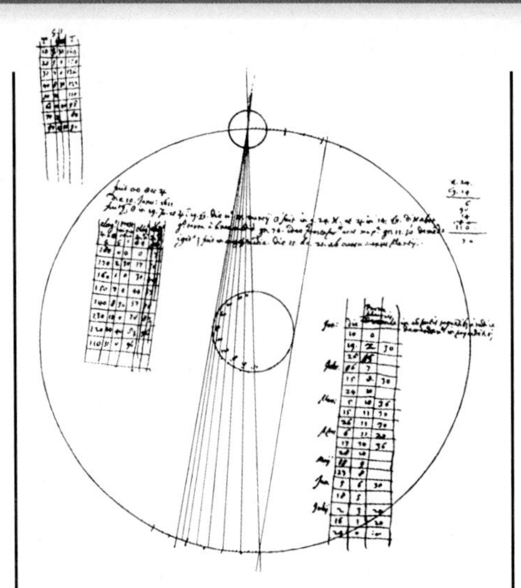

Seine Beobachtungen hält Galilei detailliert in Zahlen und Zeichnungen fest – wie auf dieser astronomischen Skizze von 1611

Von Wissenschaft ist nie die Rede.

Es geht um Politik und Macht. Urban VIII. erlebt die schwerste Krise seiner Amtszeit. Seit anderthalb Jahrzehnten tobt in Deutschland der Dreißigjährige Krieg, und der Papst unterstützt das katholische Frankreich. Er stützt Kardinal Richelieu auch noch, als der sich mit dem protestantischen Schweden gegen den Kaiser in Wien verbündet. Vor allem die habsburgtreuen Kardinäle aus Spanien ereifern sich und werfen dem Papst vor, er mache gemeinsame Sache mit dem Religionsfeind und kämpfe nicht entschieden genug gegen Häretiker.

Schließlich kommt es zum Eklat. Der spanische Kardinal Gaspar de Borja greift den Papst unverhohlen an. Er droht, ein Konzil einzuberufen, um prüfen zu lassen, ob der Papst überhaupt noch fähig und willens sei, das Christentum zu verteidigen.

Für Urban geht es ums Überleben. Er muss Härte zeigen. Der Prozess gegen Galilei bietet dafür die beste Gelegenheit. Er ruft ein Sondertribunal ein, um die Anklage gegen den Forscher zu formulieren. Das ist ein höchst ungewöhnlicher Vorgang. Zieht der Papst den Prozess gegen Galilei womöglich an sich, um seinen Freund vor Schlimmerem zu bewahren?

Die Anklage ist merkwürdig zahnlos. Galilei steht nicht etwa wegen Ketzerei vor Gericht – oder weil er ein verbotenes Weltbild vertreten habe. Stattdessen listen die Inquisitoren neun Anklagepunkte auf, zumeist läppische Formalien, die leicht „berichtigt werden" könnten, so das Tribunal.

Das aber gilt nicht für den einzigen ernst zu nehmenden Vorwurf: Er lautet auf Ungehorsam gegen die Kirche und stützt sich auf ein Dokument von 1616, das Galilei nach eigener Aussage nie zuvor gesehen hat. Es muss parallel zu der damals erfolgten väterlichen Ermahnung des Kardinals Bellarmin angefertigt worden sein und ist wesentlich schärfer als dessen Rüge.

Demnach hätte Galilei den Copernicanismus „in keiner Weise, weder in Wort noch Schrift" lehren dürfen, also auch nicht als Hypothese. Gegen diese Auflage habe Galilei verstoßen.

Eine wacklige Argumentation. Denn das mysteriöse Dokument trägt weder Stempel noch Unterschrift, ist im juristischen Sinne also deutlich schwächer als jener moderate Brief Bellarmins, den Galilei vorweisen kann. Ist das Dokument möglicherweise eine Fälschung, um überhaupt etwas gegen den Forscher in der Hand zu haben? Ungezählte Spekulationen ranken sich um dieses Dokument, die wahren Hintergründe werden wohl nie mehr zutage treten.

Der Prozess zieht sich hin, dreimal wird Galilei verhört. Er verteidigt sich.

»Und sie bewegt sich doch!« – diese trotzigen Worte spricht Galilei nie aus

Darauf sind die Inquisitoren nicht vorbereitet. Der Papst wird ungeduldig, er will eine rasche Verurteilung.

Erst der Privatbesuch eines Kommissars der Inquisition bei Galilei wendet den Prozess. Einen Nachmittag lang bespricht sich Kommissar Maculano mit Galilei – auch dies ein höchst ungewöhnlicher Vorgang. Was genau die beiden erörtern, darüber gibt es keine Aufzeichnungen. Doch drei Tage später gesteht Galilei seinen „Irrtum“ ein.

Nach nochmaligem Lesen seines „Dialogs“, erklärt der Forscher, habe seine Schrift auf ihn „an mehreren Stellen den Eindruck gemacht, als sei sie derart abgefasst, dass der mit meiner Denkungsweise nicht vertraute Leser Ursache gehabt hätte, sich die Meinung zu bilden, die für den falschen Teil (den ich zu widerlegen beabsichtige) vorgebrachten Beweise wären in einer solchen Weise demonstriert, dass sie vermöge ihrer Kraft eher geeignet erschienen, denselben zu verstärken, als seine Widerlegung zu erleichtern“. Die gewundenen Formulierungen verraten, wie schwer Galilei das Eingeständnis gefallen sein muss.

Es vergehen noch einmal fast zwei Monate, ehe die Kardinäle im Tribunal ihr Urteil sprechen, „dass Du, Galilei, Dich der Häresie sehr verdächtig gemacht hast; das heißt, dass Du eine Lehre geglaubt und behauptet hast, welche falsch und der Heiligen und Göttlichen Schrift zuwider ist“.

Der „Dialog“ wird verboten, und Galilei muss formell abschwören.

Am 22. Juni 1633 streift Galilei vor dem Tribunal das Büßerhemd über, kniet nieder, legt eine Hand auf die Bibel, hält in der anderen eine brennende Kerze und schwört: „Ich, Galileo Galilei, verfluche und verwünsche mit aufrichtigem Herzen und ungeheucheltem Glauben besagte Irrtümer und Ketzereien sowie überhaupt jeden anderen Irrtum und jeden der besagten Heiligen Kirche widersprechenden Irrtum und Sektiererglauben.“ Anschließend soll er trotzig gerufen haben: „E pur si muove“ – „Und sie bewegt sich doch“. Aber diese Legende wurde im 18. Jahrhundert erfunden.

Ein großer Tag für Urban VIII. Er hat Härte bewiesen. Weil der Forscher weltberühmt ist und ein Vertrauter war, überzeugt die Machtdemonstration: Zum Wohle des Christentums verurteilt der Papst sogar einen Freund. Urban wird noch elf Jahre regieren.

Nach dem Prozess gibt sich Galilei seiner Verzweiflung hin. Nachts schreckt er schreiend auf. Doch er ist kein gebrochener Mann. Zwar verbringt er den Rest seines Lebens unter Hausarrest in seiner Villa bei Florenz, doch die Überwachung ist lax, Wissenschaftler aus ganz Europa besuchen ihn, er kann forschen und steht in reger Korrespondenz.

In seinem letzten Lebensjahr diktiert Galilei in einem Brief an einen Freund „ohne Hoffnung auf Belohnung und ohne jede Furcht vor Bestrafung“ eine Art wissenschaftliches Vermächtnis: „Dass das copernicanische System falsch sei, darf um keinen Preis bezweifelt werden, vor allem nicht von uns Katholiken. Und genau wie ich die Beobachtungen und Vermutungen des Copernicus für unzureichend halte, so halte ich ebenso und noch mehr diejenigen von Ptolemäus und Aristoteles für trügerisch und irrig.“

Widerruft Galilei damit noch einmal, diesmal freiwillig? Keineswegs. Er verwirft nur jegliches Denksystem: „Es gibt kein Geschehnis in der Natur“, hatte er im „Dialogo“ geschrieben, „auch nicht das einfachste, das von den Theoretikern jemals vollkommen verstanden werden wird.“

Alles Wissen ist vorläufig und richtig nur, bis es als falsch erwiesen wird. Und allein durch genaue Beobachtung ist die Gesetzmäßigkeit der Natur zu erforschen.

Das ist Galileis radikale, antimetaphysische, moderne Botschaft. Deshalb gilt er als der erste Forscher der Neuzeit.

Nach seinem Tod am 8. Januar 1642 schreibt ein Bewunderer: „Jetzt, da der Neid ein Ende hat, wird die Erhabenheit dieses Intellekts anfangen, bekannt zu werden, und so wird er der gesamten Nachwelt als Führer bei der Suche nach Wahrheit dienen.“

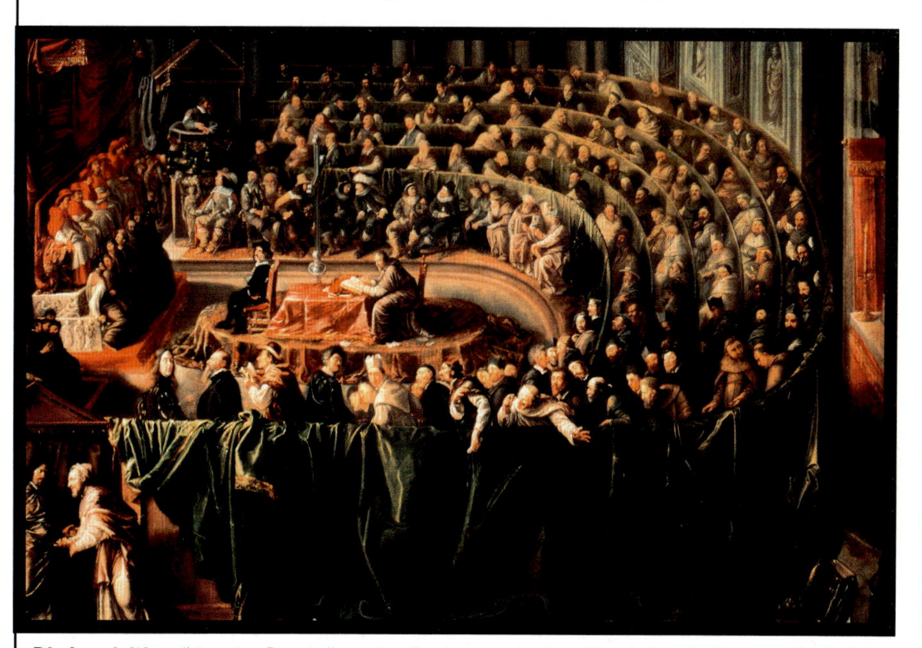

Die Inquisition (hier eine Darstellung des Prozesses aus dem 17. Jahrhundert) zwingt Galilei 1633 zum öffentlichen Widerruf seiner Lehre und macht ihn so zu einem Märtyrer des Fortschritts

Die Kirche wird weitere 180 Jahre benötigen, um ihr Urteil zu revidieren: Erst am 15. September 1822 hebt sie das Verbot des Copernicanismus auf.

Doch den Ruf der Wissenschaftsfeindlichkeit wird sie nicht mehr los. □

Christoph Kucklick, 43, ist stellvertretender GEO-Chefredakteur.

Literatur: Lydia la Dous: „Galileo Galilei. Zur Geschichte eines Falles“, Topos plus.

Den Planetenbewegungen auf der Spur

1. Die Planeten bewegen sich auf Ellipsen, in deren einem Brennpunkt die Sonne steht.
2. Die Verbindungslinie Sonne–Planet (der Fahrstrahl oder Radiusvektor) überstreicht in stets gleichen Zeiträumen gleich große Flächen (siehe Illustration).

Zwei Sätze von universaler Bedeutung. Denn mit ihnen untermauert der Mathematiker, Astronom, Physiker und Naturphilosoph Johannes Kepler aus dem heute württembergischen Weil der Stadt erstmals wissenschaftlich exakt das neue Weltbild des →*Copernicus*.

Zwar kann sich Kepler dabei auf verlässliche astronomische Daten aus dem Nachlass →*Tycho Brahes* stützen – dessen Nachfolger als Hofastronom Kaiser Rudolfs II. in Prag er seit 1601 ist. Zwar inspiriert ihn die junge Theorie des Engländers William Gilbert, nach der Himmelskörper magnetisch aufeinander wirken. Doch letztlich sind diese beiden ersten nach ihm benannten Gesetze der Planetenbewegung Resultat komplexer Denkprozesse. Immer wieder rechnet Kepler Alternativen durch (und erforscht dabei nebenher auch Strahlengang und Brechung des Lichtes sowie den Mechanismus des Sehens). Insbesondere muss er sich von traditionellen und lieb gewordenen Vorstellungen wie der angeblich gottgewollten Kreisform von Umlaufbahnen lösen.

Wohl deshalb ist die Reaktion der Fachwelt auf die Gesetze nicht gerade enthusiastisch. Selbst →*Galileo Galilei*, der ihn seit 1597 als Mitstreiter für Copernicus schätzt und dessen Thesen Kepler später vehement verteidigt, bleibt skeptisch.

Kepler untermauert das Weltbild des Copernicus

Sein drittes Gesetz – „Die Quadrate der Umlaufzeiten der Planeten verhalten sich wie die Kuben ihrer mittleren Entfernung von der Sonne" – formuliert Kepler erst Jahre später in Linz, wo er von 1612 an als Landschaftsmathematiker dient und etwa eine Landkarte Österreichs erstellt. Besonders dieses Gesetz zeugt von seiner unablässigen Bemühung, die Himmelsmechanik exakt darzustellen und sie mit der seit →*Pythagoras* herrschenden Vorstellung von der Harmonie des Universums zu versöhnen.

Planeten bewegen sich auf elliptischen Bahnen um die Sonne, weiß Kepler. Dabei ist die Fläche, die die Verbindungslinie Planet–Sonne in einem bestimmten Zeitraum überstreicht, stets gleich groß

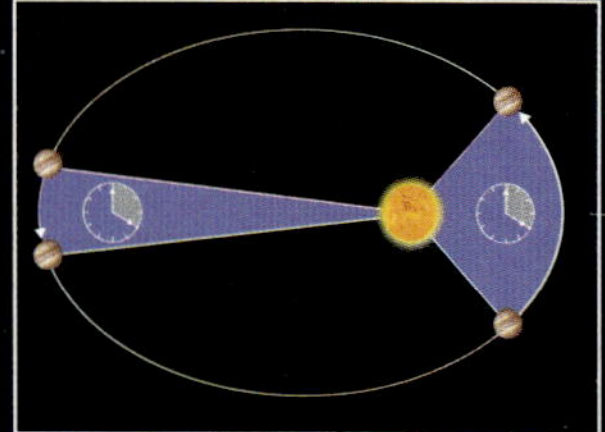

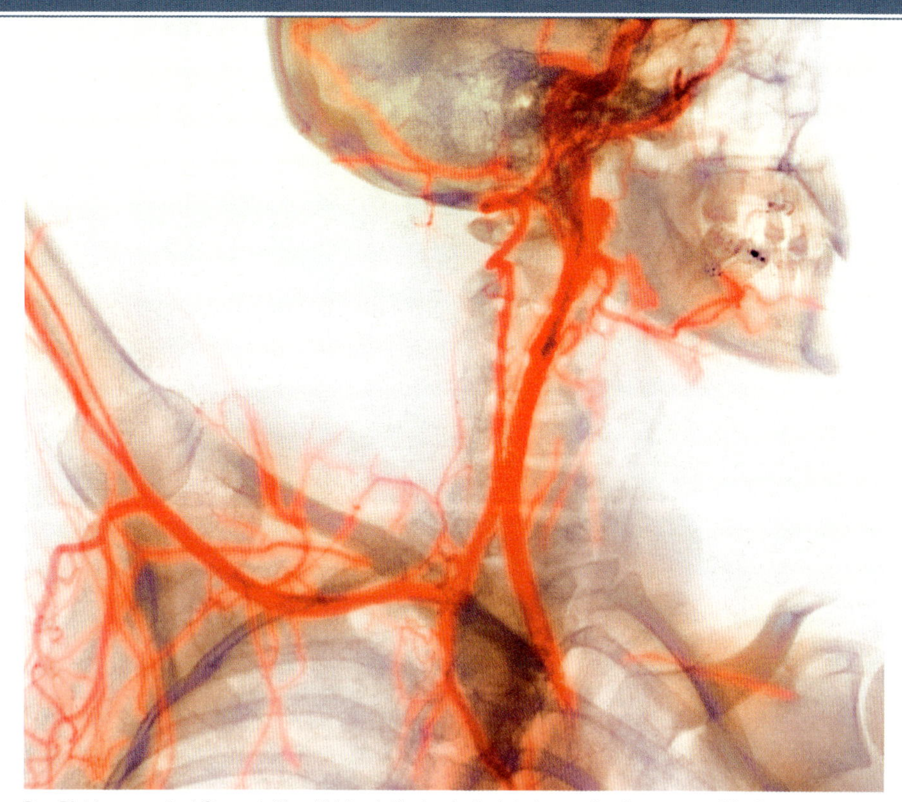

Das Blut transportiert Sauerstoff und Nährstoffe durch die Arterien zu den Organen und fließt in Venen zum Herzen zurück – ein geschlossener Kreislauf, wie William Harvey herausfindet

MEDIZIN

William Harvey 1578–1657 24

Entdecker des Blutkreislaufs

Kaum ein Körperorgan bleibt dem Menschen so lange ein Rätsel wie das Herz. Die alten Ägypter etwa halten es für den Sitz der Persönlichkeit; der Grieche →***Aristoteles*** vermutet, dort entstehe das Blut, während es für den römischen Arzt →***Galen*** in der Leber gebildet und über die Venen im Körper verteilt wird. Erst im 16. Jahrhundert beginnen Mediziner, den menschlichen Körper genauer zu untersuchen. Der englische Arzt William Harvey etwa seziert vielerlei Lebewesen und experimentiert am lebenden Menschen – bindet Probanden zum Beispiel die Armarterien ab und ertastet sodann die Blutdruckveränderung in den Adern des Unterarms.

1628 veröffentlicht Harvey ein Buch, welches das Bild von Herz und Kreislauf revolutioniert: „De Motu Cordis et Sanguinis in Animalibus" – „Über die Bewegung des Herzens und des Blutes in den Tieren". Dessen wichtigste Aussage: Das Blut fließt, angetrieben vom Herzen, im Kreislauf der Gefäße vom Herzen weg und wieder zu ihm zurück.

Für William Harvey ist das Herz nichts weiter als eine Pumpe

Harvey führt eine Methode ein, die den meisten seiner Kollegen noch nicht geläufig ist: Er verdeutlicht seine Ergebnisse durch Untersuchungen über die Quantität der Herzleistung. Um etwa die bis dahin vorherrschende Lehrmeinung zu erschüttern, dass das Blut permanent in der Leber produziert werde, schätzt er das Volumen der linken Herzkammer und multipliziert diesen Wert mit der Zahl der Herzschläge pro Tag. Er errechnet so die Menge des Blutes, die in 24 Stunden durch das Herz geleitet wird – und diese Menge ist so groß, dass sie unmöglich in der Leber hergestellt werden kann.

Fast ein Jahrhundert dauert es, bis sich Harveys Erkenntnisse durchsetzen. Seither ist das Herz nur noch eine organische Pumpe – der Arzt aus England aber hat einen Platz im Olymp der Wissenschaften.

CHEMIE

Robert Boyle 1627–1691 25

Der Skeptiker

Die „Royal Society", eine naturwissenschaftliche Vereinigung in London, besteht erst wenige Monate, als ihre Mitglieder 1661 ein merkwürdiges Gerät zu Gesicht bekommen: einen Glasballon, dem die Luft entzogen werden kann. Entworfen hat die Vakuumpumpe einer der Gründer der Gesellschaft, Robert Boyle. Um die Natur der Luft zu erforschen, setzt er unter anderem lebende Tiere in die Kugel und saugt dann die Luft heraus. Die Versuche gehören zu Hunderten von Experimenten, mit denen der Ire die Wissenschaft verändert.

Robert Boyle beweist, dass Gase festen Regeln gehorchen

Der 14. Sohn des reichen Earl of Cork entdeckt schon früh die Experimentalwissenschaft. Und betreibt sie mit großer Konsequenz: Er misstraut eigenen Schlussfolgerungen, solange er sie nicht durch Experimente belegen kann, und hält auch fehlgeschlagene Versuche genau fest.

Auf diese Weise entdeckt Boyle, dass eine bestimmte Menge Gas festen Regeln gehorcht, Druck und Volumen verhalten sich umgekehrt proportional zueinander. Das heißt: Wird das Volumen verringert – etwa indem man es zusammenpresst –, erhöht sich sein Druck und umgekehrt. Ein mit Luft gefüllter Ballon scheint deshalb umso mehr Widerstand zu leisten, je stärker er zusammengedrückt wird.

Wie der Ire darüber hinaus bei chemischen Experimenten herausfindet, lässt sich beispielsweise Salpeter in mehrere Bestandteile zerlegen und später wiederherstellen. Für Boyle ein Hinweis darauf, dass die Materie nicht – wie lange angenommen – aus nur vier Elementen besteht, sondern aus „Korpuskeln" aufgebaut ist (wie er die Atome der unlängst wiederentdeckten griechischen Philosophen →***Demokrit*** und Epikur nennt). Das Buch, in dem er derart mit althergebrachten Ansichten bricht, nennt er „Der skeptische Chemiker".

Und als solcher bereitet er den Weg für eine wissenschaftliche Chemie.

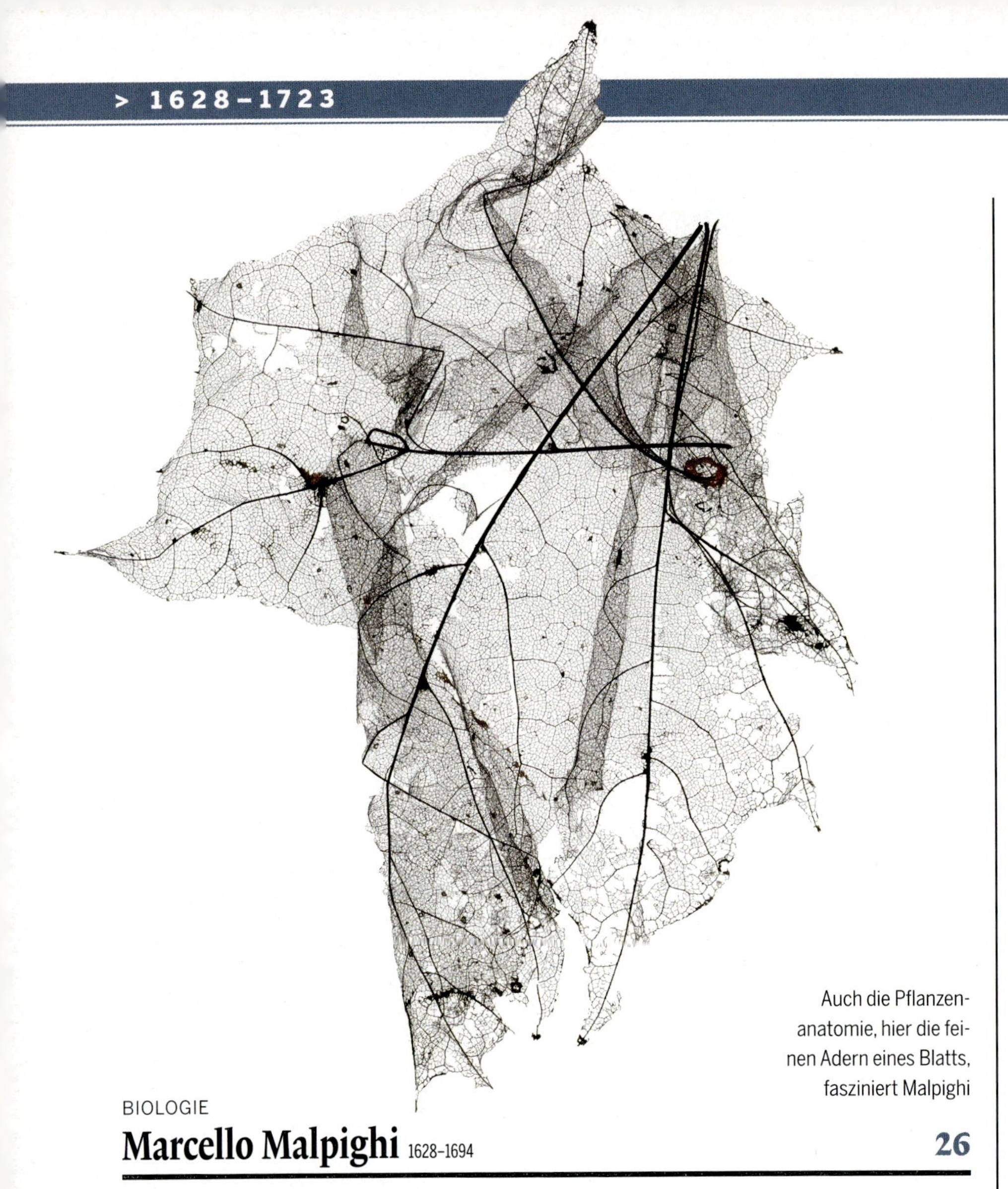

Auch die Pflanzenanatomie, hier die feinen Adern eines Blatts, fasziniert Malpighi

BIOLOGIE

Marcello Malpighi 1628–1694 26

Begründer der mikroskopischen Anatomie

Unter seinem Mikroskop offenbaren sich bis dahin ungesehene Geheimnisse des Lebens: Der Italiener beobachtet rote Blutkörperchen, entdeckt die Geschmacksknospen der Zunge und beschreibt die Entwicklungsstadien des Hühnerembyros. Mit seinen Gewebestudien begründet Marcello Malpighi die mikroskopische Anatomie, die überhaupt erst ein tieferes Verständnis des Körpers und seiner Krankheiten ermöglicht.

Malpighi beschreibt, wie Leber, Niere und Milz aufgebaut sind

Um 1650 ist der Aufbau des Menschen ein umstrittenes Forschungsgebiet, das ein breites Publikum zu Leichenöffnungen in „Anatomische Theater" zieht. Mit solchen Sektionen hat der Mediziner reichlich Erfahrung, als er sich die Mikroskopie erschließt. 1661 veröffentlicht er erste Ergebnisse: In einer Froschlunge beobachtet er Kapillaren, von denen er annimmt, dass sie Venen und Arterien verbinden – ein Beleg also möglicherweise für den von →***William Harvey*** beschriebenen Blutkreislauf. In der Folge studiert der Italiener weitere Organe wie Leber, Niere und Milz. Als Erster untersucht er anatomische Details des Gehirns.

Malpighi widmet sich auch der Botanik und begründet (mit dem englischen Arzt Nehemiah Grew) die Pflanzenanatomie. Doch mehr Aufsehen erregt er mit seinen Studien an Mensch und Tier. So ist sein Name mit einer Reihe weiterer Entdeckungen verbunden: den roten Blutkörperchen, den Malpighi-Körperchen der Wirbeltierniere und den Malpighischen Gefäßen der Gliederfüßer. 1691 wird er als päpstlicher Leibarzt nach Rom berufen. Als er dort einem Schlaganfall erliegt, sezieren Kollegen seine Leiche – und entdecken im Gehirn einen Blutpfropf, den sie erstmals korrekt als Ursache dieser Krankheit erkennen. So befördert der Mediziner sein Fachgebiet selbst noch im Tod.

MATHEMATIK

Christiaan Huygens 1629–1695 27

Der Ring des Saturn

Sein Freund und Schüler →***Leibniz*** nennt ihn „unvergleichlich". Und tatsächlich spielt dieser Mathematiker, Physiker, Astronom und Erfinder eine Schlüsselrolle in den naturwissenschaftlichen Revolutionen des 17. Jahrhunderts.

Von Haus aus hochgebildet, geht Christiaan Huygens mit 16 Jahren an die Universität. Fortan beschäftigt sich der Den Haager Großbürgersohn leidenschaftlich mit Mathematik, etwa mit neuartigen arithmetisch-algebraischen Lösungen geometrischer Probleme sowie mit der mathematischen Beschreibung von Kurven. Und bevor Leibniz und →***Newton*** sie namhaft machen und in den wissenschaftlichen Alltag einführen, verwendet der junge Niederländer bereits Integrale zur Berechnung von Flächen und Körpern mit krummen Seiten.

Schon bald kombiniert Huygens zudem Mathematik und Physik: 1652 formuliert er als Erster ein physikalisches Gesetz in Form einer mathematischen Gleichung – nämlich über die Erhaltung der kinetischen Energie bei elastischen Stößen, Grundlage für seine vier Jahre später vollendeten Stoßgesetze. Und Huygens füllt eine Lücke in der Bewegungslehre des von ihm verehrten →***Galilei***, indem er auch Kräfte mit ins Kalkül nimmt, die eine Bewegung auslösen.

Die Fachwelt staunt über Huygens – und dann wird er wirklich zum Star: 1655 entdeckt er mithilfe eines nach seinen Plänen konstruierten Teleskops einen Ring um den Saturn. 1656 erfindet er die Pendeluhr, mit ihrem erstaunlich genauen Gang ein Segen für Astronomen und Seeleute. Seine Forschung über das Pendel führt zu grundlegenden Erkenntnissen über viele Phänomene der Bewegung. Später entwickelt er beim Nachdenken über das Würfelspiel die Wahrscheinlichkeitsrechnung, konstruiert verbesserte Teleskope, beschreibt erstmals den Wellencharakter des Lichts.

Von keinem Zweifel an seiner Genialität geplagt, ist er dennoch skeptisch gegenüber den eigenen Forschungsergebnissen. Immer wieder aktualisiert er sie, veröffentlicht sie sehr zögerlich, manche finden sich erst in seinem Nachlass. Denn er misst sie an seiner grundsätzlichen Erkenntnis: „Selbst in den physikalischen Kräften müssen wir uns mit Wahrscheinlichkeiten begnügen."

Die Welt der Einzeller erschließt Leeuwenhoek als Erster, hier ein im Meerwasser lebender Dinoflagellat (Aufnahme im Raster-Elektronenmikroskop)

MIKROSKOPIE

Antoni van Leeuwenhoek 1632–1723 — 28

Expedition in die Welt des Allerkleinsten

Der holländische Tuchhändler Antoni van Leeuwenhoek ist vornehmlich an jenen Dingen interessiert, die sich normalerweise dem menschlichen Blick entziehen – dem Stachel einer Honigbiene, dem Bein einer Laus, dem Kopf einer Fliege. Und gerade wird unter Europas Naturforschern eine Technik modern, mit der sich kleine Dinge optisch gewaltig vergrößern lassen: das Mikroskop. Fasziniert beschließt van Leeuwenhoek, sich selbst eines zu bauen. Er vertieft sich in die Geheimnisse des Glasschliffs, er probiert und kombiniert. Und verfügt bald über die besten Linsen weit und breit.

Leeuwenhoek macht Bakterien und Spermien sichtbar

Schon unter seinem ersten, einlinsigen Mikroskop sieht der Niederländer mehr als alle Wissenschaftler zuvor: Als erster Mensch beobachtet er im August 1674 in einem Wassertropfen Bakterien. „Animalcules“ nennt er sie, „kleine Tierchen“, und es scheint ihm, als trügen sie Köpfe, Gliedmaßen und Flossen.

Van Leeuwenhoek beweist damit, dass nicht unbedingt die Erfindung eines neuen Geräts revolutinär ist, sondern vor allem dessen Anwendung: Das Mikroskop verschafft ihm den Zutritt zu einer neuen Welt. Und so beginnt mit seinen Entdeckungen in der Welt des Unsichtbaren der Siegeszug einer neuen Wissenschaft, der Mikrobiologie. Er untersucht Spermienzellen, erforscht Insekten und beweist dabei, dass diese sich aus Eiern entwickeln und nicht „spontan“ aus Sand oder Schlamm, wie allgemein angenommen.

1680 wird der Delfter Pionier Mitglied der „Royal Society“ in London. Berühmte Besucher, selbst der russische Zar Peter der Große, werfen einen Blick durch seine Linsen. Etwa 500 Mikroskope baut der Niederländer, doch seine einlinsigen Geräte können nur 266-mal vergrößern – kaum ausreichend für die feinen Details, die van Leeuwenhoek dokumentiert. Möglicherweise also verwendet er bereits insgeheim ein zweilinsiges Tubus-Mikroskop.

Das Geheimnis des perfekten Linsenschliffs jedenfalls nimmt Antoni van Leeuwenhoek 1723 mit ins Grab. Es wird gut 200 Jahre dauern, bis Mikroskope anderer Baumeister so leistungsfähig sind, dass Forscher damit in die Welt der Einzeller vordringen können.

Newtons wundersame Welt der Schwerkraft

Ein Körper in der Schwebe: »La Chute« (»Der Fall«) nennt sich eine Fotoserie des französischen Fotografen Denis Darzacq mit Hip-Hop-Tänzern und Breakdancern, die die Gesetze der Gravitation außer Kraft zu setzen scheinen – doch nach Bruchteilen einer Sekunde ist alles vorbei

Alles zieht sich gegenseitig an: Dieser Gedanke lässt den englischen Physiker Isaac Newton nicht los – und so formuliert er seine revolutionäre Theorie über eine allgegenwärtige Kraft im Kosmos, der sich nichts entziehen kann

Text: Jörg-Uwe Albig; Fotos Denis Darzacq

Zwei Schläge zertrümmern die Welt des kleinen Isaac Newton. Es braucht ein Leben, diese Welt wieder zusammenzufügen. Der erste Schicksalsschlag trifft ihn noch im Mutterleib. Sein Vater, ein kleiner Grundbesitzer in einem Dorf namens Woolsthorpe in der englischen Grafschaft Lincolnshire, stirbt drei Monate vor Newtons Geburt. Das Kind ist ein Frühchen, das in einem Literkrug Platz hätte. Es ist so schwach, dass man seinen Hals auspolstern muss, um den Kopf auf den Schultern zu halten. Eine Woche lang schwebt es zwischen Leben und Tod.

Als Isaac drei Jahre alt ist, folgt der zweite, schlimmere Schlag: Die Mutter heiratet erneut. Einen 63 Jahre alten Pfarrer namens Barnabas Smith. Mit ihm zieht sie in den Nachbarort. Den Jungen lässt sie bei der Großmutter zurück.

Nach diesem Verrat, so scheint es, vertraut Newton den Menschen nicht mehr. Die Kräfte der Anziehung, der Verschmelzung, der Nähe und der Ferne wird er nunmehr dort suchen, wo sie ihm rein scheinen, erkennbar und beherrschbar: in der Natur. Das Kreisen der Körper umeinander wird er in Gesetze fassen, die auf immer gelten sollen. Wird erstmals alle Bewegungen im Kosmos so gründlich erklären, dass kein Widerspruch mehr bleibt (auch wenn Newtons Theorie durch Erkenntnisse von →***Einstein*** später erneuert wird).

Vorerst aber verharrt Isaac in ohnmächtiger Wut. Mit 20 wird er seinen tödlichen Zorn als „Sünde Nummer dreizehn" in seinem Notizbuch verzeichnen: „Meinem Vater und Mutter Smith gedroht, sie mitsamt ihrem Haus zu verbrennen."

Und, als „Sünde Nummer vierzehn": „Mir den Tod gewünscht und für einige andere erhofft."

Nur die Natur spricht freundlich zu Isaac, beharrlich und verständlich. Und er antwortet. Ritzt Sonnenuhren in Steine und verzeichnet die Schatten auf einer Karte. Bastelt das Modell einer Windmühle, konstruiert eine Wasseruhr und eine Maschine, die mit Mäusekraft arbeitet. Wagt sich bei Sturm als Einziger aus dem Haus, um am eigenen Leib die Windkraft zu testen.

In der Schule aber ist er einsam und ängstlich. Sein lateinisches Übungsheft füllt er mit düsteren Sätzen: „Niemand versteht mich." „Was soll aus mir werden." „Ich werde Schluss machen." „Ich muss immerzu weinen."

Im Juni 1661, Isaac ist 18, bringen ihn sein Lehrer und sein Onkel an der Universität Cambridge unter. Der Aufstand der Puritaner unter Oliver Cromwell, der das Land bis 1660 in Bürgerkrieg und Tugend-Terror gestürzt hat, ist beendet – doch Newton windet sich noch immer im Schuldwahn der strengen Jahre.

In seinem Notizbuch beichtet er akribisch seine Sünden: die Verfertigung einer Mausefalle am heiligen Sonntag etwa, auch „unreine Gedanken, Worte, Taten und Träume". Mehr als an Gott habe er sein Herz an „Geld, Wissen, Vergnügungen gehängt", gibt er zerknirscht zu. Dabei lebt er an der ehrwürdigen Universität ein karges Leben, und seine Genüsse sind allenfalls geistiger Natur. Seine einzige Sünde ist die Sehnsucht nach Wissen.

Aber die lässt ihn nicht los.

Nach der Erfindung des Spiegelteleskops wird Newton Mitglied der »Royal Society«

Das Geburtshaus: In dem englischen Dorf Woolsthorpe kommt der Physiker 1643 zur Welt

Denn die Kraft, die die Welt im Innersten zusammenhält, scheint ihm verlässlicher als der Beistand schwacher Menschen. Wahrheit entsteht für Newton nicht im Gespräch, sondern „als Ergebnis von Schweigen und Nachdenken". Erkenntnisse gewinnt er, indem er stillsitzt: „Ich halte mir das Thema ständig vor Augen", beschreibt er seine Methode, „und warte, bis die ersten Strahlen der Morgenröte ganz allmählich in volles klares Licht übergehen."

Und so werden gerade die Katastrophenjahre 1665/66, die ihn in die *splendid isolation* zwingen, zur Zeit der Erleuchtung.

1665 fegt die Pest durch das Reich. Die Colleges schließen; Newton flieht ins mütterliche Haus nach Woolsthorpe. Endlich kann er ungestört in den abstrakten Schönheiten der Mathematik schwelgen – während 1666 in der Hauptstadt auch noch ein Großbrand ausbricht und binnen fünf Tagen 13 200 Häuser zerstört.

In Woolsthorpe, im Obstgarten hinter seinem Bauernhof, fällt dann womöglich jener legendäre Apfel, der in die Wissenschaftsgeschichte eingehen wird. Wenn die Erde den Apfel anziehe, soll sich der 23-jährige Einsiedler angesichts des Fallobstes gefragt haben, könne sie dann wohl auch den Mond anziehen – denn wo sollte eine solche Anziehungskraft ihre Grenzen haben? So sei in ihm, besagt die Legende, die Idee der „universellen Gravitation" heraufgedämmert.

Der Gedanke, dass alles alles anzieht – geboren im Kopf eines Mannes, der jede Nähe flieht.

Jedenfalls findet er hier, zwischen Schafen und Heidekraut, die Erklärung für die Gesetze →***Johannes Keplers***: Die Kraft, die Planeten in ihre Umlaufbahn zwingt und Äpfel zur Erde zieht, wirkt zwischen allen Massen im Kosmos. Sie wächst, so Newton, proportional zum Produkt der beiden Massen, die einander anziehen, und nimmt mit der Entfernung quadratisch ab.

Und da diese Gravitationskraft, die die Planeten an die Sonne bindet, exakt der Fliehkraft entspricht, die sie von ihr wegzerrt, bleiben die Sterne auf ihren Bahnen. Weder stürzen sie in die Sonne hinein, noch fliegen sie ins All davon.

In diesen beiden Jahren des Schreckens und der Wonne stellt er nicht nur Gesetze für die Schwerkraft auf, für die Bewegung und die Bahnen der Planeten. Er mutmaßt auch, mithilfe eines billigen Prismas vom Jahrmarkt, dass weißes Licht eine Mischung aus farbigen Strahlen ist. Entwickelt die Differenzial- und Integralrechnung, mit der sich Kurven genau berechnen lassen.

Der Menschenwelt verweigert er sich mit störrischem Hochmut. Denn jede Anziehung, das zeigt ihm ja schon die Mechanik, ist zugleich eine Störung: „Eine Größe wird sich immer auf derselben geraden Linie bewegen", hält er fest, „wenn nicht eine äußere Ursache sie davon ablenkt." Und das, weiß Newton, gilt auch im menschlichen Umgang. Sein Leben lang wird er jungfräulich bleiben.

In Cambridge, wo er ab 1667 als Dozent wirkt, geht er um wie ein Gespenst. Dass er meist vor leeren Bänken oder gerade einer Handvoll Studenten liest, trägt er mit zerstreuter Würde. Die Kollegen lassen den Sonderling in Ruhe, machen einen Bogen um die Diagramme, die er mit dem Stock in den Kies der Fußwege zieht. Mit 30 hat er schon graues Haar, das ihm wirr auf die Schultern fällt; seine Strümpfe hängen auf abgetretene Schuhe herab. Nur in der Flora erträgt er kein Chaos: Sein Garten ist „niemals in Unordnung", beobachtet ein Kollege, und er „duldet kein Unkraut darin".

Newton fürchtet sich vor Ansteckung, immunisiert sich mit einem selbst gebrauten Mix aus Terpentin, Rosenwasser, Olivenöl, Bienenwachs und trockenem Weißwein gegen Pest und Pocken. Manchmal verschanzt er sich tagelang in seinen

Wie eingefroren wirkt die Bewegung des Tänzers – doch sämtliche Körper ziehen sich gegenseitig an, wie Newton erkennt: Die Gravitation des Athleten beeinflusst auch die Erde

Gemächern, ohne an den Mahlzeiten teilzunehmen; erscheint er trotzdem einmal im Speisesaal, sitzt er allein am Tisch. Die Früchte seines Brütens hütet er wie Schätze, verteidigt sie gegen jede öffentliche Neugier: „Ich mag es nicht, bei jeder Gelegenheit gedruckt zu werden", wehrt er sich, „und noch viel weniger, von Fremden wegen mathematischer Dinge belästigt und bedrängt zu werden."

Er sehe nicht, „was an öffentlicher Wertschätzung erstrebenswert ist", nörgelt er. „Dadurch würde vielleicht mein Bekanntenkreis größer, etwas, das ich stets zu verhindern suche."

Dass ihn die elitäre „Royal Society" für seine Entwicklung des ersten funktionsfähigen Spiegelteleskops mit der Mitgliedschaft belohnt, lässt er ungerührt geschehen. Dass aber vor allem ein Society-Mitglied auf Newtons Lichttheorie mit bitterer Polemik antwortet, verstimmt den Neuling tief. Er kündigt an, sich in Zukunft nicht mehr in die Physik einzumischen, droht sogar, die Gesellschaft zu verlassen.

Immer wieder wird er von nun an der Wissenschaft die Treue aufkündigen. Wird seine Briefwechsel über „mathematische und philosophische Fragen" auf ein Minimum beschränken und alles vermeiden, was zu öffentlicher Debatte führen könnte. Er will einsam sein, denn einsam ist er geboren.

Auch die Natur des Lichts will er erkunden und sticht sich Nadeln in die Augenhöhle

Dafür nähert er sich Mutter Natur mit allen Sinnen. Er kostet, beriecht und betastet voll Wonne die Schlämme und Flüssigkeiten, mit denen er hantiert. Scheut auch vor Qualen nicht zurück: Um dem Wesen des Lichts auf die Spur zu kommen, schiebt er sich eine Ahle in die Augenhöhle zwischen Augapfel und Knochen, drückt zu, bis er „mehrere weiße, dunkle und bunte Kreise" sieht. Er starrt die Sonne im Spiegel an, taucht dann in die Finsternis – und verzeichnet erregt eine „Bewegung von Geistern", die allmählich verblassen.

Bisweilen stören unkeusche Wünsche sein einsames Forschen. Dann sieht er sich gezwungen, sie „durch irgendeine Beschäftigung oder Lesen oder Nachdenken über andere Dinge abzuwenden". Tatsächlich weht etwas Mönchisches um diesen Mann, der überall Gewissheit sucht – in der gläsernen Klarheit der Mathematik, doch auch in der Bibel, die er buchstäblich nimmt wie eine Formelsammlung.

Die unberechenbare Kraft der Verschmelzung, die er im Leben so scheut, versucht er in seinen Experimenten zu zähmen. So scheint es kein Widerspruch, dass der Geburtshelfer des modernen Denkens heimlich der Alchemie frönt, die „Gärung" und „Zeugung" ohne jeden Körperkontakt ermöglicht, die Paarungen von Substanzen inszeniert und etwa

Gibt es eine Grenze der Gravitation? Newton ist sich sicher: Sie wirkt ständig und auch auf unendliche Entfernung

Quecksilber als „männlichen und weiblichen Samen" einsetzt: „Beide", notiert Newton, „müssen sich vereinen."

So verbringt er Wochen ohne Pause in seiner „Schwarzen Küche". Ein Zehntel seiner Bibliothek besteht aus alchemistischen Werken. Er selbst verfasst mehr alchemistische Texte als physikalische, schreibt auch über eine Million Worte zu theologischen Fragen. Grübelt über biblische Prophezeiungen, verbeißt sich in das Buch Daniel, berechnet die Maße des Salomonischen Tempels, sagt die Erneuerung der Welt für das Jahr 2060 voraus.

Denn der so früh Verlassene sucht nach Zusammenhängen. Alles, so ahnt und hofft er, ist mit allem verbunden.

So steht gerade Newton, dem bisweilen nachgesagt wird, die Welt zur Maschine gemacht zu haben, gegen das mechanistische Weltbild der Jünger des Philosophen und Mathematikers René Descartes ein, die Geist und Materie sauber auseinanderhalten, deren Bewegungslehre keine Antriebe zulässt als direkten Druck und Zug und die „solche vagen Ideen wie die Anziehungskraft" für mystischen Hokuspokus halten.

„Newton war nicht der erste Aufklärer", wird ein Biograf später resümieren: „Er war der letzte Magier, der letzte der Babylonier und Sumerer, der letzte große Geist, der auf die sichtbare und unsichtbare Welt mit den gleichen Augen blickte wie jene, die vor etwas weniger als 10 000 Jahren den Grundstock unseres geistigen Erbes legten."

1687 erscheinen Newtons „Principia mathematica": Endlich stellt er sich dem Urteil der Leser. Nur 300 Exemplare des Buchs sind in Umlauf; auf dem Kontinent ist es fast nicht erhältlich. Kaum jemand kann es verstehen; selbst sein Mentor in Cambridge gibt zu, kein Wort davon zu begreifen.

Dennoch breitet sich sein Ruhm aus. 1698 reist Zar Peter der Große nach England, um die für ihn vier größten Sehenswürdigkeiten des Landes zu begutachten: den Schiffsbau, die Sternwarte von Greenwich, die Münze – und Isaac Newton.

Doch mit dem Ruhm wächst auch die Gefahr, die von den Mitmenschen droht. Überall wittert er nun Feinde, die seine Bahnen stören und verzerren könnten, lauern Plagiatoren, die seine Ideen aussaugen und verwerten wollen. Aus Furcht vor geistigem Diebstahl verschlüsselt er bisweilen seine Formeln zu irren Buchstabenreihen: „5accdæ10effh11i4l-

3m9n6oqqr8s11t9v3x…“ Dem berühmten Tagebuchschreiber Samuel Pepys teilt er aus heiterem Himmel mit, „dass ich den Umgang mit Euch aufgeben muss und weder Euch noch meine übrigen Freunde je wiedersehen darf“. Den Aufklärer John Locke beschuldigt er, „dass Ihr versucht habt, mich in Beziehungen mit Frauen zu verwickeln“. Und erklärt, deshalb auch schon öffentlich Todeswünsche gegen Locke ausgestoßen zu haben.

Schon früh hat Newton sein verletztes Ich mit Allmachtsfantasien gepolstert, hat etwa seinen latinisierten Namen – Isaacus Neuutonus – zum größenwahnsinnigen Anagramm geschüttelt: Ieova sanctus unus; Jehova, der Heilige, Einzige. Jetzt beschert ihm das Schicksal einen Posten, der ihm ganz handfeste Gewalt über seine Mitmenschen verleiht: Im April 1696 ernennt König Jakob den verdienten Forscher zum Aufseher, 1700 zum Direktor der Königlichen Münze.

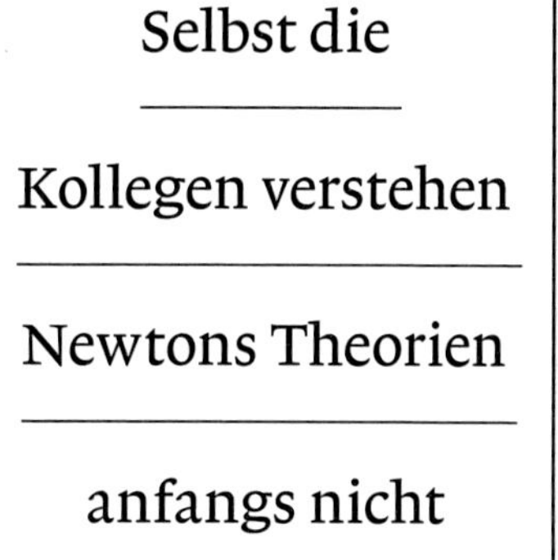

Selbst die
Kollegen verstehen
Newtons Theorien
anfangs nicht

Fortan verdient er 500 Pfund im Jahr plus Provisionen, kann sich ein neues Haus leisten, das er mit karmesinroten Möbeln schmückt, mit Dienern und seiner schönen 20-jährigen Nichte. Die neue Stellung macht Newton zum Herrn über Leben und Tod. Unbarmherzig verfolgt er jetzt Falschmünzer, hetzt ihnen Agenten und Spitzel auf den Hals, erhebt Einspruch gegen Begnadigungen und überwacht die Gerichtsverfahren bis zum Galgen. Für seine Verdienste schlägt ihn der König zum Ritter.

1703 wählt die „Royal Society“ Newton zu ihrem Präsidenten – er macht sich zu ihrem Diktator: Wie das Weltall braucht auch der Forschungsbetrieb eiserne Regeln. Das skeptische Motto der „Society“, „nullius in verba“, hat er mit Haut und Haaren aufgesogen: „Niemandes Worten“, das findet auch Newton, kann man trauen.

Denn in dem fiebrigen Wissenschaftsklima des 17. Jahrhunderts herrscht ein gnadenloser Kampf um die Erstgeburtsrechte. Schon vor dem Erscheinen seiner „Prinzipien“ hat er den missgünstigen Kollegen Robert Hooke zurechtweisen müssen, der es wagte, seinen Anteil an der Entdeckung der Schwerkraftgesetze einzufordern. Jetzt führt Newton seine Kriege von der Kommandozentrale aus. Den Protest des Astronomen Flamsteed, dessen Katalog der Fixsterne die „Society“ ohne dessen Genehmigung gedruckt hat, erstickt er mit wüsten Beschimpfungen.

Ein Planeten-Modell von 1712 simuliert die Bewegung der Erde, mit deren Gravitation sich Newton beschäftigt hat

Und er weist den deutschen Rivalen →***G. W. von Leibniz*** in die Schranken, der zufällig gleichzeitig mit Newton die Infinitesimalrechnung erfunden hat. Im Namen der „Royal Society“, deren Mitglied auch Leibniz ist, lässt der Brite den Rivalen des Plagiats beschuldigen. Ein Komitee, das den Fall untersuchen soll, beschließt, dass Newtons Methode nicht nur die ältere, sondern auch die bessere sei; der Verfasser des Abschlussberichts ist freilich Isaac Newton selbst.

Die Schriften der Society sind jetzt seine persönlichen Waffen geworden, mit denen er den kontinentalen Feind hetzt, bis der am Boden liegt: 1716 stirbt Leibniz. Und Newton brüstet sich, er habe „Leibniz’ Herz gebrochen“.

Es ist ein bitterer Tyrann, der jetzt die Geschicke der britischen Wissenschaft lenkt. Er exkommuniziert jeden, der ihm nicht zu Willen ist. Umgibt sich mit einer Leibgarde aus jungen, bedingungslos loyalen Wissenschaftlern, die verbissen um einen Platz in seiner Nähe balgen. Sendet ein Heer von Handlangern zur Vernichtung seiner Feinde aus.

Und als er 1727 mit 84 Jahren stirbt, lehnt der „Physiker Gottes“, wie einer seiner Biografen ihn nennen wird, stolz das Sakrament der Kirche ab. Noch seine Totenmaske zeigt eine mürrische Miene.

Längst ist Newton selbst zum Höheren Wesen geworden, dem die Hinterbliebenen Allmacht nachsagen. „Mit nahezu göttlicher Geisteskraft“, so seine Grabschrift in Westminster Abbey, habe er „die Bewegungen und Gestalten der Planeten, die Bahnen der Kometen und die Fluten des Meeres“ aufgedeckt. Und der Dichter Alexander Pope besingt Newtons Geistestaten in einem berühmten Zweizeiler wie einen Schöpfungsakt: „Natur und Naturgesetze lagen verborgen im Dunkel; / Gott sagte: Es werde Newton! Und alles ward Licht.“

In Frankreich nimmt sich der Aufklärer Voltaire seines Ruhmes an – und löst eine hemmungslose Newton-Manie aus. „Ganz Paris hallt von Newton wider“, schreibt eine französische Zeitschrift, „ganz Paris stammelt Newton, ganz Paris studiert und lernt Newton.“

Der Utopist Henri de Saint-Simon ersinnt eine neue Gesellschaftsordnung mit „Newton-Tempeln“ und „Newton-Mausoleen“ in allen Ländern, mit einer gemeinsamen Weltregierung, bestehend aus Gott und Newton, gestützt auf regionale und lokale „Newton-Räte“.

Und einer der einflussreichsten Architekten Europas, Etienne-Louis Boullée entwirft ein monströses Grabmal für den vergötterten Forscher: Eine riesige Kugel mit einem Durchmesser von mehr als 200 Metern, im Inneren beleuchtet von einem Modell des Planetensystems.

Da ist sie, die Kugel – seit →***Platon*** das Symbol der verlorenen Ganzheit. Die Urform des Menschen, bevor ein eifersüchtiger Gott ihn zerteilte und zur ewigen Suche nach seinem Gegenstück verdammte.

Das Grabmal wird nie gebaut. Aber Newton, der früh Zerrissene, hat ja längst seine Ganzheit im Denken wiedergefunden: ein Universum, in dem alles zusammenhängt.

Und niemand soll es mehr auseinanderbrechen. □

Jörg-Uwe Albig, 47, Schriftsteller in Berlin, porträtiert für GEOkompakt und GEO EPOCHE regelmäßig die Großen der Geschichte.

Literatur: James Gleick, „Isaac Newton – Die Geburt des modernen Denkens“, Wissenschaftliche Buchgesellschaft. Frank E. Manuel, „A Portrait of Isaac Newton“, The Belknap Press (antiquarisch erhältlich).

MATHEMATIK/PHILOSOPHIE

G. W. von Leibniz 1646–1716 30

Das Universalgenie

Ob Rechenkunst oder Diplomatie, Ingenieurswesen oder Wetterkunde – es gibt kaum ein Gebiet, auf dem der Universalgelehrte nicht Herausragendes leistet. Für Gottfried Wilhelm Leibniz scheinen Fachgrenzen nicht zu existieren: Er widmet sich Sprachforschungen mit dem gleichen Elan wie der Geschichte des welfischen Adelsgeschlechts oder der Entwässerung von Bergwerken. Zudem mischt er sich in die Politik ein, berät Fürsten und versucht Protestanten und Katholiken wieder zu vereinen.

Leibniz leistet erste Vorarbeit für heutige Computer

Besondere Bedeutung erringt Leibniz jedoch als Philosoph und Mathematiker. Der Leipziger Professorensohn studiert zunächst Jura und Philosophie, reist dann als Diplomat nach Paris, wo er unabhängig von →***Newton*** die Infinitesimalrechnung erfindet: ein mathematisches Verfahren, um Kurven und ihre Eigenschaften durch Aufteilung in unendlich kleine Abschnitte exakt und widerspruchsfrei zu beschreiben. Als Philosoph formuliert er später die „Monadenlehre", wonach alles in der Welt aus unteilbaren Einheiten besteht, eben den Monaden, die aber im Gegensatz zur Lehre von den Atomen über eine Art Seele verfügen und von der Urmonade Gott erschaffen wurden.

Als wäre das nicht genug, leistet Leibniz auch theoretische Vorarbeit für den heutigen Computer. Eher aus philosophischem Antrieb entwickelt er das von modernen Rechnern verwendete Binärsystem mit seinen zwei Zuständen: Die Eins vergleicht er mit dem Geist Gottes, die Null mit leerer Tiefe. Der Pionier der Informatik beschreibt, wie sich die Grundrechenarten mit diesem System ausführen lassen, und sieht voraus, dass sich daraus „wunderliche Vorteile ergeben werden".

Keineswegs nur der Theorie ergeben, entwirft er auch Rechenmaschinen, die – dank Neuerungen wie spezieller Zahnräder – erstmals alle vier Grundrechenarten beherrschen. Ihre Umsetzung krankt zwar an technischen Schwierigkeiten. Wie spätere Nachbauten beweisen, sind diese Kalkulatoren jedoch im Prinzip funktionsfähig.

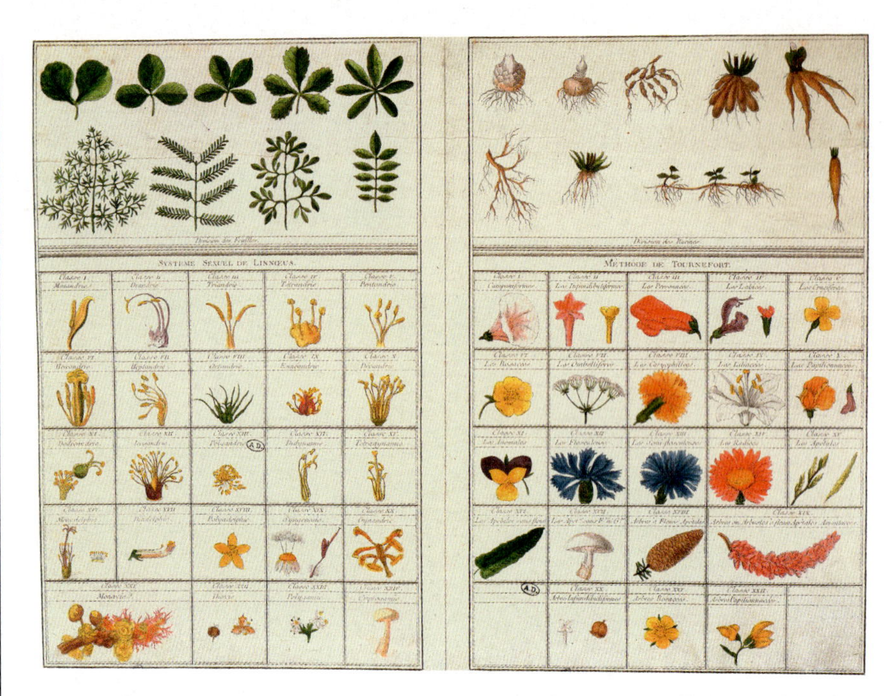

Anhand von Ähnlichkeiten – etwa in Form und Aussehen der Blätter, Wurzeln oder Blüten – stellt Linné Verwandtschaftsbeziehungen unter Pflanzen her, teilt sie in Ordnungen, Gattungen, Arten ein

BIOLOGIE

Carl von Linné 1707–1778 31

Ordnung in der Welt des Lebendigen

An Selbstbewusstsein mangelt es ihm nicht: „Ich habe einen großen Namen errungen bis zu den Indern selber hin und bin als der Größte innerhalb meiner Wissenschaft anerkannt worden", schreibt Carl von Linné in einer Autobiografie. Und niemand verübelt es ihm – er hat ja recht. Denn der Schwede ist der Erste, der ein sinnvolles System zur Ordnung der Natur entwickelt. Es ist noch heute in Gebrauch.

Schon als Junge begeistert sich Linné für das Reich der Pflanzen. Im Medizinstudium befasst er sich nebenher, aber gründlich mit der Botanik – er sucht darin eine logische Ordnung. So beginnt er schließlich, die Gewächse nach ihren Besonderheiten einzuteilen.

Linné: Schimpanse und Mensch sind eng miteinander verwandt

Zunächst gliedert Linné sie in Blüten- und blütenlose Pflanzen, die Blütenpflanzen sodann in jene mit männlichen *und* weiblichen Geschlechtsorganen und jene, in denen nur ein Geschlecht vertreten ist. Die Anzahl, Länge und Lage ihrer Staubblätter dient dann zur Einteilung in **Klassen**; diese teilt er in **Ordnungen** ein, die wiederum in **Gattungen** und diese schließlich in die kleinsten Einheiten: die Arten. Auch auf das Tierreich wendet Linné sein Ordnungsschema an und führt etwa für die Tierklasse der Säugetiere den Namen Mammalia ein – nach den für sie typischen Milchdrüsen.

Ende 1735 veröffentlicht er die erste Ausgabe seines Werkes „Systema Naturae", mit dem er die „drei Reiche der Natur" – die Welt der Pflanzen, Tiere und der Steine – in ein System zu bringen sucht.

In der 10. Auflage katalogisiert und klassifiziert er im Jahr 1758 bereits 4387 Tiere. In der 12. rechnet der 1761 geadelte Forscher erstmals den Menschen, für den er den Begriff *Homo sapiens* prägt, gemeinsam mit Schimpansen und Orang-Utans wegen anatomischer Ähnlichkeiten der Ordnung der Primaten zu.

Doch in der Annahme, dass es auf Erden kaum mehr als 6000 Pflanzen- und 4400 Tierarten gebe, irrt er. Wissenschaftler gehen heute von bis zu 20 Millionen Spezies aus; nach Linnés System benannt sind davon erst weniger als zwei Millionen.

MATHEMATIK

Leonhard Euler 1707–1783 32

Die schönste Formel der Welt

Als die US-Zeitschrift „Mathematical Intelligencer" 1988 ihre Fachleser fragt, welche von 24 vorgegebenen Lehrsätzen sie als besonders schön und elegant empfinden, landet die Euler-Formel $e^{\pi i} + 1 = 0$ ganz vorn. Auch die Plätze zwei, fünf und zehn belegen Formeln von Leonhard Euler. Doch es sind nicht nur ein paar schlichte Zahlen- und Buchstabenkombinationen, die ihn zu einem der bedeutendsten Mathematiker aller Zeiten machen, es ist nicht eine herausragende Erkenntnis, ein wissenschaftlicher Durchbruch – sondern vielmehr die ungeheure Menge seiner Beiträge.

Denn Euler entdeckt in fast allen Gebieten der Mathematik neue Formeln und Zusammenhänge: etwa in der Analysis, der Zahlentheorie und in der Algebra. Er vereinfacht zudem komplexe Berechnungen und führt neue Symbole ein, damit die Formeln lesbarer, kürzer werden. In der Physik findet er Gesetzmäßigkeiten über die Bewegungen von Kreiseln, die Strömungsgeschwindigkeit des Wassers, die Ballistik von Kanonenkugeln.

Er arbeitet wie besessen und hat dennoch Zeit für eine rege Korrespondenz. Einer Cousine Friedrichs des Großen erklärt Euler voller Geduld und leicht verständlich Physik und Astronomie.

Doch Eulers große Liebe bleiben die Zahlen. In der Wahlheimat St. Petersburg treibt er sein Formelwerk voran. Er erblindet, forscht dennoch weiter und diktiert seine Erkenntnisse nun einem Mitarbeiter. Es heißt, Leonhard Euler habe dabei so lange an der Didaktik seiner Lehrsätze gefeilt, bis auch dieser, ein ehemaliger Schneider, sie begriffen habe.

Die Euler-Formel

Die Formel kombiniert die fünf wichtigsten **mathematischen Konstanten** e, π, i, 1 und 0 miteinander – in einer, wie der englische Mathematiker Roger Penrose meint, gar mystisch einfachen Weise: $e^{\pi i}+1=0$. Neben den häufig benutzten Ziffern 0 und 1 sind es: die Zahl e (= 2,7182…), die beispielsweise in der Statistik eine wesentliche Rolle spielt; die Zahl π (= 3,1415…), die das zuerst von Archimedes berechnete Verhältnis zwischen Durchmesser und Umfang eines Kreises angibt; und die Größe $i = \sqrt{-1}$, die sogenannte imaginäre Einheit, die mit Ziffern nicht zu beschreiben ist. Denn nach den Vorzeichenregeln der **Algebra** gibt es keine Zahl, die mit sich selbst multipliziert –1 ergibt. Aber man kann mit $\sqrt{-1}$ rechnen, auch wenn die Zahl eigentlich gar nicht existiert. Kombiniert man sie, wie Euler, mit den anderen Konstanten, entsteht nach einhelliger Meinung der Mathematiker die schönste Formel der Welt.

1,20 Meter misst der Spiegel des 1789 von Herschel erbauten Teleskops – bis 1845 das größte der Erde

ASTRONOMIE

Friedrich Wilhelm (William) Herschel 1738–1822 33

Der Musiker, der den Horizont erweitert

Ein unscheinbarer Lichtpunkt, den er am 13. März 1781 durch sein Teleskop beobachtet, verändert sein Leben und erweitert das astronomische Weltbild. Denn der vermeintliche Stern, den William Herschel an diesem Abend sieht, wandert in den nächsten Tagen über den Nachthimmel. Bald ist sich der Freizeitforscher sicher: Es handelt sich um einen unbekannten Planeten – ein unerhörter Fund, sind doch seit der Antike nur sechs bekannt.

Herschel erkennt, dass die Milchstraße Scheibenform hat

Der Entdecker ist eigentlich Oboist: In Hannover geboren, zieht es Herschel 1757 nach England, um dort als Musiker zu arbeiten; später holt er seine Schwester Caroline nach. Nebenbei beginnt er, über Astronomie zu lesen und Teleskope zu bauen – bis seine Instrumente zu den leistungsfähigsten ihrer Zeit gehören. Schon bald hilft ihm Caroline bei der systematischen Durchmusterung des Himmels. Die Entdeckung des Uranus 1781 ist nur der Anfang. Herschel wird an den Hof Georgs III. geladen und darf sich fortan „Astronom des Königs" nennen. Eine Pension erlaubt es ihm, sich ganz der Himmelsforschung zu widmen. Caroline entwickelt sich zu einer Astronomin von Rang und spürt nicht weniger als acht Kometen auf.

Derweil wagt sich ihr Bruder weiter in den Kosmos vor: Mit Sternzählungen rekonstruiert er die Scheibenform der Milchstraße und erkennt, dass sich unser Sonnensystem darin bewegt. Unter mehr als 2500 nebelhaften Objekten, die er mit Caroline katalogisiert, findet er Galaxien, die aus zahllosen Sternen zusammengesetzt sind und unserer Milchstraße gleichen – weitere Welteninseln in unvorstellbarer Entfernung. Als Herschel 1822 stirbt, reicht der menschliche Blick tiefer ins Universum als je zuvor.

In seinem Pariser Laboratorium analysiert Lavoisier systematisch Gase und Flüssigkeiten. Dabei helfen ihm selbst entwickelte Waagen, die bis auf ein tausendstel Gramm genau wiegen

STOFFLEHRE

Antoine de Lavoisier 1743–1794

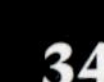

Der Vater der Chemie

Feuer, Erde, Wasser, Luft: Selbst um 1700 glauben die meisten Chemiker noch, dass die Welt mit all ihren Gebirgen, der Atmosphäre, den Meeren und sämtlichen Lebewesen aus diesen vier **Elementen** besteht. Erst der Franzose Antoine de Lavoisier revolutioniert dieses noch von →***Aristoteles*** aufgestellte Weltbild. Denn als zwischen 1754 und 1772 mehrere atmosphärische Gase entdeckt werden (so Stickstoff und Kohlendioxid), folgert der gelernte Jurist, dass Luft kein Element ist, sondern ein Gemisch aus flüchtigen Stoffen.

In seinem Pariser Labor beginnt Lavoisier, systematisch die Luftbestandteile zu untersuchen. Dafür entwickelt er neue Instrumente – etwa eine Präzisionswaage, mit der er die Gase bis auf ein tausendstel Gramm genau wiegen kann. Und macht eine Entdeckung: Verbrennt eine Substanz, verbindet sie sich mit einem der gasförmigen Bestandteile der Luft. Er nennt ihn Sauerstoff (griech. *oxys* = sauer), weil er vermutet, dass er auch in allen Säuren enthalten ist. Später spaltet er mit einer aufwendigen Apparatur Wasser in zwei Bestandteile: Sauer- und Wasserstoff (griech. *hydor* = Wasser).

Vor Lavoisier gilt: Wenn ein Material brennt (hier Blei), entweicht ein unsichtbarer »Feuerstoff« (gelbe Pfeile, o.). Lavoisier widerlegt dies: Mit einem Brennglas entzündet er das Metall in einem Gefäß, das im Wasser steht (u.). Der Wasserstand steigt, ein Teil der Luft (Sauerstoff, blaue Pfeile) hat sich mit dem Blei verbunden

1789 veröffentlicht Lavoisier sein *Opus magnum* „Traité élémentaire de Chimie", mit dem er das Fundament für die moderne Chemie legt. Darin definiert er unter anderem den Begriff „Element" als chemisch nicht weiter teilbare Substanz. Und stellt ein System mit 33 Elementen auf, darunter Sauerstoff, Stickstoff und Schwefel.

Seine Thesen machen Lavoisier berühmt. Zudem experimentiert er gern in aller Öffentlichkeit – richtet metergroße Brenngläser auf einen Diamanten und lässt den scheinbar unzerstörbaren Edelstein so in Flammen aufgehen.

Um seine Forschung zu finanzieren, verfolgt er eine politische Karriere, treibt etwa Steuern für den König ein. Das kostet ihn während der Französischen Revolution das Leben: Am 8. Mai 1794 wird Lavoisier enthauptet. „Die Republik braucht keine Wissenschaftler", so das Urteil des Richters.

Die Vielfalt der Lebewesen – auch diese bizarr geformte Muschel der Art *Murex aculeatus* – entstand nach Lamarcks Theorie durch Anpassungen an den jeweiligen Lebensraum, die an die Nachkommen vererbt werden

BIOLOGIE/EVOLUTIONSFORSCHUNG

Jean Baptiste Lamarck 1744–1829 35

Der Wegbereiter der Evolutionsforschung

Um 1800 lassen Fossilienfunde erste Zweifel an der Unveränderbarkeit der Schöpfung aufkommen. Doch erst Jean Baptiste Lamarck wagt auszusprechen, worüber andere Gelehrte nur vorsichtige Andeutungen machen: dass sich Arten im Lauf der Zeit verändern und ihrer Umwelt anpassen.

Stark beanspruchte Körperteile wachsen, glaubt Lamarck

Nach seinem Armeedienst arbeitet Lamarck zunächst in einer Bank, studiert dann Medizin und Botanik und veröffentlicht ein Buch über die Pflanzen Frankreichs, woraufhin er Assistent im Botanischen Garten wird. Nach der Gründung des Naturhistorischen Museums 1793 in Paris erhält er die Professur für die Naturgeschichte der Insekten und Würmer: ein wenig beachtetes Gebiet, über das Lamarck kaum etwas weiß. Doch er bringt diesen Forschungszweig zu ungeahnter Blüte: prägt den Begriff der „Wirbellosen", treibt die Klassifizierung dieser Gruppe, zu der die meisten Tierarten gehören, voran und entwickelt – lange vor →***Charles Darwin*** – eine eigene Theorie der Evolution.

Lamarck vermutet, dass Veränderungen der Umwelt die Arten zur Veränderung ihrer Lebensweisen zwingen. Das wiederum führe zur stärkeren Beanspruchung bestimmter Organe oder Körperteile, die daraufhin wüchsen; kaum benutzte Organe hingegen würden verkümmern. Solche Anpassungen seien vererbbar und führten so zu einem ständigen Wandel der Spezies.

Zwar müssen die meisten Ideen Lamarcks später korrigiert werden. Doch die moderne Genforschung zeigt, dass er seiner Zeit zum Teil weit voraus war und dass Umwelteinflüsse durchaus eine Rolle in der Vererbung spielen könnten, beispielsweise indem bestimmte Gene an- und ausgeschaltet werden.

Die Würdigung seiner Pionierarbeit in der Evolutionsforschung erlebt der Franzose jedoch nicht mehr: Er stirbt verbittert und in Armut.

CHEMIE/PHYSIK

John Dalton 1766–1844 36

Das Geheimnis der Gase

Am 21. Oktober 1803 bringt John Dalton die Wissenschaft bei einem Vortrag vor der Literarischen und Philosophischen Gesellschaft von Manchester erheblich voran: Er verkündet das von ihm bestimmte **relative Atomgewicht** einiger Elemente – und macht so aus der philosophischen Idee vom kleinsten Teilchen ein anwendbares Konzept.

Dalton erforscht, wie sich Gase in Flüssigkeiten lösen

Dabei hat Dalton nie eine Universität besucht: Gefördert von gelehrten Gönnern, arbeitet er schon mit zwölf als Dorflehrer, leitet später eine Schule. Nebenbei macht er meteorologische Aufzeichnungen und erforscht Gase wie Sauerstoff und Wasserstoff – sowie deren kleinste Teile, die Atome.

Durch Experimente kommt er zu der Überzeugung, dass sich die Atome von **Element** zu Element in Größe und Gewicht unterscheiden. Bilden zwei Elemente unterschiedliche chemische Verbindungen – Kohlenstoff und Sauerstoff etwa die Verbindungen Kohlenmonoxid (CO) oder Kohlendioxid (CO_2) –, geschieht das in Bezug auf jedes beteiligte Element immer im Gewichtsverhältnis ganzer Zahlen: So enthält Kohlendioxid eine doppelt so große Masse an Sauerstoff wie Kohlenmonoxid. Das Sauerstoffverhältnis beträgt 2:1.

Anhand von Analysen dieser und anderer Verbindungen kann Dalton auf das relative **Atomgewicht** der jeweiligen Elemente schließen: Er nutzt Wasserstoff als Grundeinheit mit dem Atomgewicht 1 und gibt das Gewicht anderer Elemente mit einem Vielfachen davon an. Bis 1803 ermittelt er so 21 relative Atomgewichte – damit werden die lange Zeit nur theoretisch postulierten Atome zu festen Größen. Mehr noch: Daltons Berechnungen sind der Ausgangspunkt für das **Periodensystem der Elemente**, heute Grundlage der Chemie.

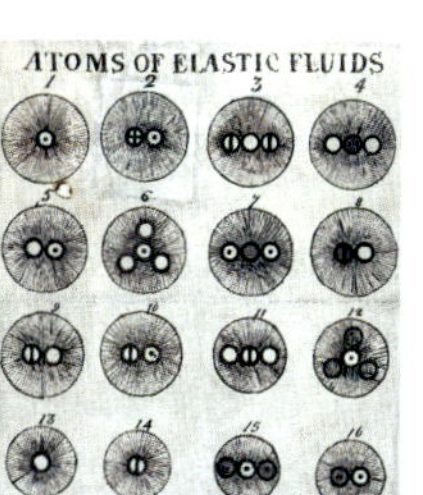

Für die chemischen Elemente erfindet Dalton Kreissymbole, links oben etwa Wasserstoff

Der Fürst

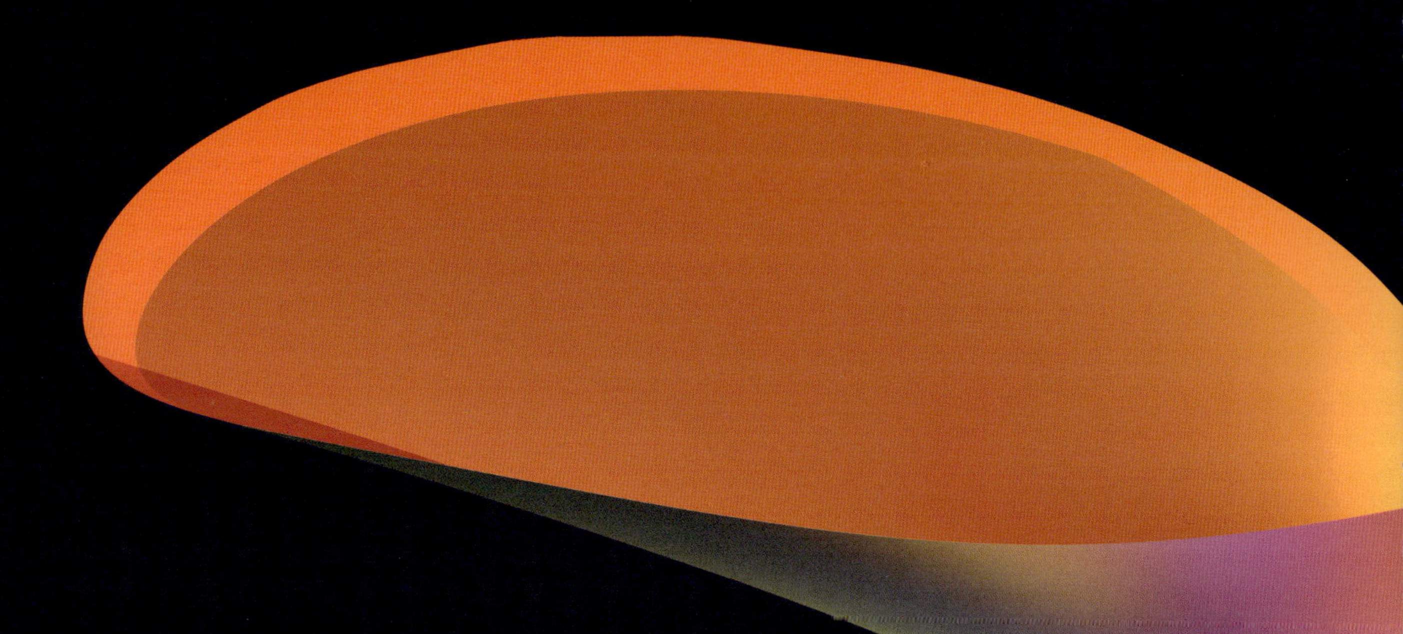

$$x^2-x^3+y^2+y^4+z^3-10z^4=0$$

Für Gauß haben Zahlen eine natürliche Schönheit. Dass sie auch für Laien verblüffend anmutig sein können, lässt sich mit spezieller Software zeigen: Mathematiker verwandeln mit ihr algebraische Gleichungen in prächtige Skulpturen. Diese nennt ihr Urheber Herwig Hauser »Flirt«

der Zahlen

Auf dem Weg zur Arbeit zählt er seine Schritte, die Lebenszeit seiner Freunde notiert er in Tagen, und in der Mathematik findet er um 1800 neue Methoden und Beweise, die sein Fach in eine neue Epoche führen. Heute gilt **Carl Friedrich Gauß** als eines der größten Rechengenies aller Zeiten, und ob am Bankautomaten oder am Telefon – die Leistungen des Zahlenforschers umgeben uns jeden Tag. Gespräch mit dem Mathematiker **Thomas Sonar** über das Leben eines besessenen Denkers

»Gott rechnet«, sagt Carl Friedrich Gauß. Denn alles auf Erden ist ihm Mathematik

GEOkompakt: *Herr Professor Sonar, wann ist Ihnen Carl Friedrich Gauß zuletzt begegnet?*

Thomas Sonar: Gerade gestern, am Bankautomaten. Ich habe Geld abgehoben, und das wäre ohne Gauß undenkbar. Nach seiner Zahlentheorie werden heute noch Daten verschlüsselt.

Das müssen Sie uns bitte erläutern.

Ihre PIN, die vierstellige Geheimnummer, haben Sie hoffentlich im Kopf. Die Nummer wird nach der Eingabe am Terminal an einen Computer übermittelt. Und das darf nicht einfach so passieren, weil irgendjemand die Leitung anzapfen und Ihre PIN erfahren könnte. Deshalb wird Ihre Nummer immer erst chiffriert und dann wieder dechiffriert. Die mathematische Basis für diese Verschlüsselung liefert die Zahlentheorie, die sich mit den Eigenschaften von Zahlen und der Lösung von Gleichungen beschäftigt. Carl Friedrich Gauß hat dazu vor mehr als 200 Jahren die entscheidenden Zusammenhänge beschrieben.

Treffen wir im Alltag auch sonst auf Gauß?

Wann immer wir telefonieren zum Beispiel. Gauß war nicht nur Mathematiker, er hat auch den Telegrafen erfunden. Dieses Gerät konnte Informationen übermitteln, und dessen Prinzip ist bis heute die Grundlage für jede Kommunikationstechnologie. Aber Gauß hat noch weit, weit mehr geleistet. Eine Fülle von mathematischen Beweisen und Rechenmethoden geht auf ihn zurück. Und er legte das Fundament der heute immer noch so wichtigen Differenzialgeometrie, die sich mit Flächen und Kurven im dreidimensionalen Raum befasst.

Was lässt sich damit berechnen?

Zum Beispiel das Design von Turbinenschaufeln oder Propellern. Auch in der Landvermessung ist sie wichtig. Die Wahrscheinlichkeitsrechnung hat Gauß ebenfalls bereichert – um seine berühmte „Gaußsche Normalverteilung", die jeder aus der Schule kennen sollte und die bei der Kalkulation von Versicherungsprämien eine

$x^2+y^2+z^2=1$

Von der Gleichung zur Fläche gelangt der Mathematiker, indem er alle Lösungen (Ergebnisse, für die die Gleichung erfüllt ist) als Punkte im Raum versteht. Die Gleichung für diese Kugelfläche ist noch recht übersichtlich

bedeutende Rolle spielt. Nebenher erforschte er das Erdmagnetfeld und setzte sich dafür ein, dass auf der ganzen Welt Beobachtungsstationen eingerichtet werden. Gauß war der erste Astronom, der wirklich genau rechnete. Die Bahnen von Himmelskörpern etwa konnte er mit einem neuen Verfahren erstmals exakt vorhersagen. Als er 1720 mit der Vermessung des Königreichs Hannover beauftragt wurde, fuhr er mit der Kutsche selbst ins Gelände und sammelte unermüdlich Messdaten. Erfasste sie sogar mithilfe eines von ihm selbst gebauten Instruments. So wurde er zum Pionier der exakten Landvermessung – bis heute feiern ihn die Geodäten als einen der Ihren. Die Astronomen aber beanspruchen ihn auch für sich, Physiker und Mathematiker ebenso.

Gauß war und ist so etwas wie ein wissenschaftlicher Weltstar. Und als er noch sehr jung war, fand er die Lösung für ein seit der Antike bestehendes Rätsel: Nach wochenlangen Überlegungen fiel ihm morgens im Bett plötzlich ein, wie man das regelmäßige 17-Eck mit einem mathematischen Ansatz aus der Zahlentheorie konstruieren kann.

Er hat gewissermaßen in seinem Kopf eine mathematische Vorschrift für die Konstruktion einer geometrischen Figur mit 17 Ecken und gleich großen Winkeln erschaffen – ohne Zirkel und Lineal.

Und die Lösung dieses Problems diente welchem Zweck?

Kein Mensch braucht ein Vieleck mit 17 Ecken. Gauß beschäftigte sich eben auch mit Dingen, die einem Laien vollkommen absurd vorkommen müssen, die aber in der Mathematik von ungeheurer Bedeutung sind. Zum Beispiel, dass sich zwei parallele Geraden doch schneiden

$(y^2+z^2-1)^2+(x^2+y^2-1)^3=0$

Den klingenden Namen »Crixxi« trägt diese symmetrische Figur. Die Gleichung ist gelöst, wenn man durch Einsetzen von Zahlen an Stelle von x, y und z links vom Gleichheitszeichen ebenfalls eine Null erhält

können: Bei →*Euklid* gilt das Gegenteil. Gauß analysierte anders als der antike Denker nicht nur die Geometrie auf ebenen Flächen. Sondern auch jene in gekrümmten Räumen. Und darin können sich parallele Geraden schneiden, so aberwitzig das klingen mag. Aber Carl Friedrich Gauß hat auch in allem, was ihn täglich umgab, Zahlen und Formeln gesehen.

Wie muss man sich das vorstellen?

Gauß lebte in einer Epoche, in der die Gelehrten glaubten, dass alle Dinge berechenbar sind. Die schauten in die Strömung eines Bachs und dachten, dass Gott in den Wirbeln des Wassers eine Differenzialgleichung löst, die die Strömung beschreibt. „Gott rechnet", hat Gauß gesagt – denn es war seine Überzeugung, dass alles, was man sieht, von Mathematik durchdrungen ist. Dass die Natur eine gigantische Maschine ist, in der alles nach mathematischen Gesetzmäßigkeiten abläuft. Solche Dinge haben ihn sein ganzes Leben nicht losgelassen.

War er also süchtig nach Zahlen?

Das klingt zu negativ. Aber sicherlich tat er Skurriles, auf das wir wohl nie kommen würden. Er hat morgens die Anzahl der Schritte von seiner Wohnung zur Sternwarte gezählt, sein Leben lang. Und darüber penibel Buch geführt. Er hat eine Sterbetafel für seine Freunde gepflegt und hielt deren Lebensalter in Tagen fest. Schon als Jugendlicher sammelte er Primzahlen und schrieb damit Hunderte Seiten voll. Ich bin sicher, er war voller Zahlen.

Ein Klischee besagt, dass gerade Mathematiker zuweilen so in ihre Welt der Zahlen vertieft sind, dass sie praktisch links und rechts nichts mehr sehen, dass sie weltfremd werden. Und dass sie vor allem das Einfühlungsvermögen für ihre Mitmenschen verlieren. Ging bei Gauß die Genialität auf Kosten der Empathie?

Ganz im Gegenteil. Wir wissen, dass er für seine erste Frau eine innige Liebe hegte. Gauß hat ihr zauberhafte Briefe geschrieben. Die gehören eigentlich in die romantische Weltliteratur. Für seine Freunde hat er alles gemacht. Ich würde es auch nie wagen, ihn als völlig irren, weltvergessenen Spinner zu bezeichnen – so wie es Daniel Kehlmann vor zwei Jahren in seinem Buch „Die Vermessung der Welt" getan hat. So entrückt kann Gauß gerade nicht gewesen sein.

Denn er hat sich beispielsweise mit Versicherungsmathematik beschäftigt und sehr lebensnah berechnet, wie hoch bestimmte Risiken sind und wie sich daraus bestimmte Prämien errechnen. Gauß ist als enorm reicher Mann gestorben, weil er an der Börse spekuliert hat, und zwar sehr clever. Aber er war in seinem wissenschaftlichen Urteil ausgesprochen unbarmherzig.

Wie hat sich das gezeigt?

Es gibt eine schreckliche Geschichte, die vom Ungarn Farkas Bolyai handelt. Den kannte Gauß aus dem Studium in Göttingen. Die beiden waren sehr enge Freunde. Sie gingen regelmäßig wandern, der eine von Braunschweig, der andere von Göttingen aus, um sich im Harz

$$5x^2+2xz^2+5y^6+15y^4+5z^2=15y^5+5y^3$$

»Eve« heißt diese Visualisierung. Wie alle hier gezeigten Figuren ist sie eine »algebraische Fläche«, die sich in drei Raumdimensionen erstreckt. Dank Gauß können Mathematiker solche Gebilde besser verstehen und so etwa die Form von Propellern berechnen

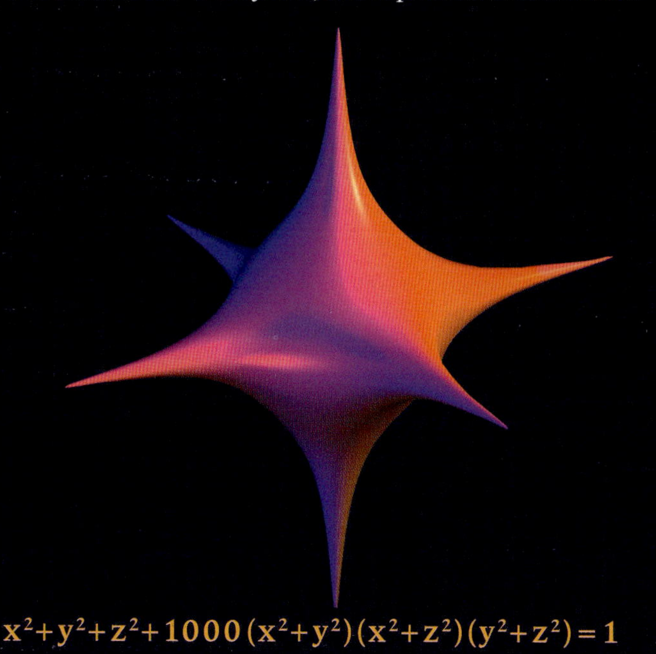

$$x^2+y^2+z^2+1000(x^2+y^2)(x^2+z^2)(y^2+z^2)=1$$

Die Distel mit sechs Zacken ist besonders regelmäßig. Variiert man die Gleichung, kann man auch Figuren mit vier, acht, zwölf oder 20 Zacken erhalten. Die Gebilde werden dann jedoch ungleichförmiger

$$(x^2-y^3)^2=(x^2+y)z^3$$

Diese Fläche berührt sich selbst an einem Punkt und bildet so eine Art »Seepferdchen«. Diese Stelle ist für Mathematiker besonders spannend

auf ein Bier zu treffen. Sie rauchten immer abends an einem bestimmten Tag in der Woche eine Pfeife, um aneinander zu denken. Und dann schrieb dieser Studienfreund Gauß eines Tages, sein Sohn habe eine wunderbare Entdeckung in der Geometrie gemacht, und legte ihm die Manuskripte bei. Und tatsächlich: Der Sohn war auf eine völlig neue Art der Geometrie gestoßen.

Gauß antwortete seinem Freund, das sei ja alles wunderbar und richtig. Aber er sei darauf schon 30 Jahre zuvor gekommen – was auch tatsächlich stimmte. Bolyais Sohn erkrankte daraufhin schwer und wurde halb verrückt. Wir wissen nicht genau, ob es nur an dem Brief des großen Mathematikers lag. Und was Gauß dazu bewogen hat. Es muss einfach seine gnadenlose wissenschaftliche Ehrlichkeit gewesen sein.

Sich selbst hat er ja auch kaum geschont.

Er hat sich unendlich gemüht, an seine Zahlen zu kommen. Zwei Jahre lang ist Gauß bei seiner Kartierung des Königreichs Hannover in der Kutsche durch die norddeutsche Tiefebene geholpert und hat das Gelände vermessen. Das hätte er ja auch seinen Gehilfen überlassen können. Doch er hat persönlich Vermessungsgeräte auf die Hügel geschleppt. Bei einer Reise stürzte die Kutsche um, das ganze schwere Gerümpel im Wagen fiel auf Gauß, der aber machte weiter.

Da hat er einfach nur Glück gehabt, dass er nicht gelähmt oder gar tot war. Aber das war sein Leben: Gauß hat mathematische Kärrner-Arbeit verrichtet, hat sich jeden Tag durch Tausende von Zahlen gewühlt.

Heute gibt es dafür Computer oder Taschenrechner, die für uns auf Knopfdruck alle möglichen Kalkulationen erledigen. Ganz simpel gefragt: Wofür braucht es dann noch die Mathematik?

Wenn Sie die Mathematik völlig abschalten, dann können wir wieder in die Höhlen unserer Vorfahren einziehen. Ich wüsste nicht, was bei uns nicht durchmathematisiert ist. Sie ist überall – wie ein Käse, der von Edelschimmel durchzogen ist, durchzieht sie unser Leben. Und es muss Leute geben, die damit umzugehen wissen.

Die Statik dieses Gebäudes, die Stühle, auf denen wir sitzen, die Elektrik hinter dieser Wand, das Mobiltelefon, das MP3-Format – all diese Dinge sind nur möglich, weil Ingenieure die entscheidenden Eigenschaften vorausberechnen können. Ihr Auto soll besonders windschnittig sein? Die Konstrukteure machen heute nicht mehr so aufwendige Windkanaltests wie früher, weil sie alles viel besser – und günstiger – vorher kalkulieren können.

Natürlich geschieht das alles im Computer und sieht nach Informatik aus. Aber was da abläuft, ist die Lösung einer strömungsmechanischen Gleichung. Darin steckt ein Haufen Mathematik. Mit dem Flugzeug ist es das Gleiche. Sie können den A380 nicht in einen Windkanal stellen, weil es solche Windkanäle nicht gibt. Der Windkanal, den Sie benutzen, ist der Computer.

Auch bei manchen Suchmaschinen arbeiten Computer im Verborgenen: Mithilfe komplexer mathematischer Vorschriften berechnen sie die Wichtigkeit von Internet-Seiten, in einer Gleichung

»Gauß hat sich jeden Tag durch Tausende von Zahlen gewühlt«

mit Millionen von Variablen. Es funktioniert, doch niemand sieht das. Ist diese Unsichtbarkeit das große Problem der Mathematik?

Wir sind leider nur eine Hilfswissenschaft für die Technik. Aber Mathematik ist ganz sicher ein wichtiger Teil der kulturellen Entwicklung, und das wird heute nicht mehr sichtbar. Keiner traut sich zu sagen, er sei noch nie im Theater gewesen, er habe Goethe nie gelesen oder brauche den nicht: Dann wäre man gesellschaftlich unten durch. Aber selbst unser Altkanzler Schröder darf damit prahlen, er sei in Mathe eine Null – und niemanden stört das. Auf einer Dinnerparty in Korea oder Japan könnten sie nach einem solchen Spruch gleich wieder gehen.

Das schlechte Image muss eigentlich verwundern. Keine andere wissenschaftliche Disziplin ist präziser als die Mathematik. Zumal sie sich mit so unglaublichen Dingen wie der Unendlichkeit beschäftigt. Oder dem Nichts. Verspüren Sie zuweilen so etwas wie Demut gegenüber Ihrer Disziplin?

Erforscht die Numerische Analysis: Professor Dr. Thomas Sonar

Wenn ich manchmal die Ergebnisse einer Berechnung sehe, die mich in ihrer Schönheit umhauen.

Was kann an einer mathematischen Lösung schön sein?

Bei manchem langen Beweis erkennt man, dass er noch zu umständlich ist, dass er zu viele mathematische Schlenker vollführt. Dann arbeit man so lange daran herum, bis der Beweis kurz, schlicht und elegant ist, wie die berühmte Formel von →*Euler*, die in einer wunderschön einfachen Formel alle Zahlen vereinigt, die in der höheren Mathematik eine Bedeutung haben. Das ist mathematische Eleganz.

Müssen Sie sich dann nicht aber über ausgesprochen krumme Zahlen ärgern? Etwa über die Zahl Pi, die das Verhältnis des Umfanges eines Kreises zu seinem Durchmesser angibt? Immerhin kommt sie mit ihren unendlich vielen Stellen hinter dem Komma (3,14159 ...) kein bisschen elegant daher.

Nein, ich ärgere mich nicht, ich betrachte sie fast mit Ehrfurcht. Sollten Sie gläubig sein, dann sehen sie darin den Schöpfer. Denn dieses Pi taucht überall wieder auf. Schüler quälen sich damit, wenn sie auswendig lernen müssen, wie Pi die Fläche eines Kreises beschreibt. Wenn Sie dann aber in der Mathematik und in der Physik weitermachen, dann kommt ihnen dieses Pi plötzlich dauernd wieder unter. Sie machen irgendeine Rechenoperation, die mit dem Kreis gar nichts mehr zu tun hat – und plötzlich kommt Pi am Ende raus.

Oder nehmen Sie die Eulersche Zahl e (2,7182 ...), die bei Berechnungen mit dem Logarithmus wichtig ist. Die erscheint überall. Da wirft ein Biologe Pilzsporen in ein Reagenzschälchen und stellt die in den Ofen. Und wie vermehren sich die Dinger? Mit dem Faktor der Zahl e. Das machen die ihnen wirklich vor. Denen sagen Sie nicht, ihr müsst euch jetzt mathematisch präzise vermehren. Nein, das machen die von ganz allein. Wenn Sie an einen Gott glauben, dann finden Sie ihn doch in e und in Pi. □

Das Interview führten die GEO-Redakteure **Jörn Auf dem Kampe**, 34, **Dr. Henning Engeln**, 53, und **Dr. Arno Nehlsen**, 63, in Hamburg.

Literatur: Gerd Biegel/Karin Reich: „Carl Friedrich Gauß. Genie aus Braunschweig – Professor in Göttingen", Joh. Heinr. Meyer. **Internet:** www.imaginary2008.de (virtuelle Ausstellung zur algebraischen Geometrie).

OPTIK

J. von Fraunhofer 1787–1826 38

Der perfekte Schliff

Joseph von Fraunhofer ist der klassische Autodidakt: ein Glaser mit dürftigen Schulkenntnissen, der sich zum Wissenschaftler heranbildet und dank Intelligenz, wissenschaftlicher Neugier, handwerklichem Talent und unermüdlichem Optimierungsdrang zum Großmeister der angewandten Forschung wird.

Mit 19 Jahren kommt er in eine Firma für optische Landvermessungsgeräte und entwickelt schon bald bessere Schleif- und Poliertechniken sowie neue Verfahren zur Herstellung besonders reinen Glases. Damit lassen sich Abbildungsfehler verringern, die bei dem Weg des Lichts durch geschliffene Linsen entstehen und die das Objekt umso unschärfer machen, je stärker vergrößert oder verkleinert es werden soll.

Besonders schwer zu korrigieren sind Abbildungsfehler durch Farbzerstreuung. Immer wieder berechnet Fraunhofer die für einen besseren Linsenschliff erforderlichen Parameter. Doch die Voraussetzungen dafür (die sich beim Schliff verändernden Daten der Lichtbrechung und -zerstreuung) sind nicht genau zu ermitteln.

Da entdeckt er im **Spektrum** des Sonnenlichts dunkle Linien, die die Farbübergänge abgrenzen und im Spektrum niemals verrücken. Damit verfügt er endlich über präzise Markierungen für die Optimierung des Linsenschliffs – setzt also seine wissenschaftlichen Forschungsergebnisse direkt in verbesserte Produkte um: ein Ziel auch der nach ihm benannten Fraunhofer-Institute von heute.

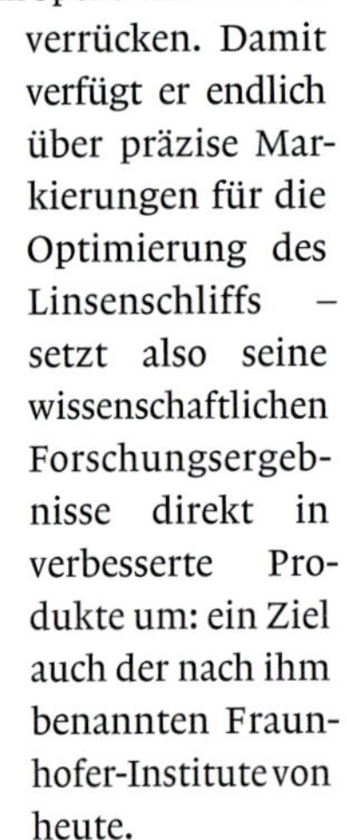

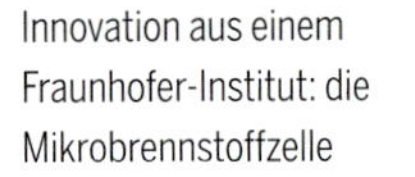

Innovation aus einem Fraunhofer-Institut: die Mikrobrennstoffzelle

Zudem als Astronom aktiv, erspäht er im Lichtspektrum anderer Himmelskörper ähnliche Streifen, doch dass die „Fraunhoferschen Linien" Auskunft geben über die chemische Zusammensetzung der Oberfläche weit entfernter Gestirne, wird erst nach seinem Tod erkannt.

Kabel wie die von Hochspannungsleitungen stellen dem Stromfluss einen Widerstand entgegen

ELEKTRIZITÄT

Georg Simon Ohm 1789–1854 39

Das Gesetz von Strom und Spannung

Ob Glühbirne oder Radio, Telegraphenleitung oder Elektromotor: Georg Simon Ohm entdeckt wichtige Grundlagen für alle späteren Erfindungen der Elektrik. Denn der aus Erlangen stammende Physiker setzt als Erster zwei Grundgrößen der Elektrizitätslehre in Zusammenhang: die Stromstärke (ein Maß für die Menge elektrischer Ladung, die sich in einer bestimmten Zeit durch einen Leiter bewegt) und die Spannung (die „Kraft", die jene Ladung in Bewegung setzt und dadurch einen Stromfluss hervorruft).

Anfang des 19. Jahrhunderts ist die Elektrizität noch weitgehend unerforscht. Geeignete Messinstrumente müssen erst entwickelt werden. Doch Ohm hat das Glück, eines der modernsten physikalischen Laboratorien nutzen zu können. Es gehört zu einem Gymnasium, an dem er seit 1817 als Mathematik- und Physiklehrer arbeitet. Der Wissenschaftler erfindet unter anderem eine Apparatur, mit der sich die Stromstärke präzise messen lässt.

Mehr als ein Jahr lang erforscht Ohm den Aufbau und die Abläufe in Stromkreisen. Bis er entdeckt: Das Verhältnis von Spannung (U) zu Stromstärke (I) eines elektrischen Systems ist unter gleichen äußeren Bedingungen konstant (verdoppelt man die Spannung, fließt auch ein doppelt so starker Strom). Diese Konstante entspricht dem Widerstand (R) von elektrischen Leitern – einer fundamentalen „Kraft", die den Fluss des Stromes (etwa durch einen Draht oder eine Flüssigkeit) hemmt. Das nach Ohm benannte Gesetz $R = \frac{U}{I}$ wird zu einer entscheidenden Grundlage für die Konstruktion sämtlicher elektrischer Geräte.

1881 legt der Internationale Kongress der Elektriker die Einheit des elektrischen Widerstands fest: das „Ohm".

GEOLOGIE

Charles Lyell 1797–1875 40

Kräfte, die den Planeten formen

Vulkanausbrüche (hier in Ecuador) haben über Jahrmillionen, so Lyell, das Bild der Erde verändert

Die Erde hat eine Geschichte – jenseits von Schöpfung und Sintflut. Diese Theorie erschüttert Anfang des 19. Jahrhunderts das herrschende Weltbild. Zu ihrem wichtigsten Wortführer wird der schottische Geologe Charles Lyell. 1830 erscheint Lyells erster Band seines dreiteiligen Hauptwerks „Principles of Geology“ – das bedeutendste Werk der modernen Geologie. Darin kommt der 33-Jährige zu dem Schluss: Nicht etwa Wunder oder einzelne Katastrophen haben der Erde ihre Gestalt gegeben und das Leben auf ihr geprägt. Sondern unzählige Erdbeben und Vulkanausbrüche sowie langsame, stetige Phänomene – etwa die Jahrmillionen währende Erosion der Felsen oder die schichtweise Ablagerung von Sandmassen. Der entscheidende Faktor der erdgeschichtlichen Entwicklung sei also weniger eine einzelne Kraft gewesen als vielmehr: die Zeit.

Damit greift Lyell einen Gedanken des schottischen Privatgelehrten James Hutton auf: Rund 40 Jahre zuvor hat Hutton bereits angenommen, dass die Erde durch kontinuierliche Zerstörung und Erneuerung geprägt sei. „Kein Hinweis auf einen Anfang – keine Aussicht auf ein Ende“, schrieb er. Lyell formuliert daraus das Aktualitätsprinzip, das bis heute gilt: Prozesse, die gegenwärtig die Erde verändern, waren ebenso in der Vergangenheit wirksam.

Mit seinen Ansichten inspiriert der Geologe auch seinen Freund →***Charles Darwin***. Denn dieser sieht die Vielfalt der Organismen als das Ergebnis eines fortwährenden Prozesses der natürlichen Auslese an. Lyell hingegen braucht mehrere Jahre, um religiöse Bedenken und wissenschaftliche Zweifel zu überwinden und Darwins Ideen von der Evolution zu akzeptieren.

CHEMIE

Friedrich Wöhler 1800–1882 41

Ein Mittler zwischen zwei Welten

Zu Beginn des 19. Jahrhunderts herrscht eine klare Unterteilung in der Chemie: Einerseits sind den Forschern viele Substanzen aus der unbelebten, anorganischen Natur bestens bekannt, etwa Minerale oder Metalle. Andererseits kennen die Forscher chemische Stoffe, die offenbar nur von lebenden Organismen und nach unbekannten Gesetzen gebildet werden können, etwa der Harnstoff. Diese beiden Welten, die **anorganische** und die **organische Chemie**, scheinen sich nicht miteinander in Einklang bringen zu lassen – bis dem Mediziner und Chemiker Friedrich Wöhler ein folgenreiches Experiment glückt.

Wöhler stellt erstmals eine natürliche Substanz künstlich her

In einem einfachen Labor in jener Berliner Gewerbeschule, an der er als Chemielehrer arbeitet, ist Wöhler nach Dienstschluss auf der Suche nach neuen Erkenntnissen im „Urwald der Tropenländer, voll der merkwürdigsten Dinge“, wie er die organische Chemie nennt. Beim Erhitzen zweier anorganischer Stoffe (Kaliumcyanat und Ammoniumsulfat) erhält er zu seiner Überraschung eine organische Substanz, die bis dahin nur in Ausscheidungen von Tieren und Menschen gefunden worden ist: Harnstoff. Mit diesem Experiment durchbricht er die Grenze zwischen den beiden chemischen Welten. Und formuliert eine fundamentale Erkenntnis: Für die Herstellung einer organischen Substanz braucht es keinen lebendigen Organismus.

Auf diese Weise trägt Wöhler maßgeblich zum Untergang des „Vitalismus“ bei – jenes Glaubens seiner Zeitgenossen an eine unkontrollierbare Lebenskraft, die in jeder Kreatur zur Stoffbildung erforderlich sei. Und legt so den Grundstein für die systematische Erforschung organischer Substanzen, deren Synthese die Chemiker nun erst zu verstehen beginnen.

STOFFLEHRE

Justus von Liebig 1803–1873 42

Die Chemie des Lebens

Schon im hauseigenen Labor seines Vaters, eines Drogisten, beginnt Liebig mit Chemikalien zu experimentieren, studiert in Bonn und Paris Chemie und wird mit 21 Jahren Professor in Gießen. Dort baut er ein großes Institut für Chemie- und Pharmaziestudenten auf, entwickelt neue Analysemethoden und -geräte und produziert umwälzende Forschungsergebnisse.

So beweist er 1832 gemeinsam mit →***Friedrich Wöhler***, dass in der Chemie kleine Veränderungen der Materie große Wirkungen auslösen können. Sie experimentieren mit Bittermandelöl und verbinden es bei chemischen Reaktionen mit Chlor oder anderen **Elementen** – und es entstehen Stoffe mit jeweils anderen Eigenschaften.

Daraus leiten die beiden ab, dass es im Bittermandelöl ein chemisches Grundgerüst gibt, das sich während der Reaktion nicht verändert. Damit lässt sich die ungeheure Anzahl organischer Verbindungen erklären, und die Grundlage für ein Ordnungsprinzip der **organischen Chemie** ist geschaffen.

Entwickelt ein Verfahren zur Produktion von echtem Fleischextrakt: Justus von Liebig

Daneben entwickelt Liebig Rezepte für muttermilchlose Babynahrung, kümmert sich um die Nutzanwendung seiner Experimente und um die Vermarktung der daraus resultierenden Produkte, wird 1856 zum Mitbegründer einer Düngemittelfabrik, die den mineralischen Dünger „Superphosphat“ produziert.

Auch die erste industrielle Herstellung von Fleischextrakt stützt sich auf seinen wissenschaftlichen Rat: „Liebigs Fleischextrakt“ macht seinen Namen weltberühmt.

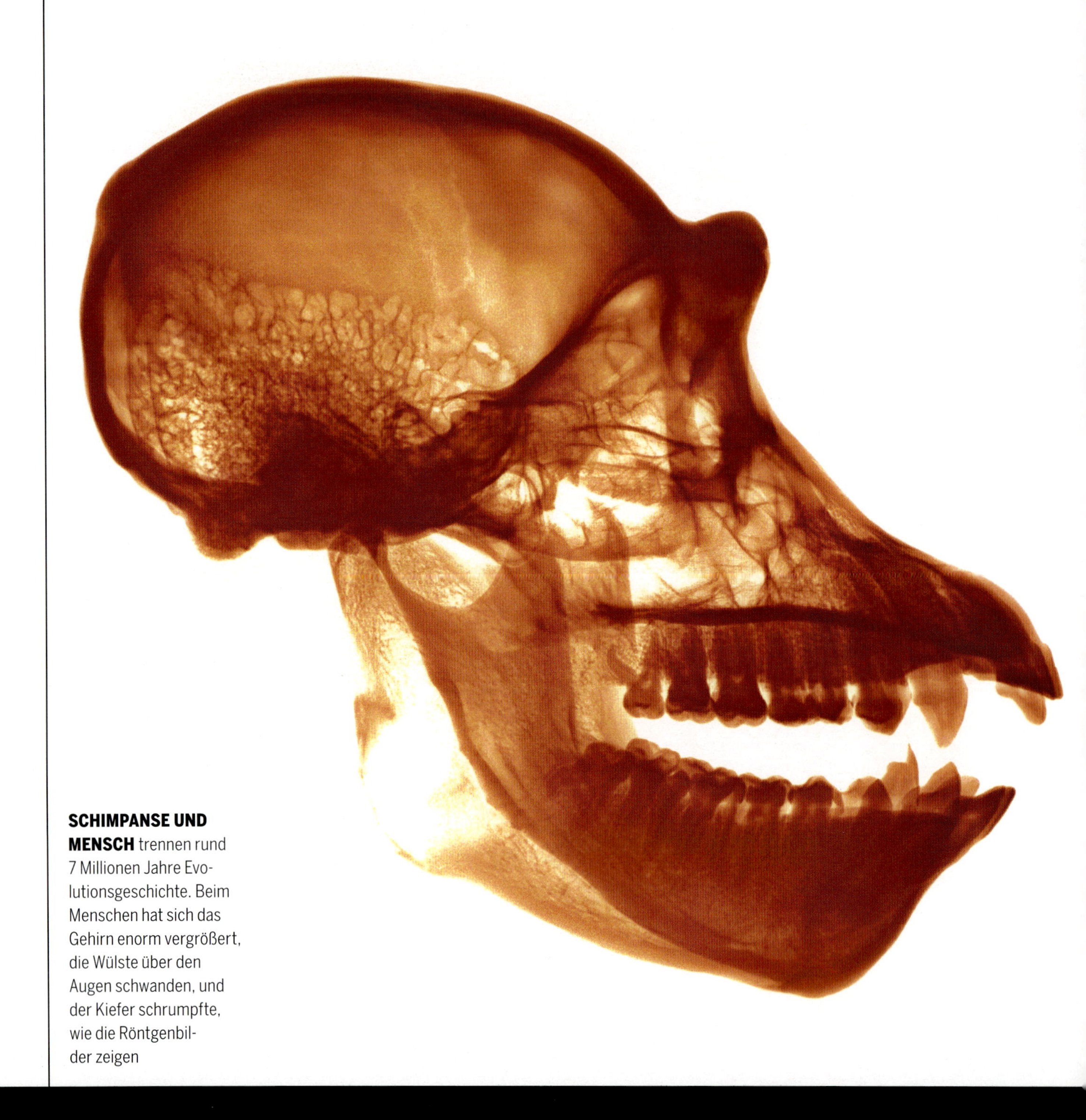

SCHIMPANSE UND MENSCH trennen rund 7 Millionen Jahre Evolutionsgeschichte. Beim Menschen hat sich das Gehirn enorm vergrößert, die Wülste über den Augen schwanden, und der Kiefer schrumpfte, wie die Röntgenbilder zeigen

Die Kraft, die neue Arten schafft

Text: Jens Schröder

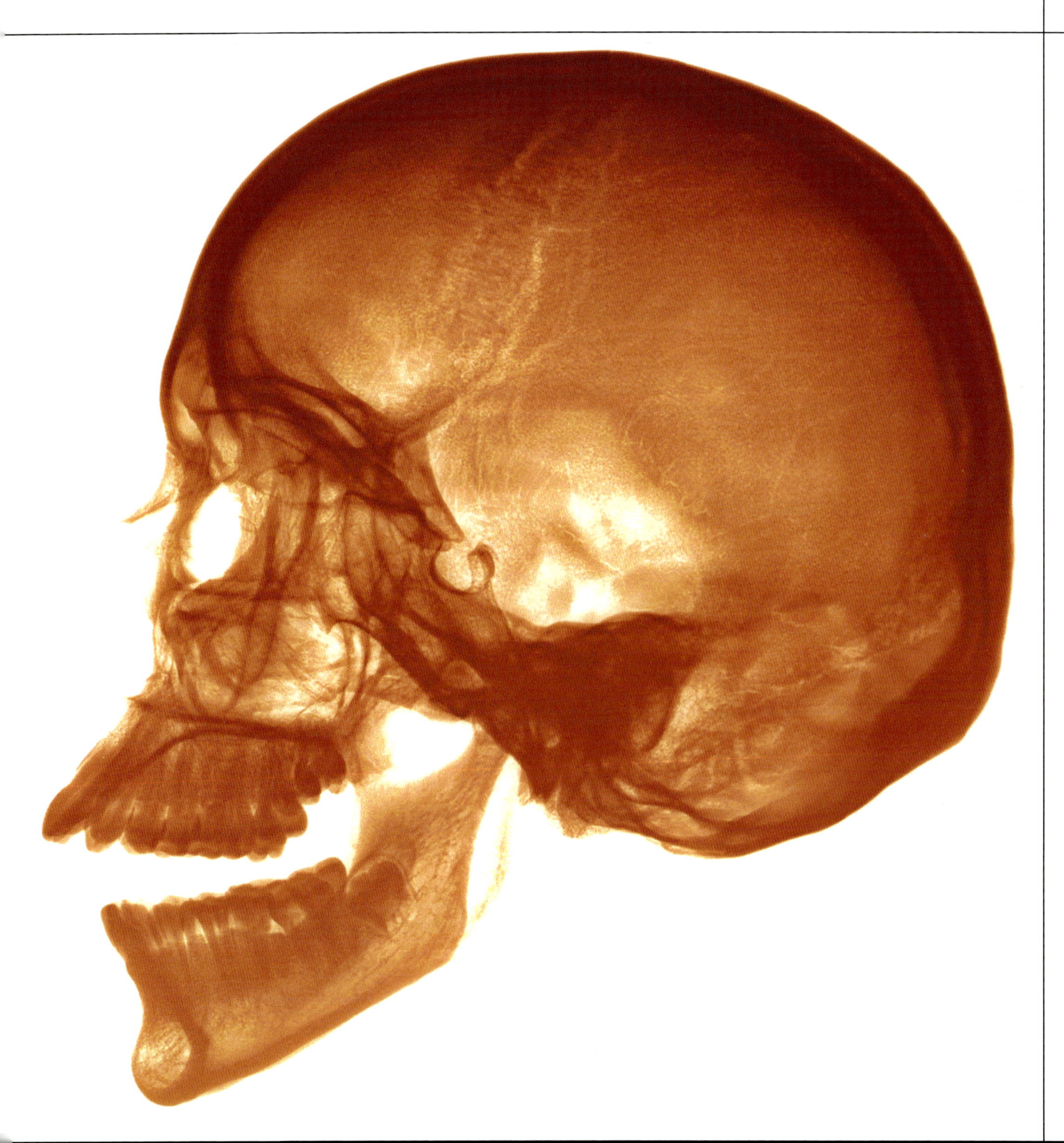

Mit revolutionären Gedanken stößt der britische Gelehrte Charles Darwin den Menschen vom Thron: Tier- und Pflanzenarten wurden nicht von Gott unveränderlich geschaffen, sondern entwickelten sich durch »natürliche Zuchtwahl«. Die schockierende Folgerung: Der Mensch stammt von Tieren ab – von Affen

LONDON, 30. NOVEMBER 1853. Heute wollen sie ihn feiern. Acht Jahre lang hat der Gelehrte an seinem Buch geschrieben. Hat sich zurückgezogen vom Leben der Hauptstadt, sich in seinem Landhaus in der Grafschaft Kent abwechselnd der Arbeitswut und seiner chronischen Magenkrankheit ergeben. Hat alles ertragen: schmerzende Augen von der Arbeit am Mikroskop; Hunderte Stunden am Seziertisch, mit kleinen Holzböckchen unter den Handgelenken, um die verkrampfte Haltung einigermaßen zu ertragen. Und immer wieder Übelkeit, Erbrechen, ausgelöst von den scharfen Dämpfen des Spiritus.

Jetzt hat sich die Elite der britischen Naturwissenschaft in der „Royal Society" versammelt, um ihn mit der Königlichen Medaille für die bedeutendste wissenschaftliche Arbeit des Jahres zu ehren. Für die „Monographie über die Unterklasse der Rankenfüßer", ein Werk in vier Bänden, mit weit über 1000 Druckseiten.

Unter Qualen verfasst von Charles Darwin, Gutsherr.

Erschöpfend hat er die mehr als 800 Arten dieser wirbellosen Meeresbewohner analysiert; akribisch jede Seepocke vom Galápagos-Archipel, jede Meerwarze von der südamerikanischen Küste zerschnitten. Hat ihre Organe, ihre Fortpflanzungsvarianten begutachtet; lebende mit fossilen Formen verglichen; beschrieben, wie sich der kleinste aller Rankenfüßer als Parasit durch Muschelschalen bohrt.

Wenn die von der „Royal Society" wüssten, dass all das nur ein weiteres Puzzlestück in Darwins großer Theorie sein wird! Wenn sie nur ahnten, welche ketzerischen Ideen er seit mehr als 20 Jahren in seinen Notizbüchern festhält: dass Tiere und Pflanzenarten sich mit der Zeit verändern, dass sie miteinander um Wasser, Nahrung, Fortpflanzungschancen konkurrieren – und dass dabei nur jene Varianten überleben, die am besten an die Umwelt angepasst sind.

Es sind elementare Fragen, die sich in Darwins Kopf langsam zu Erkenntnissen verfestigen: zur ersten schlüssigen Theorie der Evolution.

Stein um Stein wird er aus dem Glaubensgebäude einer allein von Gott gesteuerten Schöpfung schlagen. Wenn jemand das geahnt hätte – die Ehrung wäre ihm verwehrt geblieben.

Und nicht wenige hätten jenen Tag im Jahre 1831 verflucht, als die Admiralität dem jungen Priesteramtskandidaten und Käfersammler Darwin eine Hängematte an Bord des Vermessungsschiffes „Beagle" anbot. Während die Crew südamerikanische Küsten kartierte, sollte er Tiere und Pflanzen sammeln – weil sein Professor den Hobby-Naturkundler für diese Aufgabe empfohlen hatte. Vor allem aber sollte er dem Kapitän während der auf drei Jahre veranschlagten Fahrt bei Tisch Gesellschaft leisten.

Wie keine andere Forschungsexpedition hat Darwins Reise auf der „Beagle" das Verständnis der Menschen von den Mechanismen in der belebten Natur geprägt – und damit jenes seit Jahrhunderten gefügte Weltbild bedroht, das sich voller Hoffnung einzig auf die Weisheit der göttlichen Vorsehung gründet.

Dabei hat gleich zu Beginn der Reise vor allem einer alle Hoffnung auf ein gutes Ende verloren: Charles Darwin.

GALÁPAGOS-FINKEN sind eng verwandt und haben doch unterschiedliche Schnäbel – warum?

GOLF VON BISKAYA, 29. DEZEMBER 1831. Seit drei Tagen ist die „Beagle" unterwegs, die See ist rau. Es ist Darwins erste Schiffsreise, und er kann nichts bei sich behalten außer Zwieback und Rosinen. Meist ist er in seiner Kabine unter dem Achterdeck, die er sich mit zwei anderen teilen muss.

Seine Ausrüstung liegt in Schränken und Schubladen: Probenbehälter und Chemikalien, Paletten voller Seziergeräte, ein Mikroskop, ein Neigungsmesser, ein Schleppnetz, Schusswaffen und ein Geologenhammer, der sich dazu eignet, Vögeln den Schädel einzuschlagen.

Durch das Oberlicht kann der 22-Jährige die Schreie jener vier Matrosen hören, die der jähzornige Kapitän Robert FitzRoy gleich zu Beginn der Fahrt wegen Trunkenheit und Befehlsverweigerung auspeitschen lässt. „Vor der Reise hatte ich oft gesagt, dass ich das ganze

▲ **FÜNF JAHRE** lang sammelt Darwin während einer Schiffsexpedition Tiere und Pflanzen, darunter diese Fischarten

men, um einen „Gärtner überschnappen zu lassen", geht mit der Pistole auf Echsenjagd, spießt an einem Tag 68 Käferarten auf und wundert sich über einen „wunderschönen karmesinroten fasrigen Stoff", der bei Berührung aus der Bauchhaut eines Gezäumten Igelfisches austritt und dessen „Natur und Nutzen" ihm unbekannt sind.

Natur und Nutzen: Fragen nach Sinn und Bedeutung, nach Mechanismen und Gesetzen im scheinbar Unfassbaren tauchen von nun an immer wieder in den Notizen des Forschers auf. Weshalb etwa findet er in seinem Plankton-Netz Myriaden von kleinsten Seetieren, einen ungeheuren Farben- und Formenreichtum? „Warum so viel Schönheit, geschaffen zu so geringem Zweck!"

Denn: Wer soll sie jemals bewundern in der Weite des Ozeans?

Und durch welche Kräfte gelangt ein horizontaler Streifen aus Muscheln und Korallen ins Küstengestein der Insel São Tiago, zehn Meter über dem Meeresspiegel? Das Band verläuft ebenmäßig, ohne Zeichen katastrophischer Gewalt – sollte sich das Land hier ganz allmählich aus dem Meer gehoben haben?

Und wäre es dann auch möglich, dass nicht der Handstreich eines Schöpfers die Granitformationen der brasilianischen Küste geformt hat, sondern „eine Kraft, die über eine fast ewige Zeit wirkt"?

»Weshalb sind manche Arten ausgestorben, wenn sie doch perfekte Schöpfungen waren?«

AN BORD der »Beagle« reist der junge Naturforscher Darwin um die Welt. Das Bild zeigt die Crew beim Fang eines Hais

Unternehmen zweifellos bedauern würde", schreibt Darwin in sein Tagebuch. „Aber ich hätte nicht gedacht, mit welcher Inbrunst ich das tun sollte."

Erst zwei Monate später, in der brasilianischen Allerheiligenbucht, beginnt wohl das Sammeln, das Staunen und vor allem das Grübeln über die wundersame Natur. Zum ersten Mal wird der junge Brite im Regenwald hinter der Bucht von der tropischen Üppigkeit überwältigt, verwirrt, betört – und lässt sich auf seinen Wanderungen in „ein Chaos des Entzückens" stürzen. „Die Eleganz der Gräser, die Neuheit der Schmarotzerpflanzen, das paradoxe Gemisch aus Geräusch und Stille in den schattigen Teilen des Waldes" – plötzlich hat Darwin Augen und Ohren für alles.

Eine atemlose Faktenjagd beginnt. Fünf Jahre lang wird sie Darwin fesseln. In Brasilien untersucht er genug Blu-

Ketzerische Gedanken. Die anglikanische Kirche, in der Darwin nach seiner Rückkehr als Landpfarrer dienen will, hat ja das Alter der Erde exakt festgelegt: Im Herbst des Jahres 4004 v. Chr. sei sie erschaffen worden.

Zu welchen gottlosen Leistungen wäre die Natur fähig, wenn man ihr für ihre Entwicklung die schiere Ewigkeit zugesteht? Könnte sie wirklich eigenständig jene Welt formen, für deren Entstehung nach bisheriger Deutung der göttliche Schöpfungswille nötig war – und ein Zeitraum von nur sieben Tagen?

Nein, der Christ Darwin zieht es noch vor, in den Wundern des Regenwaldes einen herrlichen Hinweis auf „die Existenz Gottes und die Unsterblichkeit der Seele" zu finden.

Es wird Jahre dauern, bis er aus seinen Fundstücken und Notizen eine andere Wahrheit zu lesen wagt. Eine Schlupfwespe, die Raupen mit Gift lähmt, um dann ihre Eier in den nahrhaften, halbtoten Körpern der Beutetiere ausreifen zu lassen, erwähnt Darwin in seinem Tagebuch zunächst nur als Kuriosität.

Erst viele Jahre später schreibt er an einen Kollegen: „Ich kann mir einfach nicht vorstellen, dass ein liebevoller und allmächtiger Gott mit Absicht eine solche Kreatur erschaffen haben soll!"

DOWN HOUSE, GRAFSCHAFT KENT, OKTOBER 1854. In einem Morgenmantel sitzt Darwin am Schreibtisch und betrachtet die vier polierten Ledereinbände seiner gerade erschienenen Rankenfüßer-Monographie. Spezialisten werden das Werk noch lange nach seinem Tod als Grundlage verwenden. Aber: Was hat es ihm, Charles Darwin, gebracht? Und was der Welt?

Auf seinem Schreibtisch liegt ein Stapel loser Blätter, eng beschrieben mit kobaltblauer Tinte. Es ist der Entwurf

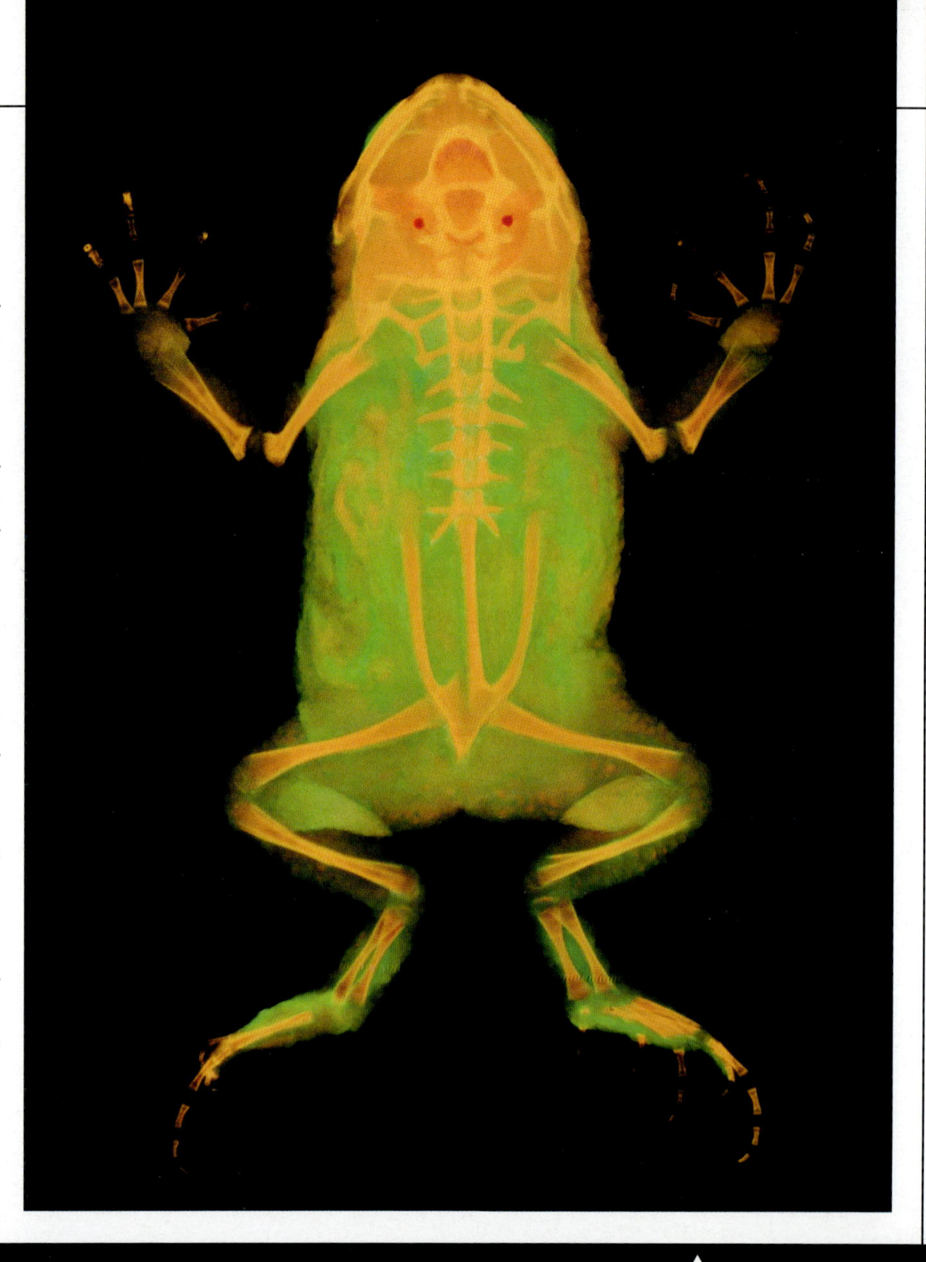

▲ **LANDWIRBELTIERE** besitzen den gleichen Grundbauplan wie diese Kröte – weil sie alle vom selben Vorfahren abstammen

Selbst kleinste Unterschiede im Körperbau eines Tieres können über Tod oder Überleben entscheiden

eines Essays über die „Spezies-Frage", wie Darwin es nennt.

Vor 18 Jahren, nach der Rückkehr von seiner Reise mit der „Beagle", hat er mit dieser Arbeit begonnen. Seit zehn Jahren hat er den Text nicht mehr angerührt. Seiner Frau Emma hat er einen versiegelten Brief hinterlegt, für den Fall seines plötzlichen Todes: Sie soll den Aufsatz über die Entstehung der Arten posthum veröffentlichen – auch wenn Darwin weiß, dass der Inhalt ihrem christlichen Glauben widerspricht.

Fast niemandem hat er von seiner Idee erzählt. Wem auch? Sein Studienfreund, der Priester und Naturforscher Leonard Jenyns, hat alle unausgegorenen Spekulationen über den Ursprung des Lebens verdammt. Sein zoologischer Berater Thomas Huxley hat vor Kurzem einen halbwissenschaftlichen Bestseller mit kruden evolutionären Ideen in einer Rezension so verrissen, dass Darwin sich genötigt sah, den „armen Autor" in Schutz zu nehmen. Darwin führt ein Doppelleben. Aus Angst vor seinen eigenen ketzerischen Schlussfolgerungen – und noch mehr davor, dass sie entdeckt werden könnten. Vor seinem Arbeitszimmer hat er sogar einen Spiegel befestigt, um Besucher rechtzeitig sehen zu können.

Erst nach langer Geheimniskrämerei hat er sich 1844 erstmals einem Kollegen anvertraut, dem Botaniker Joseph Dalton Hooker. „Sie werden jetzt stöhnen und sich fragen, an was für einen Menschen sie nur ihre Zeit verschwendet haben", schreibt Darwin in einem Brief. „Aber ich bin fast überzeugt (ganz im Gegenteil zu meiner ursprünglichen Meinung), dass die Arten nicht (es ist, als würde ich Ihnen einen Mord gestehen) unveränderlich sind."

Damit ist das Unerhörte, das Undenkbare in der Welt. Hooker bleibt skeptisch, kündigt ihm aber nicht die Freundschaft. Darwin fasst Vertrauen. In einem späteren Brief schreibt er dem Botaniker sogar, dass ihm ausgerechnet die Rankenfüßer erste Beweise für seine Theorie einer langsamen, natürlichen Fortentwicklung der Arten geliefert hätten.

Denn eines der unscheinbaren Tiere hat sich auf seinem Seziertisch als eine Zwischenform entpuppt, die bislang undenkbar schien: Einige Männchen der Gattung Ibla sind mikroskopisch klein und leben als Parasiten in Taschen am Körper des viel größeren Weibchens.

Darwin triumphiert: Er hat einen Schnappschuss aus der Evolution der Rankenfüßer gefunden. Deren ältere Formen sind meist simple Zwitter, vereinen noch beide Geschlechter in einem Körper.

Nach seiner Theorie müssten sie sich mit der Zeit in eine zweigeschlechtliche Spezies entwickelt haben. An Ibla kann er ein Übergangsstadium in diesem bislang nur hypothetischen Prozess beobachten: die noch nicht vollständig vollzogene Auslagerung der männlichen Geschlechtsorgane.

„Aber wahrscheinlich", schreibt er Hooker, „werden Sie meine Rankenfüßer und meine Artentheorie ohnehin *al diabolo* wünschen. Ist mir egal. Sie ist mein Evangelium."

Vielleicht wird Hooker die nicht ausformulierten Implikationen irgendwann verstehen? Sich nach und nach davon überzeugen lassen, dass der ungeheure Variantenreichtum im Tierreich Ausdruck einer immerwährenden Suche nach besseren Überlebenschancen ist: dickere Panzer zum Schutz, grellere Farben für die Partnerwerbung, flinkere Füße für die Flucht, getrennte Geschlechter für die Durchmischung des Erbguts.

Möglicherweise wird Hooker klar werden, dass die Grenzen zwischen den Arten verschwimmen müssen, dass alte Spezies in neue überblenden und dass nicht einmal der Mensch sich diesem Prinzip entziehen kann. Dass die Natur unausgesetzt und seit Ewigkeiten mischt, wandelt, aussiebt; immer in Bewegung, wenn auch so langsam, dass der Fortschritt mit dem bloßen Auge nicht zu erkennen ist.

Darwin wird das alles beweisen – nur nicht jetzt. Er hat reich geheiratet und von seinem Vater ein Vermögen geerbt. Er hat Zeit, im Briefwechsel mit Gelehrten aus aller Welt Hunderte Indizien zusammenzutragen. Und vor allem seine Reisenotizen nach Hinweisen auf die Geschichte allen Lebens zu durchforsten.

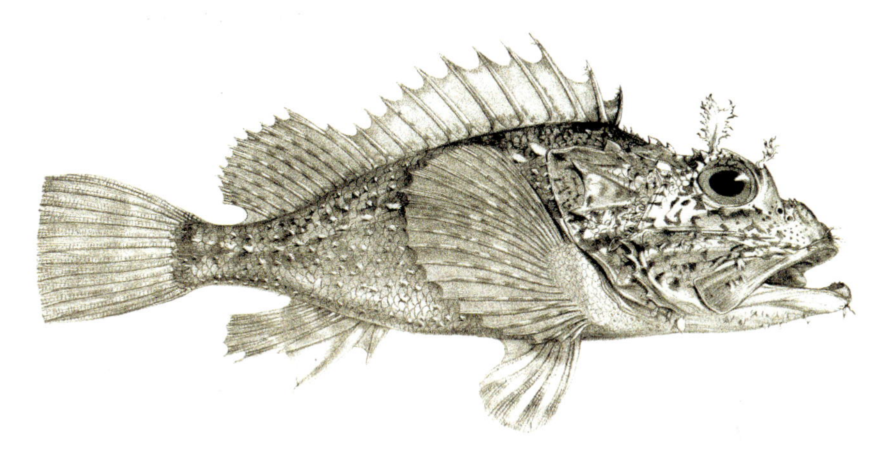

AUCH DIESER SKORPIONSFISCH wird während der »Beagle«-Expedition dokumentiert. Die Tiere nutzen Gift, um ihre Überlebenschancen zu erhöhen

DIE INDIANER Feuerlands, bekleidet mit Guanako-Fellen, sind speziell an ihren harten Lebensraum angepasst, folgert Darwin bei einem Besuch

PUNTA ALTA, ARGENTINIEN, 22. SEPTEMBER 1832. „Dieser Ort ist eine perfekte Katakombe für Monstren ausgestorbener Rassen", notiert Darwin. Bei seinen Streifzügen in der Umgebung meißelt er die Schädel, Zähne und Knochen von neun prähistorischen Vierbeinern aus dem Gestein und schickt sie auf Lastpferden zurück zur „Beagle".

Auch die Knochen eines Skelidotherium, eines rhinozerosgroßen, prähistorischen Vierbeiners, dessen Schädel dem des südafrikanischen Ameisenbären ähnelt – dessen Skelettbau ihn aber als Verwandten des südamerikanischen Gürteltiers ausweist.

„Vormals muss es hier von großen Ungeheuern gewimmelt haben", notiert der Forscher. Ausweislich der Gesteinsschichten gab es seit ihrer Lebenszeit keine größeren geologischen Umwälzungen auf dem Subkontinent. Weshalb aber sind diese Tiere ausgestorben, wenn sie doch perfekte Schöpfungen waren?

Was hat sie verdrängt? Und warum ähneln sie den heutigen Bewohnern – abgesehen von ihrer Größe – so sehr, dass die Übereinstimmung nur mit enger Verwandtschaft erklärbar scheint?

Unablässig sammelt der Brite Informationen, deren Wert für sein späteres Gedankengebäude er noch nicht einschätzen kann: Gauchos erzählen ihm etwa, dass es im Süden Patagoniens einen Straußenvogel geben soll, der dem bekannten Exemplar ähnelt, aber kleiner ist. Darwin sucht die seltsame Art, vergebens. Bis er sich nach einer Abendmahlzeit an Bord der „Beagle“ das Gerippe eines soeben verspeisten Geflügels ansieht – und Haut und Knochen des zu spät erkannten kleinen Pampasstraußes sorgfältig verpackt nach England schickt. Vogelkundler werden das Tier später *Rhea darwinii* nennen, nach dem Mann, der es aufgegessen hat.

Aber weshalb ist eine der beiden fast identischen Straußenarten im Norden Patagoniens häufig anzutreffen, die andere im Süden? Und warum sollte der Schöpfer zwei so ähnliche Tiere in die gleiche Landschaft hinein erschaffen haben? Oder spalten sich die Arten etwa von allein auf, wie Astgabeln in einem Baum?

Dass auch kleinste Unterschiede im Körperbau über Tod und Überleben entscheiden können, schließt Darwin aus einem anderen Puzzlestück seiner Naturbeobachtungen. Am Rio de la Plata untersucht er die Fressgewohnheiten eines Zuchtrinds, das die Bauern Niata nennen: In Dürrezeiten, wenn das Gras der Pampa vertrocknet ist, müssen normale Rinder Baumzweige und Schilf mit den Lippen abzupfen. „Dieses kann das Niata-Rind nicht so gut, weil sich seine Lippen nicht vereinen, weswegen es vor dem gewöhnlichen Rind stirbt“, notiert Darwin, dass er keine „unbegrenzte Variabilität“ der Tiere und Pflanzen behaupte, dass sich natürlich ein „Moos nicht in eine Magnolie, eine Auster nicht in einen Ratsherrn“ verwandeln könne.

Darwins Evolution macht keine Sprünge. Sie besteht vielmehr aus Myriaden unmerklich kleiner Schritte, aus unscheinbaren Variationen, wie er sie bei den Rankenfüßern untersucht hat. Oder bei den Niata-Rindern. Solche Abweichungen verschaffen ihren Trägern einen Vorteil im Überlebenskampf – oder vermindern ihre Erfolgschancen.

Vor allem in Gebieten, in denen eine Art sehr dicht siedelt, spaltet der Wettbewerb die Population entlang dieser zufälligen, kleinen Variationen auf, zwingt die Individuen, sich freie Nischen zu suchen, wo ihnen ihre besonderen Merkmale größere Chancen verschaffen.

Ein Insekt mit langem Rüssel kann den Nektar aus langen Blüten exklusiv saugen – es wird in der Nähe dieser Pflanzen leben, genug Nahrung haben, seine Erbanlagen weitergeben und eine Dynastie von Langrüsseln begründen.

Ein Rind mit starken, zupffähigen Lippen wird in trockenen Gebieten seine Konkurrenz verdrängen – die aber vielleicht in einem geringfügig feuchteren Klima die Oberhand behält.

Wenn es ihm nur gelänge, die zunächst kaum merklichen Unterschiede einzelner Tiere über Generationen in die Vergangenheit zu verfolgen.

Seine neuen Informanten sind nun nicht mehr Gauchos, sondern: Haustierzüchter. Denn machen die sich nicht jeden kleinen Unterschied zunutze, um manche Eigenschaften einer Rasse hervorzuheben, andere zu unterdrücken?

Darwin besucht Kaninchen- und Hundezüchter, lässt sich in die Taubenzucht einweihen und Kadaver zum Vermessen schicken. Pakete mit Skeletten und Tierleichen treffen ein, zerbrochene Kisten, aus denen Eingeweide quellen.

Im Garten tötet er Tauben mit Blausäure und Chloroform. Untersucht in Salz eingelegte Hundewelpen. Stiftet seinen Vetter William Fox dazu an, seltene Enten-Exemplare von benachbarten Höfen zu stehlen.

Nachdem Darwin Hunderte einfacher Haustauben untersucht hat, findet er so viele körperliche Unterschiede zwischen ihnen, dass man sie leicht in 15 verschiedene Arten, ja sogar in drei völlig neue **Gattungen** einteilen könnte. Selbst ihre roten Blutkörperchen haben sich im Lauf der Entwicklung unterschiedlich ausgeformt!

Zoologen sind fassungslos. Wenn schon ein Züchter durch „Selektion“ die Entwicklung von Lebewesen so drastisch gestalten kann – dann muss die „auslesende Hand der Natur“ doch unendlich

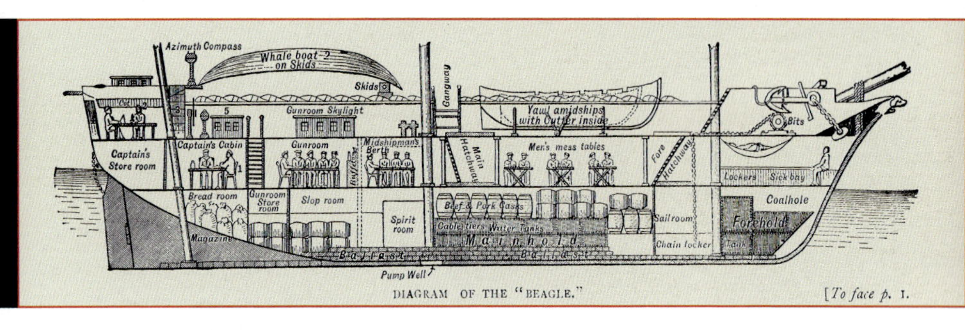

DEM KAPITÄN der »Beagle« soll Darwin bei Tisch Gesellschaft leisten. Er selbst bewohnt eine enge Kabine im Heck

der Besucher. Um das Verschwinden einer Art zu erklären, erkennt er, braucht man keine geologische Katastrophe. Es genügt eine ungewöhnlich geformte Lippe.

DOWN HOUSE, SOMMER 1855. Vorsichtig, nach und nach, hat Darwin seine Ideen weiteren Freunden offenbart. Die meisten können aber seinen „artenerzeugenden Mechanismus“ nur in Ansätzen nachvollziehen. Immer wieder muss er beteuern, zwischen den Vertretern einer Art zu finden, ihr Größerwerden zu dokumentieren, endlich die Auffächerung einer Spezies in neue Arten mit neuen Eigenschaften zu beweisen!

Die Erkenntnisse von seiner Weltreise können ihm nun kaum noch weiterhelfen. Darwin braucht mehr Anschauungsobjekte, als er gesammelt hat, mehr Exemplare einer Art, mehr Vergleiche – und die Möglichkeit, die Eigenschaften mächtiger den Wandel der Arten vorantreiben. Und die Natur hat für ihre Auswahl Ewigkeiten Zeit, kann Myriaden kleiner Zwischenschritte ausprobieren, wie Darwin es an der fast unendlichen Vielfalt der Rankenfüßer gesehen hat. Mit solchen Fakten kann er nun anfangen, Verbündete zu suchen.

Einer der ersten ist der berühmte Geologe →***Charles Lyell.*** „Bezüglich der Mutationsfähigkeit der Arten“, schreibt

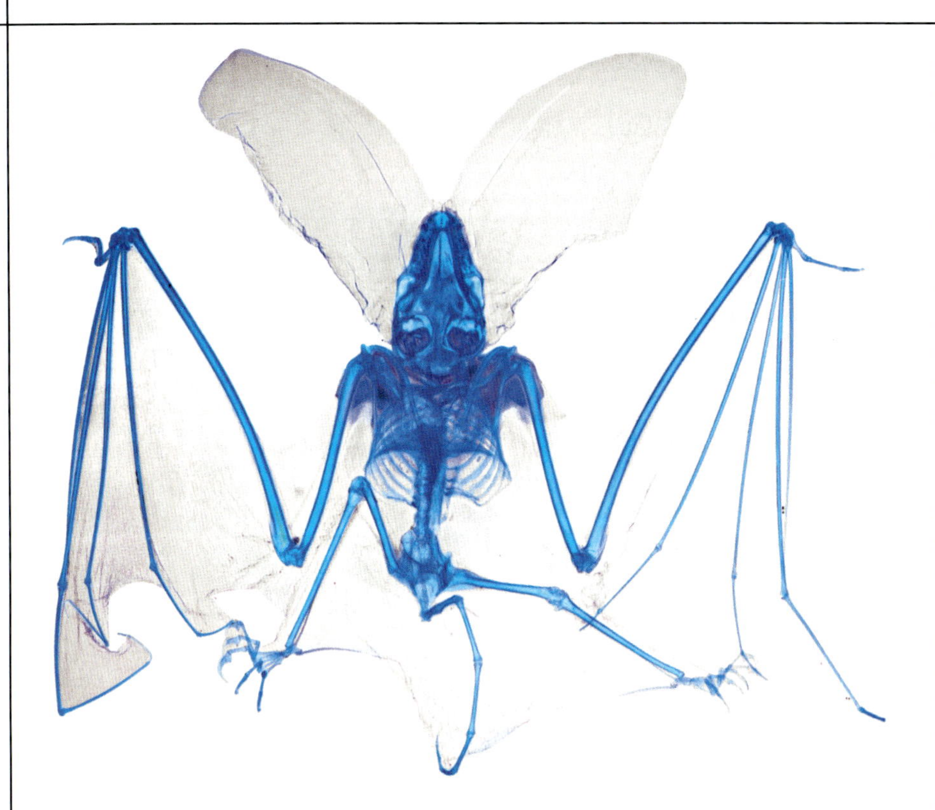

ARM- UND FINGERKNOCHEN der Fledermaus verlängerten sich im Lauf der Evolution stark, zwischen ihnen sind Häute aufgespannt – der Arm hat sich zum Flügel entwickelt

Darwin an Joseph Dalton Hooker, habe Lyell aufgrund seiner Argumente „im Eisenbahntempo das Lager gewechselt".

Doch Lyell ringt noch jahrelang mit den moralischen Konsequenzen der neuen Sichtweise: Sollten am Ende auch die Menschen ihren edlen Rang verlieren und „in der brutalen Natur versinken"? Nichts weiter sein als bessere, weil fortentwickelte Affen? Allein die Vorstellung würde „fast allen Menschen einen Schock versetzen".

Im Frühjahr 1856 beginnt Darwin mit dem Niederschreiben seiner Thesen. Nein, den Menschen wird er noch nicht behandeln in seinem Buch über die Entstehung der Arten. Die Wut der Gesellschaft über ein solches Sakrileg würde all seine fein justierten Argumentationsketten einfach hinwegfegen.

In denen fehlen ohnehin noch viele kleine Glieder: Immer noch kann Darwin nicht erklären, wie sich die Arten über die Erde verbreiten, neue Gebiete erobern. Weshalb gibt es gerade auf Neuseeland so viele flugunfähige Vögel? Wieso sind die Tiere Australiens und Europas so verschiedenartig?

Und warum sind andererseits viele Arten auf den fernen Azoren offenbar verwandt mit europäischen Geschöpfen? Wie sind sie dorthin gekommen?

Gar nicht, sagen die bibeltreuen „Kreationisten": Die Tiere werden in ihrem jeweiligen Lebensraum, durch einen Schöpfungsakt Gottes perfekt angepasst, geschaffen. Über eine inzwischen abgetauchte Landbrücke seien sie eingewandert, fabulieren andere. Darwin macht es zornig, wenn diese Irrgläubigen „Kontinente mit derselben Leichtigkeit hervorbringen wie eine Köchin Pfannkuchen".

Aber wie bewegen sich die Arten dann? Eine tagelange Drift im salzigen Meerwasser, so hat der Botaniker Hooker immer wieder gesagt, zerstöre auch den stärksten Samen. Nur hat das noch niemand wissenschaftlich überprüft.

In einem großen Aquarium rührt Darwin deshalb aus verschiedenen Chloriden und Sulfaten künstliches Meerwasser an. Bis zu 50 Flaschen, Gläser, Untertassen stehen für Monate auf seinem Kaminsims. Alle gefüllt mit Salzwasser, in dem Samen von Sellerie, Kresse, Kohl und Pfefferpflanzen schwimmen sowie Schlangeneier, die er Schüler für sich sammeln lässt.

Seine Frau, seine Kinder, das Personal: Alle werden eingespannt, um Suppenteller zu Tischen und Fensterbänken zu schaffen, die Raumtemperatur in eine Liste einzutragen, stinkendes Wasser zu wechseln, einige Samen in Schnee einzulegen, um eine Reise in arktischen Gewässern zu simulieren.

Darwin arbeitet wie im Wahn. Als einige der Experimente fehlschlagen, schreibt er seinem Vetter verzweifelt: „Die ganze Natur ist pervers und will sich nicht verhalten, wie ich es wünsche."

Aber nach einigen Wochen kann er in der Zeitschrift „Gardener's Chronicle" eine Sensation melden: Viele der marinierten Samen keimen noch nach mehr als 40 Tagen im Wasser – und könnten in dieser Zeitspanne von England bis zu den Azoren getrieben sein.

Bald beginnt Darwin, immer neue Wege der Verbreitung auszuprobieren. Er füttert Fische mit Hafer und stellt sich Reiher vor, die mit ihrem Fang auf entfernte Inseln fliegen.

Bei einem Besuch im Londoner Zoo verfüttert er mitgebrachte Spatzen, deren Kröpfe er mit Hafer gefüllt hat, an eine Schnee-Eule.

Deren ausgespienes Gewölle nimmt er mit nach Hause, pflanzt es in seinem Garten ein – und jubelt wenige Tage später „Hurra!" in einem Brief, als er feststellt, dass ein Haferkorn 21,5 Stun-

Als er das Wallace-Manuskript liest, ist Darwin entsetzt: Da hatte ein anderer die gleiche Idee

den in der Magensäure des Greifvogels unversehrt überstanden hat.

Joseph Dalton Hooker, der „König der Skeptiker“ gibt sich – „entzückt und belehrt“ – geschlagen. Wie könnte er anders? Die Beweise für die Theorie von der Entstehung der Arten sind inzwischen erdrückend.

GALÁPAGOS-ARCHIPEL, SEPTEMBER 1835. „Nichts kann weniger einladend sein als dieser erste Anblick“, lamentiert Darwin in seinem Tagebuch. Zerrissene Felder von schwarzer basaltischer Lava, bedeckt nur mit wenigen kümmerlichen Pflanzen von „unkrautartigem Charakter“. Abscheuliche Leguane laufen über jeden Uferfelsen.

Die Luft ist schwül, es riecht unangenehm, ganz so, „wie man sich den kultivierten Teil der Hölle ausmalt“. Die „Islas Encantadas“ sind eine Enttäuschung für den Naturforscher. Wie gut, dass die „Beagle“ nur 35 Tage bleiben wird.

Immerhin kann er den Reptilien etwas abgewinnen. „Die Schildkröte liebt das Wasser, trinkt große Mengen davon und gefällt sich im Schlamm“, notiert er gewissenhaft. Eines ihrer Eier habe einen Umfang von siebendreiachtel Zoll.

Und doch entgeht ihm ein wichtiger Hinweis: Der Vizegouverneur des Archipels versichert ihm, er könne am Panzer einer Schildkröte erkennen, von welcher Insel sie stamme.

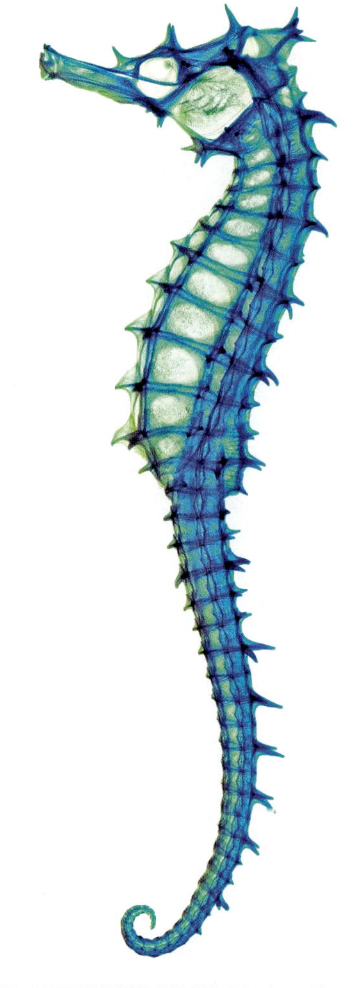

DER AUFRECHTE FISCH: Mit ihrer Körperform haben sich Seepferdchen an ein Leben zwischen Algen angepasst

Unter Magenschmerzen und Brechanfällen bringt Darwin sein Werk in nur sechs Monaten zu Papier

Vielleicht ist Darwin nach vier Jahren Weltreise ermattet. Denn auch bei der Bestimmung der Vögel muss er später eine „unerklärliche Verwirrung“ eingestehen. Zaunkönige, Finken und Schwarzdrosseln glaubt er gesammelt zu haben. Exemplare mit unterschiedlich geformten Schnäbeln, manche dick wie die der Kernbeißer, andere dünn wie die der Singvögel. Dennoch gibt er sich kaum Mühe, sie systematisch zu etikettieren.

Erst zurück an Bord der „Beagle“ kann er einige der Kadaver untersuchen, muss feststellen, dass er die Exemplare von verschiedenen Inseln bereits unentwirrbar vermischt hat. Eine verpasste Gelegenheit. Die „Beagle“ ist längst wieder unterwegs: nach Tahiti, Australien, Südafrika; und dann endlich nach Hause.

„Es wäre mir doch nie in den Sinn gekommen, dass so nah beisammen liegende Inseln, die einem ähnlichen Klima ausgesetzt sind, unterschiedliche Bewohner haben sollten“, notiert Darwin.

In England überlässt er die Vögel einem Fachmann. Der stellt fest: Die vermeintlichen Zaunkönige und Schwarzdrosseln sind ebenfalls Finken, die an eine jeweils eigene Lebensweise angepasst sind. Und die Spottdrosseln, die einzigen, die Darwin ihren Herkunftsinseln zugeordnet hatte, gehören eindeutig unterschiedlichen Arten an – die jeweils auf nur einer der Inseln zu Hause sind! Sollen die wirklich alle am fünften Schöpfungstag ordentlich getrennt voneinander auf die einzelnen Galápagos-Inseln verteilt worden sein? Wozu?

Spätestens jetzt steht Darwin an der Schwelle zur Ketzerei. Und es ist wohl sein größtes Verdienst, dass er nicht wie die meisten Kollegen versucht, seine Funde mit dem herrschenden Weltbild in Einklang zu bringen und die unerklärliche Vielfalt einem unergründlichen Zug des Allmächtigen zuzuschreiben.

DOWN HOUSE, MAI 1858. Ein Paket von der Molukkeninsel Ternate wird in Darwins Landsitz zugestellt. Absender ist der Naturaliensammler Alfred R. Wallace, mit dem der Forscher in Briefkontakt steht. Inhalt der Sendung: ein Manuskript von 20 Seiten, versehen mit der Bitte, Darwin möge es prüfen und an ein wissenschaftliches Magazin weiterleiten.

Er überfliegt die Seiten und sein Entsetzen wächst mit jeder Zeile. Wallace hat nichts weniger als ein fundamentales Naturgesetz beschrieben, das die Entstehung der Arten erklären kann. Er schreibt von „Varianten“, die in einem „Existenzkampf“ von ihrer ursprünglichen Art „immer weiter weggedrängt werden“. Von überlegenen Spielarten, die schließlich ihre Eltern überflügeln.

Darwin kann es kaum fassen. Ein wissenschaftlicher Niemand am Ende der Welt hat offenbar intuitiv die gleiche Idee gehabt, die er, Darwin, in mühevoller Forschungsarbeit entwickelt hat. Zerknirscht muss er zugeben: Der Mann von den Molukken hätte keine bessere Zusammenfassung jener Gedanken anfertigen können, die 20 Jahre lang Darwins Geheimnis geblieben waren.

„Ich bin wie Krösus, überwältigt von meinem eigenen Reichtum an

Fakten", hat er noch vor Monaten seinem Vetter geschrieben. „Mein Buch wird frühestens in ein paar Jahren in Druck gehen." Nun aber muss er sich beeilen.

Hastig denken sich Hooker und Lyell eine halbwegs anständige Lösung aus, bei der Darwin den Aufsatz des Konkurrenten nicht zu unterschlagen braucht. Auf einer Versammlung der „Linnean Society", eines der ältesten Forscherclubs, werden Auszüge aus Darwins privaten Notizen über die Artenfrage vorgetragen – und gleich darauf folgt die Verlesung des Manuskripts von Wallace.

Die fundamentale Erkenntnis der beiden geht aber in einer Fülle anderer Vorträge unter: Der Jahresrückblick der Vereinigung stellt fest, dass 1858 „ohne eine jener herausragenden Entdeckungen vergangen ist, die eine Forschungsdisziplin revolutionieren".

Binnen sechs Monaten bringt Darwin sein Werk nun unter Magenschmerzen und Brechanfällen zu Ende. „Mein Geist ist eine Maschine geworden, wie geschaffen dafür, allgemeine Gesetze knirschend aus großen Tatsachensammlungen auszumahlen."

Dann, am 2. November 1859, liegt das erste Exemplar auf seinem Tisch: „Über die Entstehung der Arten durch natürliche Selektion". Dunkelgrünes Leinen, 502 Seiten, 15 Shilling.

Die erste Auflage von 1250 Stück ist sofort vergriffen. Alle Welt will wissen, weshalb sich dieser hoch angesehene Mann in die geistige Gesellschaft zwielichtiger Ketzer begeben hat.

Die konservativen Anglikaner sind außer sich vor Empörung. Sie organisieren den Widerstand, versuchen das Thema auf Konferenzen lächerlich zu machen. Darwins Anhänger müssen sich öffentlich fragen lassen, ob sie denn nun mütterlicher- oder väterlicherseits von einem Affen abstammen.

Der fromme Kapitän FitzRoy versucht mitten im öffentlichen Tumult mit einer Bibel in der Hand zu erläutern, wie sehr es ihn schmerze, diesen Epochenschänder auf der „Beagle" um die ganze Erde gesegelt zu haben.

Und der Herzog von Argyll, Lordsiegelbewahrer der britischen Regierung, wütet, die natürliche Selektion sei

„blutig, verschwenderisch, chaotisch" – und deshalb: unmöglich.

Doch die neue Lehre, die schon bald „Darwinismus" genannt wird, hat große Überzeugungskraft. Die Wohlmeinenden unter den Kritikern sprechen immerhin von einem „Stolperschritt in die richtige Richtung". Und die Querdenker sind hingerissen.

Alfred Wallace, jener Mann, der Darwin um ein Haar zuvorgekommen wäre, gibt freimütig und ohne Eitelkeit zu, dass er vermutlich niemals in der Lage gewesen wäre, die Revolution des naturwissenschaftlichen Denkens so komplex und überzeugend zu vertreten.

Und Darwins alter Lehrer Robert Grant schreibt voller Genugtuung: „Mit einer Bewegung des Zauberstabs der Wahrheit haben Sie die von den Arten-Krämern verbreiteten schädlichen Dünste in alle Winde zerstreut."

Es ist der Beginn eines jahrzehntelangen Lagerkrieges unter den Wissenschaftlern – einer Auseinandersetzung, die bis heute anhält.

So versuchen christliche Fundamentalisten derzeit in mehreren Bundesstaaten der USA durchzusetzen, dass im Biologieunterricht neben den Erkenntnissen Darwins auch die Schöpfungslehre auf den Stundenplan gesetzt wird, nach der die Erde vor rund 6000 Jahren erschaffen wurde. In Kansas unterrichten Lehrer bereits die biblische Schöpfung.

Charles Darwin veröffentlicht seine Theorie zur „Abstammung des Menschen" erst 1871. Damit befeuert er die Debatte um die vermeintliche Einzigartigkeit des *Homo sapiens* weiter. Nicht Gott habe ihn geschaffen, vielmehr hätten Mensch und Tier gemeinsame Ahnen, und die Menschheit sei aus affenähnlichen Wesen hervorgegangen. Auch ihre evolutionäre Entwicklung sei von den gleichen Prinzipien geprägt wie die anderer Organismen.

Damit entreißt der Mann aus Kent dem Menschen die Krone der Schöpfung – und beeinflusst so wie kein anderer Wissenschaftler im 19. Jahrhundert das moderne Weltbild des Menschen. □

Jens Schröder, 35, ist GEO-Redakteur und war erstaunt, wie viel man über den scheinbar längst bekannten Evolutionsforscher noch lernen kann.

Literatur: D. Adrian Desmond und James Moore, „Darwin", List. Charles Darwin, „Die Fahrt der Beagle", Mare. **Internet:** www.darwinproject.ac.uk

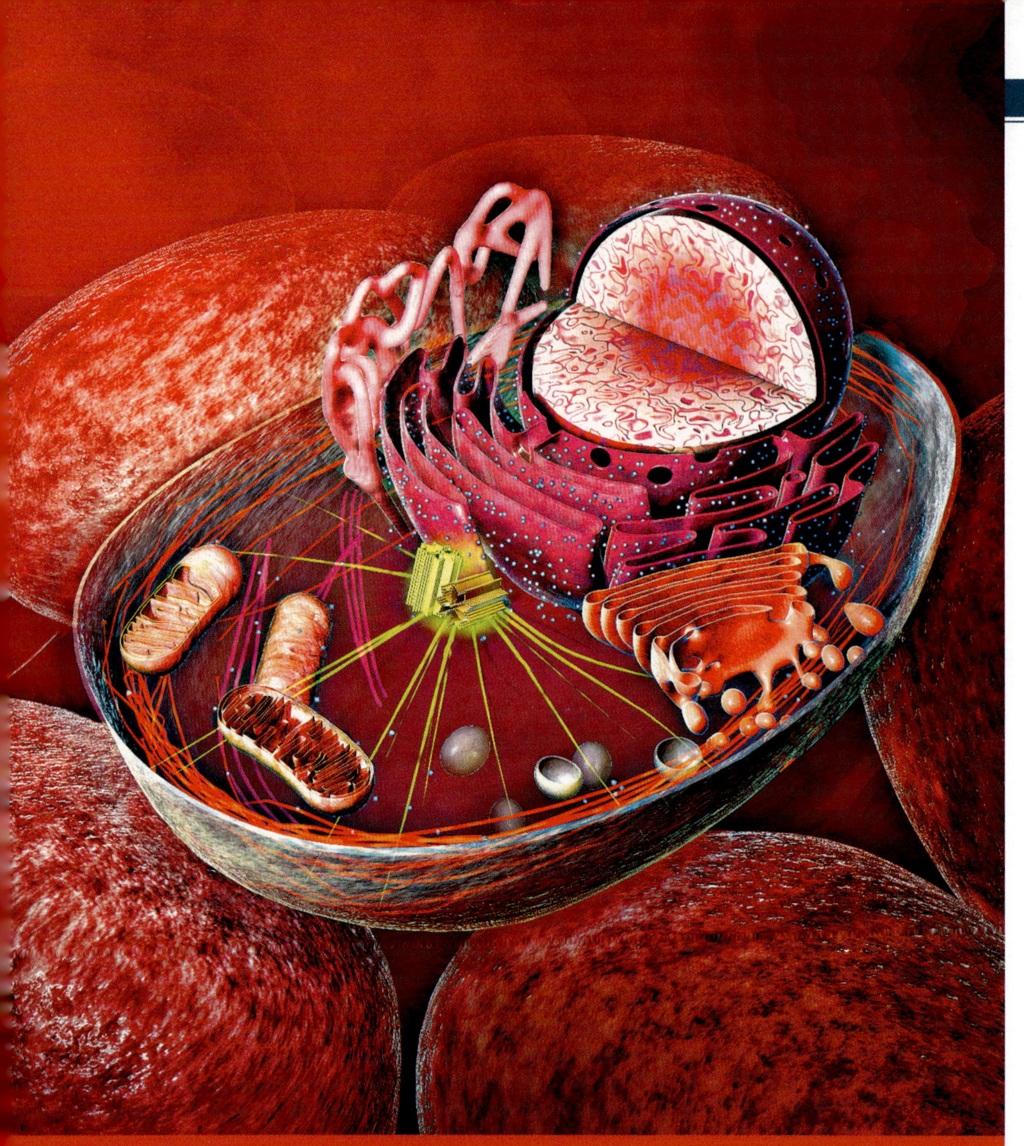

Das komplexe Innenleben einer aufgeschnittenen Zelle, der Grundeinheit eines jeden Lebewesens

BIOLOGIE DER ZELLE

Theodor Schwann 1810–1882 44

Der kleinste Baustein des Lebens

Wegbereiter der Zellbiologie: Theodor Schwann

Die Körperzelle haben andere vor ihm entdeckt, wie auch deren Kern. Und doch gilt der Mediziner, Anatom, Embryologe und Physiologe Theodor Schwann heute als einer der wichtigsten Wegbereiter der Zellbiologie. Denn als Erster erkennt er, dass die Zelle der kleinste elementare Baustein sämtlicher Lebewesen ist.

Den entscheidenden Hinweis dafür erhält Schwann durch den Botaniker Matthias Schleiden, der ihm 1837 begeistert über kleine Kerne in Pflanzenzellen berichtet, von denen er annimmt, sie hätten eine wichtige Funktion bei der Zellvermehrung. Als Schleiden seine Präparate präsentiert, erkennt Schwann noch etwas: die Ähnlichkeiten zwischen der Zellstruktur von Pflanzen und der von Kaulquappen.

Zwei Jahre später veröffentlicht er diese Beobachtung in seiner Schrift „Mikroskopische Untersuchungen über die Übereinstimmung in der Struktur und dem Wachsthum der Thiere und Pflanzen". Nie zuvor hat jemand unterschiedliche Lebewesen auf diese Weise mikroskopisch verglichen. Auf größeres Interesse unter den Fachkollegen stößt jedoch die darin ebenfalls beschriebene Bildung von Zellen, die Schwann mit dem Wachstum von mineralischen Kristallen gleichsetzt. Damit liegt er zwar falsch. Doch ausgerechnet diese Theorie führt zu internationaler Aufmerksamkeit und zahlreichen Folgestudien.

Und der Begründung der Zellbiologie.

PHYSIK

Julius R. von Mayer 1814–1878 45

Weshalb die Energie nie vergeht

An einem Maimorgen des Jahres 1850 springt in Heilbronn ein Mann nach schlafloser Nacht aus einem Fenster im zweiten Stock. Der Amateurforscher ist zutiefst verbittert – und das mit gutem Grund: Er hat als Erster eines der fundamentalsten Naturgesetze formuliert, den **Energieerhaltungssatz.** Und ist dafür verspottet worden.

Denn Julius Robert von Mayer hat keinen Lebenslauf, wie er in der Fachwelt geschätzt wird: Der Apothekersohn studiert zunächst Medizin und heuert dann als Schiffsarzt auf einem Ostindien-Segler an. In den Tropen fällt ihm auf, dass das Venenblut von kranken – und damit ruhenden – Matrosen ungewöhnlich hell ist. Dagegen ist das der schwer arbeitenden Besatzungsmitglieder so dunkel wie bei Patienten im heimischen, kühlen Deutschland. Von Mayer vermutet, der Verlust von Körperwärme in kalter Umgebung hat die gleiche Wirkung auf das Blut wie körperliche Arbeit. Und: Beide Energieformen, Wärme und Arbeit, sind äquivalent – Energie könne also die Form wechseln, aber nicht verloren gehen.

Von Mayer erkennt: Wärme und Arbeit gleichen einander

Nach der Rückkehr baut er diese Idee zu einer allgemeinen Theorie über die Energie aus. Diese bleibt stets erhalten, erkennt der niedergelassene Wundarzt: So verwandelt sich beispielsweise die in seiner erhöhten Position gespeicherte „Fallkraft" eines Dachziegels (heute **potenzielle Energie** genannt) beim Fall in eine entsprechend große „lebendige Kraft" (heute: **kinetische Energie**). Doch obwohl →***Justus von Liebig*** 1842 einen Aufsatz des Laien publiziert, bleibt die Anerkennung aus. Stattdessen feiert man den Briten James Prescott Joule sowie →***Hermann von Helmholtz***, die später die gleiche Gesetzmäßigkeit beschreiben.

Seinen Sprung überlebt Mayer, er kommt jedoch für 13 Monate in eine Irrenanstalt. Erst 1862 würdigt man ihn als Jahrhundertgenie, ehrt ihn und erhebt ihn sogar in den Adelsstand – späte Anerkennung für die Pionierleistung eines Außenseiters.

PHYSIK/PHYSIOLOGIE

H. von Helmholtz 1821–1894 46

Das Prinzip Faulheit

„Reichskanzler der Wissenschaften" nennt man den Potsdamer Lehrersohn im deutschen Kaiserreich. Tatsächlich hat kein Forscher der letzten 150 Jahre in so vielen Disziplinen Bedeutendes geleistet: Hermann von Helmholtz ist Militärarzt, Anatomielehrer an der Berliner Kunstakademie, 22 Jahre lang Professor für Physiologie, dann Physikprofessor und schließlich Gründungspräsident der praxisorientierten Physikalisch-Technischen Reichsanstalt – er erfindet den Augenspiegel und das Ophthalmometer zur Messung der Hornhautkrümmung.

Und stets gewinnt er grundlegende Erkenntnisse: als Mediziner über die Physiologie der Nervenbahnen, des Auges und des Gehörs, als Physiker über die Sinneswahrnehmung und das Farbensehen. Darüber hinaus liefern Versuche auf dem neuen Feld der **Elektrodynamik** erhellende Resultate. Helmholtz postuliert die Existenz von „Elektrizitätsquanten" (worin man später die **Elektronen** erkennt), begründet die Meteorologie als moderne Wissenschaft und beschäftigt sich mit dem Phänomen Energie.

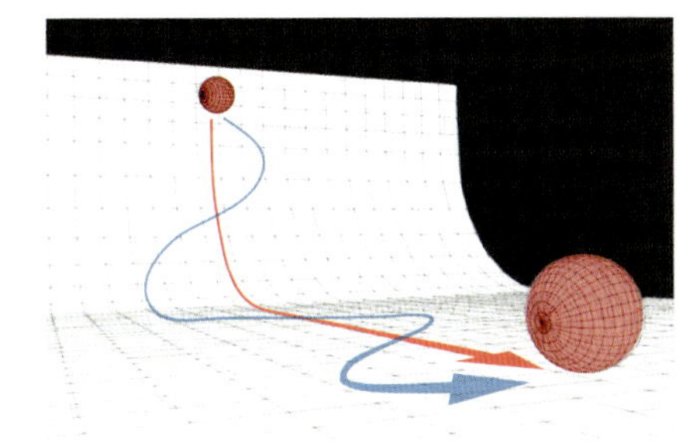

Ökonomieprinzip: Kugeln rollen einen Hang geradewegs hinunter (rot), nicht auf Umwegen (blau)

Nachdem er →***Julius Robert von Mayers*** Theorie der Energieerhaltung als ersten Hauptsatz der Thermodynamik mathematisch formuliert hat, stellt der Gelehrte fest, dass die Natur „beim Hin- und Herfluten des ewigen Energievorrats der Welt" – also beim Übergang von einer in andere Energieformen – stets den „Satz der kleinsten Aktion" befolgt.

Somit gilt das Ökonomieprinzip (kleinster Aufwand bei größter Wirkung) für sämtliche physikalischen Prozesse, ja für jegliches Geschehen in der Natur.

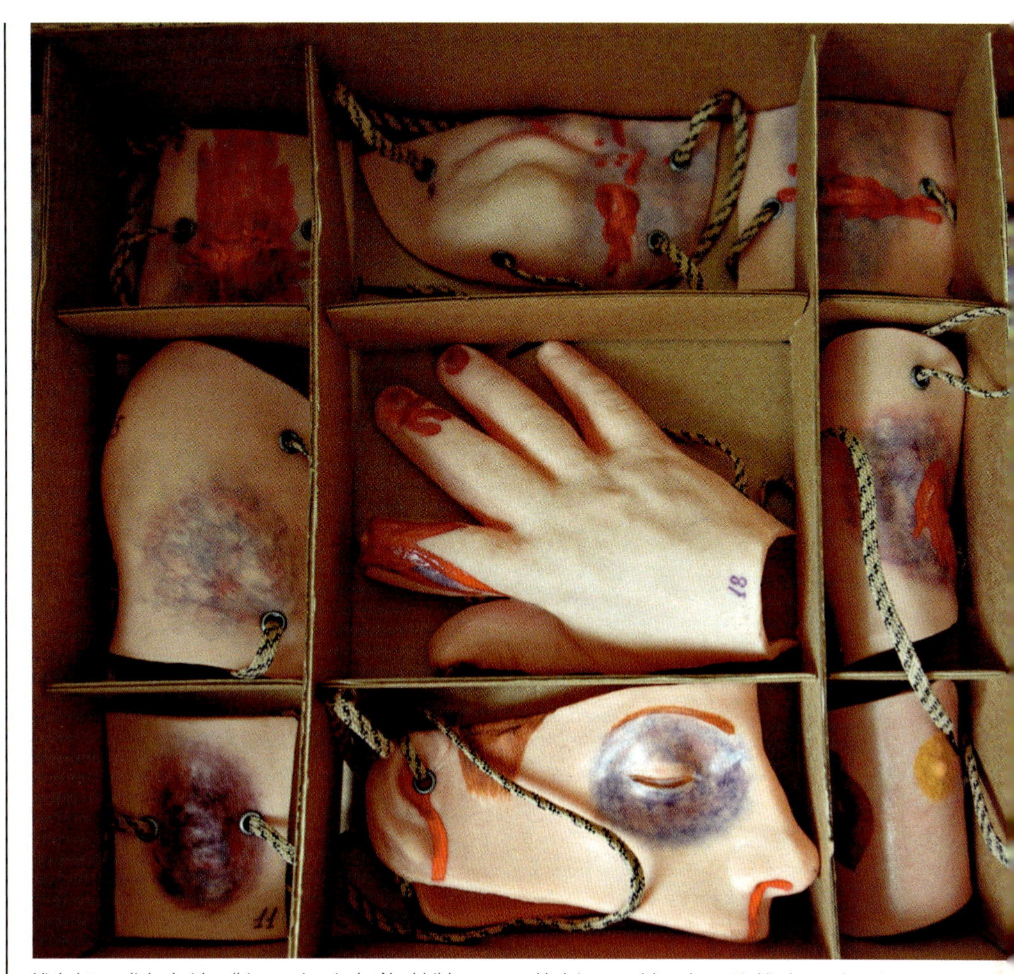

Viele körperliche Leiden (hier anatomische Nachbildungen von Verletzungen) beruhen, wie Virchow erkennt, auf krankhaften Veränderungen der Zellen. Seither lassen sich etwa Tumore klassifizieren – und entfernen

HEILKUNDE

Rudolf Virchow 1821–1902 47

Der Begründer der pathologischen Anatomie

Unter seinem Einfluss entwickelt sich die deutsche Medizin im 19. Jahrhundert zu einer der modernsten der Welt. In Würzburg seziert Rudolf Virchow nahezu 1000 Leichen und analysiert deren Organe mithilfe des Mikroskops. Nicht nur bestätigt er bei seinen Gewebeanalysen die Theorie →***Theodor Schwanns***, dass die Zelle das Fundament allen Lebens ist, und erweitert sie um die Beobachtung, dass eine Zelle sich nur aus einer anderen Zelle bilden kann. Viel bedeutender und revolutionärer ist seine Anwendung dieses Prinzips auf die Ursachenforschung von Krankheiten. Bricht sie doch endgültig mit den Auffassungen der antiken Medizin, die seit →***Hippokrates*** gelehrt werden und die Ursachen von Krankheiten in einem Ungleichgewicht der Körpersäfte sehen: Virchow weist nach, dass Beschwerden durch krankhaft veränderte Zellen ausgelöst werden.

Mit dieser neuen Sicht auf den kranken Menschen schafft er der Medizin ein naturwissenschaftliches Fundament. Nun können Erkrankungen wie Tumore klassifiziert und neue Behandlungsmethoden entwickelt werden, etwa das chirurgische Entfernen eines Organs.

Sein Credo „Politik ist weiter nichts als Medizin im Großen" setzt er als Stadtverordneter in Berlin um: Er überzeugt andere Parlamentarier, die katastrophale Hygiene-Situation in der Stadt zu bekämpfen, die Hauptursache von Säuglingssterblichkeit und Typhus, und veranlasst den Bau von vier Krankenhäusern sowie eines neuartigen Kanalsystems. Bereits zu Lebzeiten hochgeehrt, wird Virchow zum bekanntesten deutschen Mediziner seiner Zeit.

GENETIK

Gregor Johann Mendel 1822–1884 48

Von Zucht und Ordnung

Der Mönch hat ein Faible für Erbsen. Im Garten seines Klosters in Brünn züchtet Gregor Johann Mendel Erbsen und Bohnen, um Versuche anzustellen. Schon während seines Studiums der Naturwissenschaften in Wien hat er sich mit der Botanik beschäftigt. Im Klostergarten setzt Mendel seine Erkenntnisse nun in die Praxis um.

Sie werden zur Grundlage für eine neue Wissenschaft: die Genetik.

Denn mit den Kreuzungsexperimenten versucht Mendel, den Geheimnissen von Zucht und Vererbung auf die Spur zu kommen. Er nutzt Gartenerbsen wegen ihrer besonders leicht zu unterscheidenden Merkmale wie Form und Farbe: Ihre Samen sind entweder rund oder runzelig, gelb oder grün, ihre Blüten entweder violett oder weiß. Sollte es Vererbungsmuster geben, müssten sie mithin leicht zu erkennen sein.

Und tatsächlich: Schnell fällt ihm auf, dass sich die Eigenschaften einer Erbsengeneration nicht beliebig, sondern nach bestimmten mathematischen Gesetzmäßigkeiten vererben – und dass sich diese Eigenschaften durch Züchtung verstärken oder eliminieren lassen.

Zudem erkennt Mendel, dass es für jedes Merkmal seiner Erbsen zwei Erbinformationen gibt: eine von der Mutter-, eine von der Vaterpflanze. Und dass manche dieser Erbanlagen dominant sind, andere dagegen rezessiv. Aus seinen Beobachtungen leitet der Mönch Gesetzmäßigkeiten ab, die noch heute als „Mendelsche Regeln" Basis der Vererbungslehre sind. Sie gelten für fast alle Pflanzen und Tiere und auch für den Menschen.

Nachdem er acht Jahre lang mit rund 10 000 Pflanzen, 40 000 Blüten und fast 300 000 Erbsen experimentiert hat, präsentiert Mendel 1866 die Ergebnisse seiner Arbeit – doch niemand erkennt deren Bedeutung. 1884 stirbt der Augustinermönch, erst im Jahr 1900 erkennen Wissenschaftler das Revolutionäre seiner Entdeckungen.

Seither werden die meisten Nutzpflanzen gemäß den Mendelschen Regeln gezüchtet.

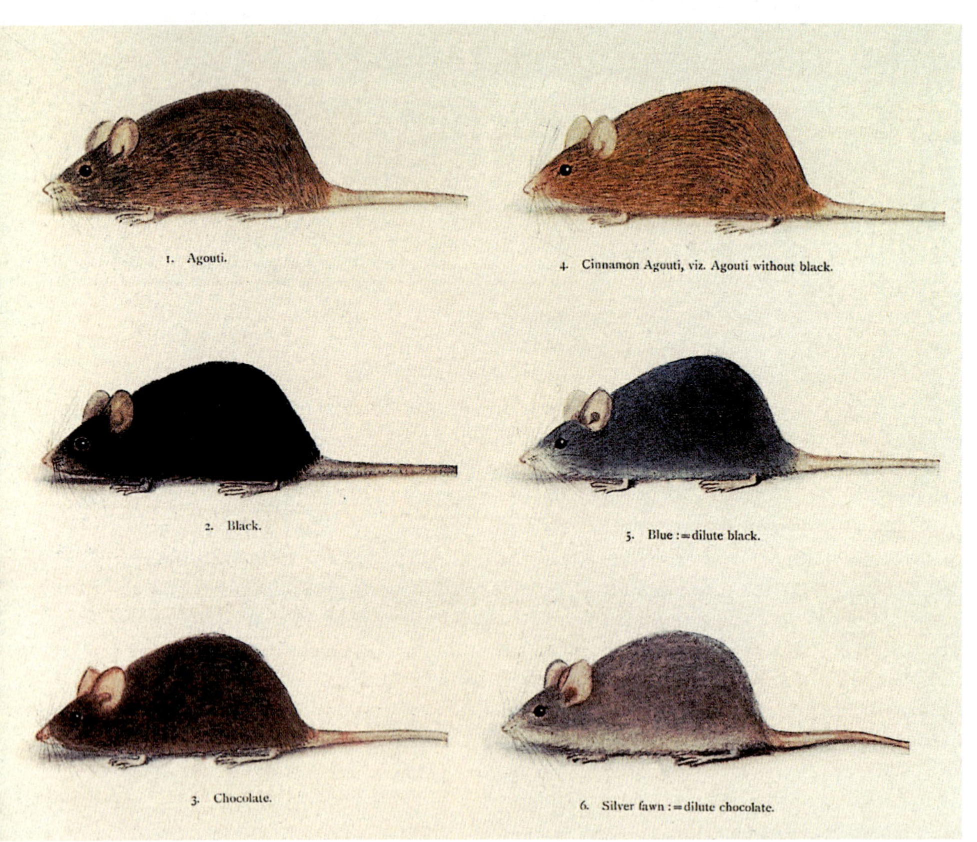

Gene beeinflussen die Ausprägung individueller Merkmale innerhalb einer Spezies (etwa die Fellfarbe einer Mausart), und die werden, wie Gregor Mendel erkennt, nach bestimmten Gesetzen vererbt

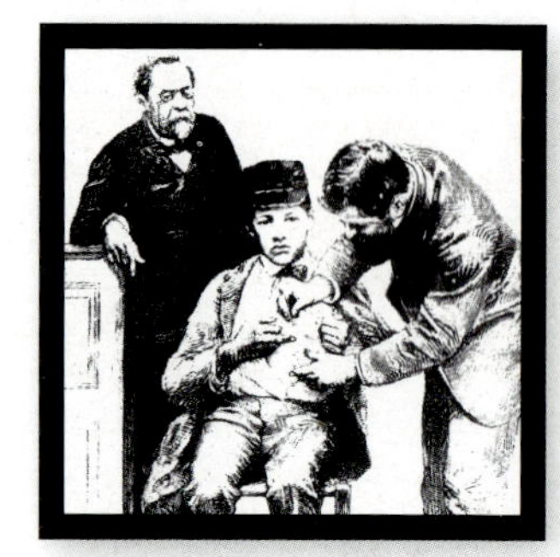

Die erste Tollwutimpfung: Pasteur (links) kuriert einen Neunjährigen

MIKROBIOLOGIE

Louis Pasteur 1822–1895 49

Der Wunderheiler

Als Louis Pasteur geboren wird, sind Bakterien, Schimmelpilze und andere Mikroorganismen schon lange bekannt, doch können sich viele Forscher nicht vorstellen, dass so winzige Kreaturen große Wirkung entfalten.

Der Franzose studiert Chemie, Physik, Geologie, erforscht aber vor allem die Mikroben. So weist er nach, dass die „Pfefferkrankheit" der Seidenraupen durch winzige Einzeller ausgelöst wird. Und er beweist, dass Gärungs- und andere Umwandlungsprozesse nicht etwa eine chemische Reaktion sind, sondern immer von Mikroorganismen ausgelöst werden – das Vergären von Traubensaft zu Wein zum Beispiel von Hefepilzen.

Pasteur zeigt, wie sich bestimmte Mikroben über die Luft verbreiten und Lebensmittel verderben. Und er erfindet die „Pasteurisierung", bei der etwa Milch in einem luftdicht verschlossenen Gefäß kurzzeitig erhitzt wird, um Keime abzutöten und die Milch vor neuen Verunreinigungen zu schützen – sie ist nun länger haltbar. Zudem entwickelt Pasteur auch Impfstoffe gegen Seuchen wie Geflügelcholera und Tollwut.

Nach einem riskanten Experiment, bei dem er einen neunjährigen Jungen mit dem getrockneten und zerkleinerten Rückenmarksgewebe eines Kaninchens von einer Tollwutinfektion kuriert, wird Pasteur als Wunderheiler gefeiert. Doch erwirbt er sich auch den Ruf, skrupellos zu sein: keinerlei Bedenken zu haben, sich bei Rivalen zu bedienen, Resultate zu verschweigen, die ihm nicht passen, Experimente zu verfälschen. In Frankreich aber schadet ihm ein solches Verhalten nicht.

Dort ist er bis heute ein Nationalheld.

Kirchhoff erkennt: Die Lichtstrahlen eines jeden Sterns (hier der Nachthimmel als Langzeitbelichtung) geben Aufschluss darüber, aus welchen Elementen er zusammengesetzt ist

ASTRONOMIE

Gustav Kirchhoff 1824–1887 — 50

Die Sprache des Lichts

Bis zur Mitte des 19. Jahrhunderts ist über den Aufbau der Sonne wenig bekannt: Sie gilt als kalter, von einer Leuchthülle umgebener Körper. Damit ist es vorbei, als Gustav Kirchhoff die von ihm mitentwickelte **Spektralanalyse** – die Untersuchung des in verschiedene Wellenlängen aufgefächerten Lichts – auf das Zentralgestirn anwendet. Es besteht, zeigt er, größtenteils aus heißer und leuchtender Materie.

Anfangs beschäftigt sich der in Königsberg geborene Physiker mit der Elektrizitätslehre. Noch als Student formuliert er zwei für Stromkreise geltende Regeln, die bis heute zu den Grundlagen der Elektrotechnik zählen. Erst als Professor in Heidelberg begründet er mit seinem Freund, dem Chemiker Robert Bunsen, die Spektralanalyse. Gemeinsam verdampfen sie unterschiedliche Stoffe über einem Brenner und beobachten die Flamme durch ein selbst gebautes **Spektroskop**, das deren Licht aufspaltet. In den Spektren erkennen sie Linienmuster, die sie einzelnen **Elementen** zuordnen – so entdecken sie auch zwei neue Elemente, Cäsium und Rubidium.

Findet Eisen in der Sonne: Kirchhoff

Wie Kirchhoff feststellt, finden sich die charakteristischen Muster mancher Elemente auch in den von →*Joseph von Fraunhofer* entdeckten dunklen Linien im Sonnenspektrum wieder. Über diese Erkenntnis gelangt er zu seinem Strahlungsgesetz, das beschreibt, in welchem Verhältnis ein Körper Strahlung aufnimmt und abgibt; die Beschäftigung mit diesem Gesetz führt →*Max Planck* später zur Begründung der **Quantenphysik**.

Kirchhoff vermag auf diese Weise nicht nur viele Elemente wie Eisen oder Titan in der Sonne nachzuweisen – durch theoretische Überlegungen gelingt es ihm auch, auf ihren heißen Kern zu schließen. Dank seiner Vorarbeit können Astronomen heute selbst die chemische Zusammensetzung ferner Galaxien entschlüsseln. Und weil deren Licht seit Jahrmilliarden unterwegs ist, verrät es sogar, aus welchen Elementen das frühe Universum bestanden hat.

KOHLENSTOFF

Friedrich A. Kekulé 1829–1896 **51**

Wie sich Atome verbinden

Die Theorie, die der deutsche Chemiker im Mai 1858 in einem Aufsatz darlegt, lässt den Namen seines schottischen Kollegen Archibald Scott Couper zu einer Fußnote in den Annalen der Chemie schrumpfen.

Zwar beschäftigt sich auch Couper schon lange mit der Frage, wie sich Kohlenstoff-Atome in Molekülen aneinanderbinden, und unabhängig voneinander kommen beide Forscher auf die gleiche Lösung. Doch muss Couper ein paar Wochen zu lange warten, ehe die Französische Akademie der Wissenschaften, an die er seine Arbeit geschickt hat, den Artikel veröffentlicht.

Deshalb publiziert Kekulé als Erster, in „Liebigs Annalen". Und so ist nun mit seinem Namen die Erkenntnis verbunden, dass sich die Atome in Kohlenstoff-Molekülen, wie auch in Verbindungen der **anorganischen Chemie**, über feste Bindungen verketten – quasi mit kleinen Brücken von Atom zu Atom. Wodurch erstmals anschaulich wird, wie diese Moleküle überhaupt aufgebaut sind.

Vor Kekulés Veröffentlichung sind deren Strukturen ein großes Rätsel. Zwar kennen die Chemiker um 1850 bereits etwa 3000 verschiedene Kohlenstoff-Verbindungen, und Versuche haben gezeigt, dass die **Elemente** in einer Substanz stets in denselben Verhältnissen vorkommen – Methan zum Beispiel besteht aus einem Teil Kohlen- und vier Teilen Wasserstoff. Doch wie die Atome angeordnet sind und was sie zusammenhält, ist bis dahin unbekannt.

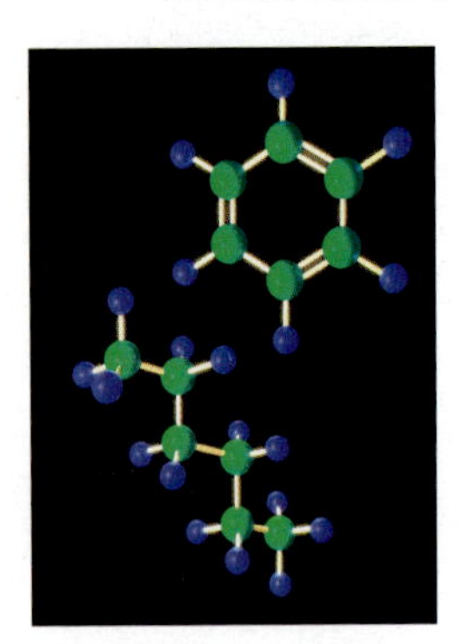

Ring und Kette aus Kohlen- (grün) und Wasserstoff (blau) in einer Computersimulation

Kekulé stellt fest, dass Kohlenstoff-Atome „vierwertig" sind, sie also maximal vier Bindungen mit anderen Atomen eingehen und dabei Ketten und sogar Ringe bilden können. Die Begründung dieser **Strukturchemie** befördert den Aufschwung von **organischer Chemie** und Biochemie und macht Kekulé unsterblich. Couper hingegen veröffentlicht nie wieder einen wissenschaftlichen Aufsatz.

Licht breitet sich stets in Form elektromagnetischer Wellen aus (hier Dämmerung in Moskau)

PHYSIK

James Clerk Maxwell 1831–1879 **52**

Von der Natur des Lichts

Gemeinsam mit →***Isaac Newton*** und →***Albert Einstein*** gehört James Clerk Maxwell, der erstmals die Phänomene Elektrizität, Magnetismus und Licht in einer umfassenden Theorie vereint, zu den großen Neuerern der Physik. Er beweist, dass die Saturnringe aus festen Einzelteilen bestehen, befasst sich mit der Farbwahrnehmung und begründet neben →***Ludwig Boltzmann*** die **kinetische Gastheorie**.

Elektromagnetische Welle: Elektrische (rot) und magnetische (blau) Felder bewegen sich im rechten Winkel zueinander in eine Richtung

Sein wohl größter Beitrag zur Wissenschaft beginnt mit dem Versuch, die von Michael Faraday beobachteten „Kraftlinien", entlang denen sich Eisenspäne um einen Magneten ausrichten, mathematisch zu beschreiben. Dieses Modell erweitert Maxwell nach und nach auf Phänomene der Elektrizität und nimmt dabei an, dass elektrische und magnetische Kräfte voneinander abhängige Erscheinungen sind.

Damit ist die Idee des **elektromagnetischen Feldes** geboren. Auf Grundlage dieser Feldtheorie sagt er auch die Existenz **elektromagnetischer Wellen** voraus, die sich außerhalb von Stromdrähten im Raum ausbreiten können. Der Physiker berechnet mit seinem Formelkonstrukt die Geschwindigkeit dieser Wellen – zu seiner Verblüffung ist das Ergebnis die Lichtgeschwindigkeit. Er ist überzeugt: Auch das Licht ist eine elektromagnetische Welle. Und Maxwell vermutet weiter, dass es ein ganzes Spektrum an derartigen Strahlungen gebe, erlebt aber die Entdeckung von Radiowellen und Röntgenstrahlen nicht mehr: Er stirbt an Krebs, kurz nach der Geburt Albert Einsteins. Der wird den Begriff der Relativität, den Maxwell bereits bei der Interpretation elektromagnetischer Phänomene prägt, von seinem Vorbild übernehmen – und zu einer bedeutenden Theorie ausbauen.

CHEMIE

Dmitri Mendelejew 1834–1907 **53**

Das Periodensystem der Elemente

Als Chemiestudent in St. Petersburg legt Dmitri Mendelejew gern Patiencen, in denen er die Farben und Werte von Spielkarten nach bestimmten Regeln anordnet. Der gleiche Sinn für Ordnung und Strategie kommt ihm zugute, als er später ein Lehrbuch verfasst. Doch weiß er zunächst nicht, in welcher Reihenfolge er die chemischen **Elemente** abhandeln soll. Er könnte sie aufsteigend nach dem Atomgewicht (heute: Atommasse) aufzählen. Aber damit allein würden Elemente mit ähnlichen Eigenschaften noch nicht beisammenstehen. Die Vielfalt der Elemente scheint keiner sinnvollen Ordnung zu folgen.

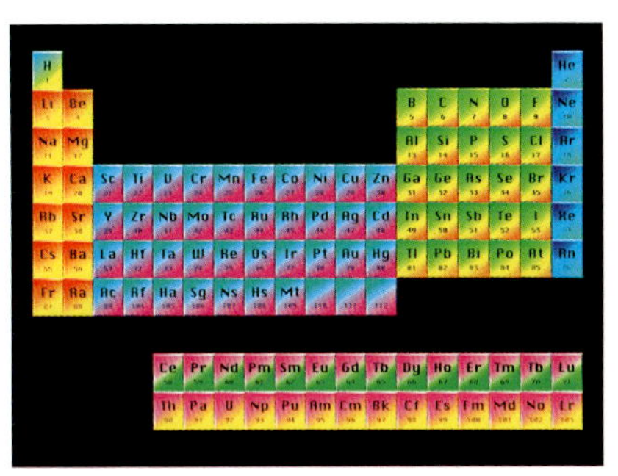

Schon Mendelejew ordnet die Elemente nach Eigenschaften und Atomgewicht

Dann kommt er auf die Lösung: Wenn er die Elemente nach ihrem Atomgewicht aufsteigend anordnet, wiederholen sich ähnliche Eigenschaften in bestimmten Abständen. In einer Tabelle lassen sich die Elemente übersichtlich darstellen: Er ordnet sie sowohl nach aufsteigender Atommasse als auch in Gruppen mit ähnlichen Eigenschaften. Der Russe nennt dieses System 1871 „die periodische Gesetzmäßigkeit".

Nach diesem Konzept lässt sich die chemische Welt ordnen und verstehen. Aber Mendelejew kann die bis heute gebräuchliche Entdeckung nicht für sich allein beanspruchen: Auch der Deutsche Lothar Meyer beschreibt 1871 das Periodenprinzip. Der Russe hat Meyer jedoch etwas voraus – er erkennt anhand seiner Tabelle, dass noch längst nicht alle Elemente entdeckt sind, und sagt vorher, welche Eigenschaften die noch unbekannten haben müssten.

Bis heute sind insgesamt 118 Elemente entdeckt (aber nur 111 offiziell bestätigt) worden. 1955 beschreiben US-Forscher Element Nummer 101: das Mendelevium.

MIKROBIOLOGIE

Robert Koch 1843–1910 **54**

Vom Wesen der Bakterien

Bis weit ins 19. Jahrhundert glauben die Menschen, Krankheiten würden durch Geister, üble Gerüche oder verseuchten Boden übertragen. Zwar gelten bei einigen Forschern auch die vor 200 Jahren durch →***Leeuwenhoek*** entdeckten Bakterien als potenzielle Auslöser. Doch bleibt ihr tatsächliches Wirken ein Geheimnis. Bis Robert Koch, ein Amtsarzt in der Kreisstadt Wollstein in Posen, 1876 das Resultat seiner Laborstudien präsentiert: Er entdeckt unter dem Mikroskop immer dann stäbchenförmige Bakterien, wenn er eine Probe von einem an Milzbrand erkrankten Tier untersucht. Schließlich isoliert und überträgt er diese Bakterien auf gesunde Versuchstiere – sie werden krank, der Erreger dieser Seuche ist gefunden.

Entdeckt 1876 den Milzbrand-Erreger: der Mediziner Robert Koch

Zudem erkennt Koch, dass die Milzbrand-Erreger unter für sie schlechten Umweltbedingungen Sporen mit einer festen Hülle bilden. Diese können Jahre in ihrer Starre verharren, sich dann wieder umwandeln und erneut ein Tier infizieren. So kann er erklären, weshalb Milzbrand manchmal verschwindet und dann wieder aufflammt.

Mit der Entdeckung des Tuberkulose-Erregers 1882 (und des Erregers der Cholera 1884) erringt Koch, inzwischen stellvertretender Direktor des neu gegründeten Kaiserlichen Gesundheitsamts in Berlin, Weltruhm. Von 1891 an leitet er dann das eigens für ihn eingerichtete Institut für Infektionskrankheiten – das heutige Robert-Koch-Institut in Berlin.

Ludwig Boltzmann beschreibt als Erster mathematisch, weshalb ein Gasherd einen Raum erwärmt

THERMODYNAMIK

Ludwig Boltzmann 1844–1906 **55**

Wie sich Wärme ausbreitet

Weshalb verteilt sich erhitzte Luft eigentlich in einem Raum? 1872 findet der österreichische Physiker und Mathematiker Ludwig Boltzmann darauf die Antwort: mit der heute nach ihm benannten Grundgleichung der **kinetischen Gastheorie**.

Damit können erstmals Phänomene des Wärmetransports berechnet werden – etwa die Verteilung erwärmter Luft im Raum. Anwenden lässt sich die Gleichung aber auch bei der Analyse strömender Flüssigkeiten.

In seiner Formel verbindet Boltzmann die **Thermodynamik** (Wärmelehre) mit der **statistischen Mechanik**: Er führt die thermodynamischen Eigenschaften von Gasen auf die Bewegung der Moleküle im Gas zurück und beschreibt dieses Molekül-System mit statistischen Methoden. 1877 sagt Boltzmann voraus, dass sich die Teilchen eines jeden Gases nach einer bestimmten Zeit im Gleichgewichtszustand befinden und formuliert mit diesem „Boltzmannschen Prinzip" einen der wichtigsten Kernsätze der Thermodynamik.

Der Physiker beschreibt darin mathematisch, was jeder Mensch fühlt. Wird ein Ofen angeheizt, erwärmt sich anfangs nur die angrenzende Luft: Die Luftmoleküle in dieser Region werden energiereicher. Da aber jedes Gas in einem Raum hin zu einer energetischen Balance strebt, zu einem Ausgleich, verteilen sich die „warmen" Moleküle nach statistischen Gesetzmäßigkeiten im Laufe der Zeit annähernd gleichmäßig – und der Raum heizt sich auf.

Der Physiker Wilhelm Conrad Röntgen entdeckt 1895 die »X-Strahlen« und damit eine völlig neue Methode der medizinischen Diagnostik

PHYSIK

Wilhelm Conrad Röntgen 1845–1923 56

Das Geheimnis der X-Strahlen

Die Arbeit mit Kathodenstrahlen, beschleunigten freien Elektronen, ist um 1890 unter Physikern ausgesprochen beliebt. Denn die unsichtbaren Strahlen, deren Elektronen-Natur noch völlig unbekannt ist, haben sichtbare Effekte. Sie entstehen in einer geschlossenen Vakuum-Glasröhre zwischen zwei Polen, der elektrisch negativen Kathode und der positiven Anode (siehe Seite 87). In einer solchen fast luftleeren Röhre lassen die Strahlen die restlichen Luftteilchen entlang ihres Weges aufleuchten und werden so indirekt sichtbar.

Röntgenstrahlen (rot) durchdringen das Gewebe, nicht aber die Knochen und belichten eine Fotoplatte (unten)

In der Nacht zum 8. November 1895 bereitet der deutsche Physiker Wilhelm Conrad Röntgen in seinem Würzburger Institut ein besonderes Experiment vor: Röntgen umgibt die Kathodenstrahlröhre mit schwarzer Pappe – er will sichergehen, dass kein durch den Kathodenstrahl erzeugtes Licht in den abgedunkelten Raum tritt. Als er Spannung an die Drähte zu Kathode und Anode legt, nimmt er plötzlich in der Dunkelheit ein mysteriöses Leuchten wahr – und zwar auf einem in der Nähe stehenden, mit einem fluoreszierenden Material beschichteten Karton.

Nach weiteren Versuchen erkennt Röntgen, dass nicht die Kathodenstrahlen selbst, sondern eine von ihnen erzeugte, noch unbekannte Strahlung durch die schwarze Pappe dringt und das Leuchten bewirkt. Und dass diese Strahlung manche Substanzen, wie Bücher oder menschliche Haut, durchdringt, andere aber nicht, etwa Kalksubstanz: Als der Physiker seine Hand in die Strahlung hält, kann er die Schatten seiner Knochen sehen. Röntgen schließt daraus, dass die Strahlung von unterschiedlich dichten Materialien unterschiedlich stark absorbiert wird. Zudem entdeckt er, dass sie Fotoplatten belichten kann.

1901 erhält der Deutsche, der es ablehnt, seine Erfindung patentieren zu lassen, den ersten Nobelpreis für Physik. Erst Jahre später aber können Wissenschaftler das Wesen der Röntgenstrahlen erklären: Es sind sehr kurzwellige und deshalb außerordentlich energiereiche **elektromagnetische Wellen**, die entstehen, wenn **Elektronen** stark beschleunigt oder abgebremst werden – wie in der Kathodenstrahlröhre des Wilhelm Conrad Röntgen.

ENTWICKLUNGSBIOLOGIE

Wilhelm Roux 1850–1924 57

Von der Zelle zum Organismus

Vor ihm verfolgen Forscher die Entstehung neuen Lebens nur als Beobachter: etwa →***Marcello Malpighi***, der die Wachstumsstadien von Hühnerembryonen skizziert. Erst Wilhelm Roux versucht die frühe Entwicklung zu verstehen, indem er in sie eingreift. Seine Versuche an Tierembryonen begründen die experimentelle Entwicklungsbiologie und ermöglichen Erkenntnisse darüber, wie aus einer winzigen Eizelle ein Lebewesen heranwächst.

Der deutsche Anatom interessiert sich dafür, wie sich Gewebe und Organe nicht allein durch erbliche Faktoren, sondern auch in Reaktion auf Belastungen und ähnliche „mechanische" Reize herausbilden: So sind Verzweigungen und Beschaffenheit der Blutgefäße nicht nur genetisch festgelegt, wie er zeigt, sondern werden teilweise erst durch den Strömungsdruck des Blutes gestaltet. Roux' Prinzip der „funktionellen Anpassung" füllt eine Lücke in →***Charles Darwins*** Evolutionstheorie, indem es die Frage beantwortet, wie sich der Kampf ums Dasein auf physiologischer Ebene abspielt.

Seine Vorhersage, dass sich sein Gebiet zu einer Schlüsseldisziplin entwickeln wird, scheint sich heute zu erfüllen: Weil das Erbgut von Spezies wie etwa Mensch und Fliege erstaunlich viele Gemeinsamkeiten aufweist, rückt die Embryologie zunehmend in den Fokus der Evolutionsforschung.

Denn viele Prozesse, die zu den Unterschieden der Arten führen, laufen vermutlich in der Embryonalphase ab.

Erforscht die Etappen des Lebens: der Deutsche Anatom und Biologe Wilhelm Roux

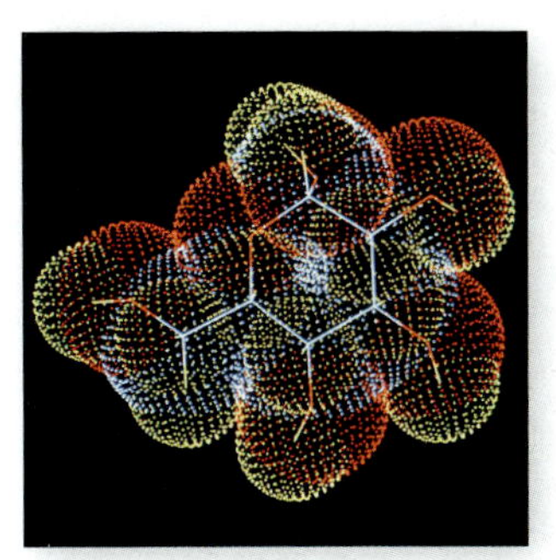

Fischer ermittelt als Erster die Struktur von Traubenzucker (Glucose)

NATURSTOFFE

Emil Fischer 1852–1919 58

Mitbegründer der Biochemie

Emil Fischer ist ein Meister der chemischen Künste, ein Mann, der im Labor Dinge vollbringt, die zuvor niemand für möglich gehalten hätte. Bereits als junger Forscher stellt er Stoffe her, die bis dahin nur aus der Natur bekannt sind. Auch Koffein ist darunter (das einen Teil des Kaffeegenusses ausmacht).

Der Chemiker analysiert, wie die Moleküle verschiedener Zucker aufgebaut sind, und fabriziert gemeinsam mit seinem Kollegen Emil Bertrand als Erster eine künstliche Variante des Süßstoffs.

Und er beschreibt die Wirkung der **Enzyme**: Wie ein Schlüssel in ein Schloss gleitet, so docken diese Stoffe präzise an ganz bestimmte andere Substanzen an und übermitteln dabei Informationen – diese Erkenntnis verdeutlicht die Wirkungsweise der Enzyme im Stoffwechsel von Mensch, Tier und Pflanze.

Als Fischer dann auch noch entdeckt, wie genau die **Aminosäuren** in den für Lebewesen immens wichtigen Proteinen miteinander verknüpft sind, etabliert er sich endgültig als einer der bedeutendsten Naturstoffchemiker aller Zeiten.

Denn mithilfe seiner Erkenntnisse lässt sich erstmals erklären, wie einige der elementarsten Bestandteile lebender Zellen aufgebaut sind und wie sie arbeiten. So gilt er als einer der Begründer der Biochemie, der Lehre von den chemischen Vorgängen in Organismen.

Obwohl er immer wieder schwer erkrankt, experimentiert der in Euskirchen geborene Fischer bis ins hohe Alter unermüdlich weiter. Doch als Ärzte bei ihm Darmkrebs diagnostizieren, nimmt er sich das Leben.

MEDIZIN

Paul Ehrlich 1854–1915 59

Die magischen Kugeln

Entwickelt die Chemotherapie: der Mediziner Paul Ehrlich (links)

Arzt ist Paul Ehrlich, doch es ist nicht das Behandeln von Patienten, das ihn berühmt macht – sondern die Erforschung revolutionärer medizinischer Methoden.

Schon als Student faszinieren ihn die neuen Farbstoffe, die in der aufblühenden Chemieindustrie hergestellt werden. Je nach ihren chemischen Eigenschaften färben manche davon nur ganz bestimmte Zelltypen bunt, wie Ehrlich erkennt. Das hilft nicht nur bei deren Identifizierung (so entdeckt der Deutsche eine neue Immunzelle), es bringt ihn auch ins Grübeln: Müsste es nicht Medikamente geben, die ähnlich gezielt auf Krankheitserreger wirken?

In den Mittelpunkt seiner Forschung stellt er den Kampf gegen die Syphilis, die gefürchtete, unheilbare Geschlechtskrankheit. Arsen – schon an einem ähnlichen Erreger getestet – könnte ein Wirkstoff sein. Sein Assistent testet Hunderte von Dosierungen und Zusammensetzungen. Und dann: Der 606. Versuch tötet das Bakterium, ohne Körperzellen allzu sehr zu beschädigen. 1909 hat Ehrlich zum ersten Mal Erfolg bei der Chemotherapie mithilfe der „magischen Kugeln", wie er sie nennt. Sie treffen ihr Ziel von selbst und verfehlen es nie.

Auch seine Färbemethoden verfeinert Ehrlich immer weiter, bis sich damit fremde Zellen im Blut von Patienten zweifelsfrei identifizieren lassen – etwa der hochgefährliche Tuberkulose-Erreger. Und er beschreibt erstmals die Prinzipien der Antikörperreaktion: Körperzellen bilden hochspezifische Moleküle, die Krankheitserreger neutralisieren.

So legt Paul Ehrlich einen Grundstein der modernen Immunbiologie.

PHYSIK

Joseph J. Thomson 1856–1940 60

Dem Elektron auf der Spur

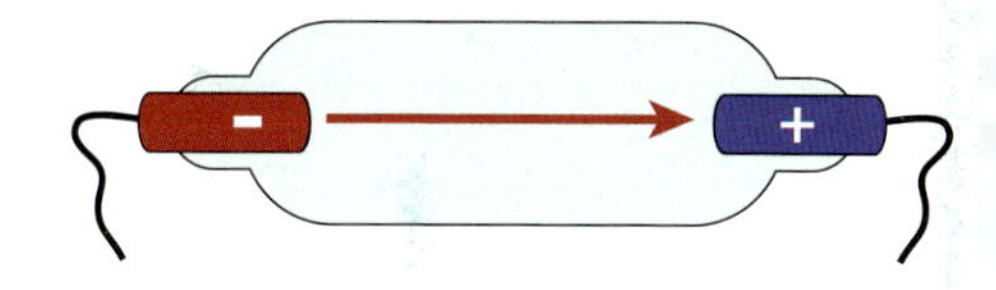

In einer Kathodenstrahlröhre treten am Minuspol, der Kathode (links), Elektronen aus, die von der positiven Anode (rechts) angezogen werden – dadurch entsteht ein Elektronenstrahl, wie Thomson erkennt

Freitag, 30. April 1897. Ungläubig lauscht das Publikum in der Londoner „Royal Institution" den Worten des Mannes am Podium. Das Atom sei nicht die kleinste Einheit sämtlicher Dinge? Er habe Materie gefunden, die mehr als 1000-mal weniger Masse haben soll? Die Zuhörer sind beeindruckt – gilt doch das Atom als unteilbarer Grundbaustein jeglicher Substanz. Doch der Redner Joseph John Thomson, ein Experimentalphysiker, ist davon überzeugt, etwas gänzlich Neues entdeckt zu haben. Wie →***Röntgen*** und andere Physiker erforscht Thomson lange schon die rätselhaften Phänomene der Kathodenstrahlröhre. Bekannt ist, dass darin zwischen den Polen eine elektrisch geladene Strahlung entsteht. Woraus sie besteht, wissen die Gelehrten jedoch nicht. Vielleicht enthält sie Materieteilchen – oder pure Energie.

Der Brite zeigt nun, dass die Strahlung aus negativ geladenen Teilchen besteht: Es gelingt ihm, den Strahl innerhalb der Röhre durch elektrische und magnetische Felder abzulenken; dabei verhält er sich so, wie es bereits bekannte Gesetze für negativ geladene Teilchen voraussagen. Um welche Partikel aber handelt es sich? Es könnten elektrisch geladene Atome oder Moleküle sein – oder gänzlich unbekannte Teilchen.

Thomson verfeinert seine Apparatur und kann schließlich die Geschwindigkeit der Partikel und die Krümmung des Strahls sehr genau messen. Seine Daten lassen nur zwei Schlüsse zu: Entweder tragen die Partikel eine enorm große Ladung, oder sie sind ungeheuer klein – viel kleiner als Atome. Thomson ist von der zweiten Hypothese überzeugt und beweist seine Vermutung zwei Jahre später mit einem neuen Experiment.

Der Brite hat ein neues Partikel entdeckt, das später **Elektron** genannt wird – es ist das erste identifizierte **Elementarteilchen**. Heute ist bekannt, dass es sogar fast 2000-mal weniger Masse aufweist als das kleinste Atom.

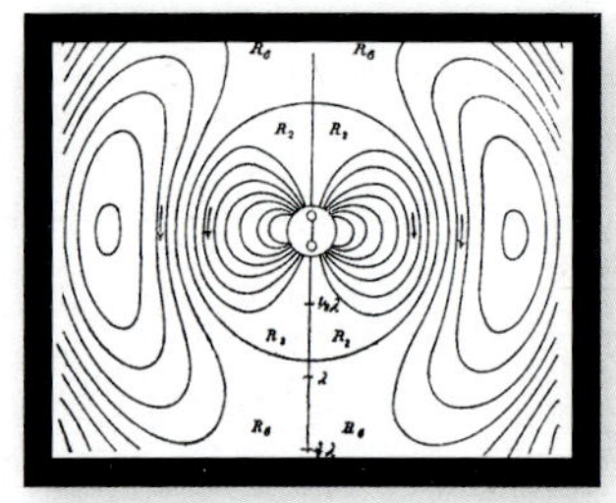

Ausbreitung einer elektromagnetischen Welle: Hertz-Skizze von 1892

ELEKTROMAGNETISMUS

Heinrich Hertz 1857–1894 61

Funken des Kommunikationszeitalters

Vor Heinrich Hertz gibt es in der Physik bereits Schall- und Lichtwellen und die Vermutung, dass noch eine weitere Art existiert: 1864 hat der Schotte →***James Clerk Maxwell*** die Idee der **elektromagnetischen Wellen** vorgestellt. Nur beweisen konnte er ihre Existenz nicht.

Am 4. Oktober 1886 bemerkt Hertz, Physikprofessor in Karlsruhe, bei Versuchen mit Kupferdraht-Spulen eine mysteriöse Erscheinung. Er hat die Spulen unter Strom gesetzt, und plötzlich sprühen Funken an einer der Spulen: Es muss eine besondere elektrische Schwingung entstanden sein, die jene Funken erzeugt hat.

Hertz verfeinert die Apparatur zur Erzeugung und zum Nachweis dieser Schwingungen – und legt 1887 den Beweis vor, dass die von Maxwell vorausgesagten elektromagnetischen Wellen durch elektrische Schwingungen in einem Draht entstehen.

Seine Studien zeigen zudem, dass sich die Wellen – eine Strahlung purer Energie – mit Lichtgeschwindigkeit ausbreiten, dass sie reflektiert und gebeugt werden können: wie Licht. Damit hat er nachgewiesen, dass auch das Licht zu den elektromagnetischen Wellen gehört. Deren Spektrum reicht, wie man heute weiß, von Wellen sehr hoher Frequenz, etwa den Gammastrahlen, über Röntgenstahlen, UV-Strahlen, Licht, Infrarotstrahlen, Mikrowellen bis zu den Kurz-, Mittel- und Langwellen des Rundfunks.

Hertz festigt seinen Ruf mit weiteren Abhandlungen zu den neuen Wellen. Doch 1894 stirbt er an einer Blutvergiftung und erlebt die praktische Nutzung seiner Entdeckung nicht mehr: weder die ersten Radios um 1920 noch das erste Funktelegramm, das der russische Physiker Alexander Popow 1896 sendet. Dessen Text besteht aus zwei Wörtern: „heinrich hertz".

PHYSIOLOGIE

Charles Sherrington 1857–1952 62

Nestor der Neurowissenschaft

Niemand hat das Gehirn schöner beschrieben als Charles Sherrington. Der Brite schildert es als einen „verzauberten Webstuhl". Stets sei es damit beschäftigt, aus den einlaufenden Nervenreizen immer neue und sich wieder auflösende Muster zu weben.

Nerven sind Sherringtons Domäne. Unter anderem in Oxford verbringt der Mediziner Jahrzehnte damit, die Reflexe von Tieren zu studieren. Ihn interessiert, wie Hirn und Rückenmark Nervenimpulse an Muskeln senden – und wie die Muskeln ihrerseits Signale an die Steuerorgane zurückschicken.

Er untersucht dabei Hunde und Katzen, denen Teile des Gehirns entfernt worden sind – um die Jahrhundertwende entsprechen derartige Experimente dem Ethos der Zeit. Für die Pioniere unter den Nervenforschern ist es eine aufregende neue Epoche. So haben sie jüngst die **Neuronen** entdeckt: jene Nervenzellen, die Signale durch den Körper leiten. Bereits länger wissen die Gelehrten, dass dabei elektrische Impulse eine Rolle spielen.

Sherrington vereint all die einzelnen Erkenntnisse zu einem umfassenden Werk und analysiert darin die fundamentalen Abläufe im Nervensystem. Sein Buch „The Integrative Action of the Nervous System" von 1906 beschreibt erstmals das komplexe Zusammenspiel der Signale, die durch den Körper laufen, wenn ein Reiz auf ihn einwirkt.

So trägt der Brite, der nebenher Gedichte verfasst, maßgeblich dazu bei, die Neurophysiologie als eigenständige Wissenschaft zu etablieren. Er ist es auch, der den Begriff **Synapse** prägt und damit die Kontaktstelle zwischen den Neuronen benennt, die alle Nervenimpulse überwinden müssen.

Im Jahr 1932 erhält er den Nobelpreis für Medizin.

Der US-Sprinter Marlon Shirley ist der schnellste körperbehinderte Mensch der Welt (100 Meter in 10,97 Sekunden) – dank einer Prothese, die dem Bein eines Geparden nachempfunden ist. In der modernen Prothetik versuchen Forscher, Gliedmaßen zu schaffen, die Nervensignale des Körpers empfangen können. Die Grundlagen dafür legt bereits Charles Sherrington

QUANTENTHEORIE

Max Planck 1858–1947 **63**

Eine neue Sicht der Welt

Im Dezember 1900 zeigt Max Planck, dass es in der Welt der Atome zu absonderlichen Sprüngen kommt. Bis dahin galt, dass alle Vorgänge in der Natur kontinuierlich ablaufen. Doch nun gelangt der Deutsche zu der Erkenntnis, dass dies für die Aussendung **elektromagnetischer Strahlen** (wozu auch Licht und Wärme gehören) nicht zutrifft.

Deren Emission, erkennt Planck, erfolgt stufenweise, in Form von Energiepäckchen (**Quanten**) – einem Auto vergleichbar, das nur 100 km/h, 101 km/h oder 102 km/h fahren kann, nicht aber 100,5 km/h. Dazwischen ereignen sich die **Quantensprünge** (siehe Seite 103). Ihre Größe hängt vom „Planckschen Wirkungsquantum" ab, einer von ihm entdeckten Naturkonstante. Der Effekt ist einem optischen Phänomen vergleichbar: Stark unterbelichtete Fotos werden nicht nur dunkler, sondern auch deutlich und abrupt körniger, weil nicht mehr genug Lichtquanten den Film erreichen, um eine homogene Färbung zu bewirken.

Max Planck, Vater der Quantenphysik

Plancks Erkenntnisse begründen die **Quantenphysik**, die in den Jahrzehnten darauf dank Forschern wie vor allem →***Einstein***, →***Born***, →***Bohr***, →***Schrödinger***, →***Pauli***, →***Heisenberg***, →***Dirac*** und →***Feynman*** die Physik der atomaren Welt in drei Grundsätzen revolutioniert:

1. Es gibt keine **Kontinuität**: Naturvorgänge in der Mikrowelt laufen, wie Planck erkennt, nicht stetig ab.

2. Naturvorgänge sind in der atomaren Welt nicht eindeutig vorhersagbar: Anders als etwa beim Billardspiel, wo ein bestimmter Stoß immer die gleiche Bewegung auslöst, wird ein immer gleich beschossenes Atom stets unterschiedlich reagieren. Daraus folgt: Gleiche Ursachen haben in der Mikrowelt nicht die gleichen Folgen – das **Kausalitätsprinzip** gilt nicht.

3. Alle Bestandteile der Mikrowelt (so Atome, Elektronen) haben – jeweils für sich gesehen – keinen eindeutigen Charakter: Mal sind sie Welle, mal Teilchen. Etwa die Photonen, die Träger des Lichts: Je nach Experiment zeigen sie sich als Teilchen oder Welle. Es gibt also keinen **objektiven Zustand** der Natur. Diese drei Gesetze haben bis heute Gültigkeit.

Erste Liebe: Sexuelle Botenstoffe, Geschlechtshormone wie Testosteron, steuern das Verlangen nach körperlicher Nähe

MEDIZIN/ENDOKRINOLOGIE

William Bayliss 1860–1924 und Ernest Starling 1866–1927 64

Die Botenstoffe des Lebens

Am 16. Januar 1902 beugen sich am Londoner University College die Forscher William Bayliss und Ernest Starling über einen betäubten Hund. Die zwei Wissenschaftler wollen ergründen, wie Organe bei der Verdauung miteinander kommunizieren. Dank der Forschungen des Russen Iwan Pawlow wissen sie: Kommt der obere Dünndarm nach einer Mahlzeit mit Säure aus den Nahrungsresten in Verbindung, sendet er ein Signal an die Bauchspeicheldrüse, die daraufhin ihre Verdauungssäfte absondert.

Pawlow glaubt, das Signal sei ein reiner Nervenreflex – eine These, die die zwei nun überprüfen. Sie durchtrennen die Nervenbahnen rund um ein Stück des Dünndarms und behandeln es anschließend mit Säure, um den Kontakt mit Nahrung zu simulieren. Doch trotz der fehlenden Nervenverbindung produziert die Bauchspeicheldrüse erneut ihr Sekret. Starling vermutet als Ursache einen „chemischen Reflex", der durch die Blutbahn weitergeleitet wird. Diesem Verdacht folgend, schneiden die Forscher ein Gewebestück aus dem Dünndarm, versetzen es mit Säure, zerkleinern und filtern es. Als sie das Extrakt in den Blutkreislauf des Hundes injizieren, beginnt kurz darauf dessen Bauchspeicheldrüse zu arbeiten. Die gespritzte Substanz, folgern sie, enthält einen Botenstoff – das Sekretin, wie sie es nennen.

Sie sagen eine ganze Klasse solcher Stoffe voraus, die schließlich „Hormone" genannt werden (von griech. *hormān* = anregen) und von denen man heute weiß, dass sie viele Prozesse vom Muskelwachstum bis zur Bildung von Spermien steuern.

1905 wird ein zweites Hormon entdeckt, das im Magen freigesetzte Gastrin. Bald folgen weitere, darunter das Insulin: Störungen im Haushalt dieses Hormons führen zu Diabetes. Eine effektive Behandlung des Leidens ermöglicht erst die Endokrinologie – jene Lehre, die Bayliss und Starling begründet haben.

MATHEMATIK

David Hilbert 1862–1943 65

Ein Reformer des Rechnens

Alle ein bis zwei Jahre bearbeitet David Hilbert in seinem langen Forscherleben ein neues Teilgebiet der Mathematik – Geometrie, Zahlentheorie, Algebra – und wird so zu einem ihrer bedeutendsten Theoretiker. Der in Göttingen lehrende Denker stellt auch Beziehungen zwischen Disziplinen her, die scheinbar wenig miteinander zu tun haben. Unter anderem versucht er, geometrische Probleme mit Methoden der abstrakten Algebra zu lösen, und wird so zum Mitbegründer der algebraischen Geometrie.

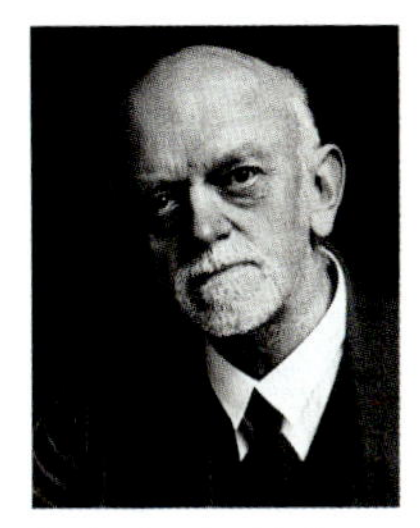
Bedeutender Mathematiker der Moderne: David Hilbert

Die Geometrie selbst stellt Hilbert auf ein neues Fundament, als er ein paar wenige Axiome formuliert, aus denen sich alle Regeln der Geometrie ableiten lassen: Diese Arbeiten gelten als die wichtigsten Beiträge auf dem Gebiet seit →***Euklid***. Vom Erfolg beflügelt, ist Hilbert überzeugt, dass die gesamte Mathematik in sich widerspruchsfrei und vollständig auf Basis von Axiomen formuliert werden kann. Auch wenn später bewiesen wird, dass seine Ideen zu optimistisch sind, setzt sich sein strenger Formalismus in der Mathematik dennoch durch.

Daneben beeinflusst er die Physik: Auf ihn geht ein Großteil des mathematischen Rüstzeugs zurück, das die Forscher für die präzise Formulierung ihrer revolutionären Theorien benötigen, so bei der **Quantenmechanik**. Hilbert glaubt, dass sich alle physikalischen Probleme lösen lassen, wenn man sie nur in die richtige mathematische Form überführt. 1915 beschäftigt er sich zeitgleich mit →***Albert Einstein*** mit den „Feldgleichungen", die in der Allgemeinen Relativitätstheorie eine elementare Rolle spielen. Bis heute ist unklar, wer von beiden die Formeln zuerst aufgestellt hat.

CHEMIE

Leo H. Baekeland 1863–1944 66

Der erste vollsynthetische Kunststoff

Eine kuriose Krise erfasst in den 1860er Jahren Nordamerikas Billardindustrie. Den Herstellern geht das Elfenbein für die Kugeln aus. Celluloid, ein bald gefundener Ersatzstoff auf Naturbasis, hat einen gewichtigen Nachteil: Es ist explosiv. So dauert es noch knapp 40 Jahre, bis ein dem Elfenbein gleichwertiges Material gefunden ist. Und sein Entdecker Leo Hendrik Baekeland gilt seither als einer der Begründer der Kunststoffchemie.

Seit Baekeland sind Telefone Massenprodukte

Der Belgier Baekeland ist erst 21, als er „maxima cum laude" den Doktor in Chemie macht. Zwei Jahre später ist er bereits Professor; auf einer Studienreise in die USA beschließt er, zu bleiben. In seinem Labor bei New York forscht er nach chemischen Stoffen, die als elektrische Isolatoren dienen können. Denn die beginnende Elektrifizierung und der Automobilbau verlangen nach Werkstoffen, die isolieren, die gut zu formen und vor allem hitzeresistent sind.

Bei seinen Experimenten erhält er schließlich nach einer Reaktion von Phenol und Formaldehyd unter hohem Druck und hoher Temperatur ein Material, das sich in jede beliebige Form gießen lässt, dabei sehr hart und unempfindlich gegen Hitze und Säuren wird und zudem keinen Strom leitet. Es ist die erste vollständig synthetische Substanz der Welt – ein Kunstharz.

Aus diesem Universalstoff werden neben Billardkugeln schon bald auch Telefonhörer und Toilettenbrillen gefertigt, Aschenbecher und Flugzeugteile, Haartrockner und Rundfunkgeräte. Dieser erste echte Kunststoff, den er „Bakelit" nennt und 1907 patentieren lässt, macht Baekeland zu einem reichen Mann.

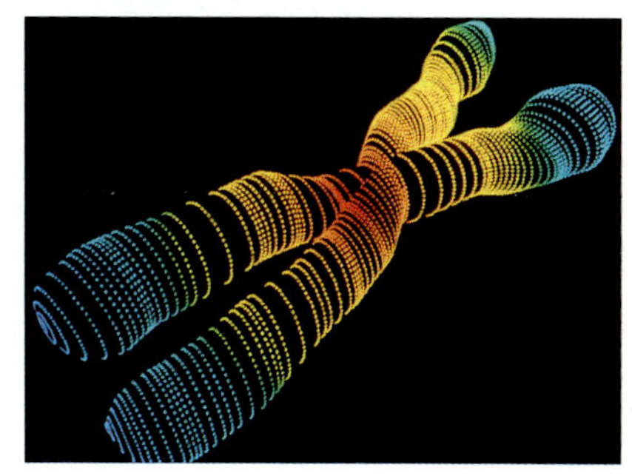
Simulation eines Chromosoms: Gene sind darauf an festgelegten Stellen zu finden, beweist Morgan

VERERBUNGSLEHRE

Thomas H. Morgan 1866–1945 67

Der Kartograph der Gene

Fliegen schwirren in Flaschen auf Schreibtischen und Regalen. Einige sind entkommen, kreisen um Mikroskope, Stapel von Geschirr und Türme aus Papier. In den Schubladen hausen Kakerlaken.

Zimmer 613 der Schermerhorn Hall an der New Yorker Columbia University ist ein hygienischer Albtraum. Für Genetiker aber wird „der Fliegenraum" zur Pilgerstätte: Hier forscht Thomas Hunt Morgan an der Taufliege, *Drosophila melanogaster*. Ein Tier von knapp drei Millimeter Länge, das sich zügig vermehrt – der ideale Kandidat für genetische Studien. Tausende der rotäugigen Fliegen hat Morgan bereits gezüchtet, auf der Suche nach Mutationen, die Vererbungsprinzipien offenbaren könnten. Im Mai 1910 ist es so weit: Eine mutierte männliche Fliege blickt ihn aus weißen Augen an. Morgan kreuzt sie mit einem rotäugigen Weibchen, dann die Nachkommen untereinander. In der ersten Generation treten zwar fast nur rotäugige Formen auf – in der zweiten aber finden sich die weißen Augen bei rund einem Viertel der männlichen Tiere.

Bestimmte Merkmale, folgert er, werden je nach Geschlecht auf komplizierte Weise unterschiedlich oft vererbt – die weißen Augen etwa treten bei den Männchen besonders häufig auf. Hunderte Fliegengenerationen später kann er zudem beweisen, dass sich die Informationen für die Ausprägung solcher Merkmale, die **Gene**, an festgelegten Stellen des Erbguts befinden. Und: Liegen zwei Gene dicht beieinander, werden sie mit großer Wahrscheinlichkeit gemeinsam weitervererbt. Dafür erhält Morgan 1933 den Nobelpreis – den holt er aber erst ein halbes Jahr später ab: wegen unaufschiebbarer Fliegen-Experimente.

Unsichtbare Gefahr

Marie Curie erforscht die rätselhafte Strahlung mancher Elemente – und kämpft sich als erste Frau an die Spitze ihrer Profession

Paris, 20. April 1995: Auf Anordnung des französischen Staatspräsidenten Mitterrand werden sterbliche Überreste aus einem Familiengrab in den Panthéon überführt, einer letzten Ruhestätte berühmter Franzosen. Es ist ein weiterer Einzug Marie Curies in eine Welt, die bis dahin Männern vorbehalten war – und Sinnbild ihres Lebensweges: des Aufbruchs der Frauen in die Wissenschaft.

Marie Curie in ihrem Labor: Die zweifache Nobelpreisträgerin prägt den Begriff »Radioaktivität«

1891 kommt die 23-jährige Polin Maria Skłodowska nach Paris, um Physik und Mathematik zu studieren – in ihrer Heimatstadt Warschau ist Frauen so etwas verboten. Nach dem Studium heiratet sie den Physiker Pierre Curie. Gemeinsam erforschen sie ein Phänomen, das Henri Becquerel 1896 entdeckt: die seltsame unsichtbare Strahlung, die das Schwermetall Uran aussendet. Die Curies finden weitere Substanzen, von denen die gleiche Strahlung ausgeht, und 1898 gibt Marie der zugrunde liegenden Eigenschaft einen Namen: **Radioaktivität**.

Marie Curie (2. v. r) mit ihren Töchtern Irène (2. v. l.) und Ève (r.) 1921 auf der Überfahrt in die USA: Dort will sie ein Gramm Radium abholen

Im gleichen Jahr untersuchen sie eine stark radioaktive Uranverbindung. Dabei entdeckt das Ehepaar zwei chemische Elemente von hoher Strahlungsintensität; das eine nennen sie Radium, das andere nach Maries Heimatland Polonium.

1903 erhalten die Curies gemeinsam mit Becquerel den Nobelpreis für Physik – doch diese Würdigung ihrer Leistung findet unter den Kollegen nicht nur Beifall. Denn quer durch alle Fachdisziplinen herrschen noch immer prinzipielle Zweifel an der Befähigung der Frau zur Wissenschaft. Wo eine solche in einzelnen „Ausnahmen“ dennoch unbestreitbar gegeben ist, gilt dies gleichwohl als „naturwidrig“.

All das hält Marie Curie nicht davon ab, nach dem Tod ihres Mannes 1906 in seiner Nachfolge Professorin an der Pariser Sorbonne zu werden, die erste Frau in einer solchen Position. 1911 erhält sie als erster Forscher überhaupt einen zweiten Nobelpreis, diesmal in Chemie für die Entdeckung der beiden Elemente. Mit ihrem „Institut du Radium“ schafft sie eine Forschungseinrichtung für die Phänomene der Radioaktivität: Ihre Arbeiten bilden die Grundlage für die Entwicklung der Strahlentherapie gegen Krebs. Irène, ihre Tochter mit Pierre, erhält 1935 gemeinsam mit ihrem Ehemann Frédéric ebenfalls den Nobelpreis für Chemie. Sie werden für die Entdeckung der künstlichen Radioaktivität geehrt.

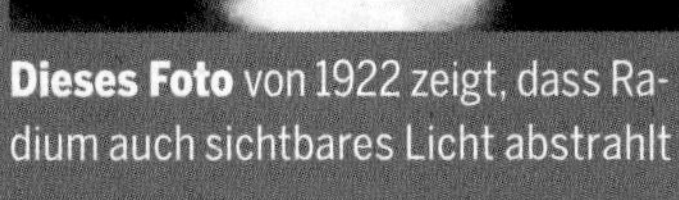

Dieses Foto von 1922 zeigt, dass Radium auch sichtbares Licht abstrahlt

Doch das erlebt Marie nicht mehr: Sie stirbt 1934 mit 66 Jahren – wahrscheinlich an den Folgen ihrer jahrzehntelangen Arbeit mit radioaktiven Substanzen. Die Gefahr, die von den Strahlen ausgeht, erkennt damals noch niemand. □

Von Rechenmaschinen, Geruchsrezeptoren und Taufliegen – Frauen in der Wissenschaft

Hypatia (um 370–415) gilt als erste bedeutende Frau in der abendländischen Wissenschaft. Sie kommentiert wichtige Schriften, so von Ptolemäus, und führt eine philosophische Schule in Alexandria

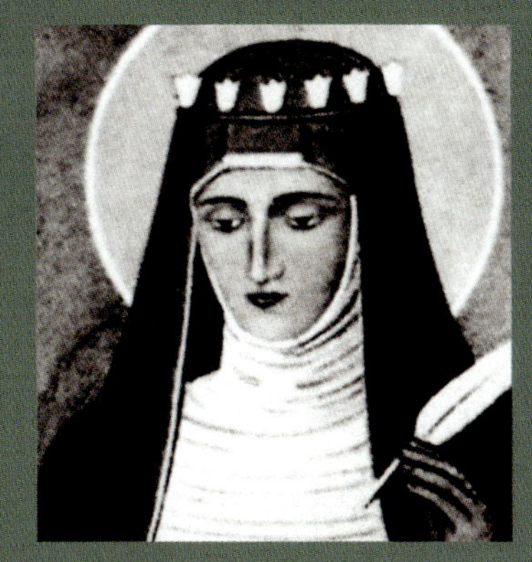

Hildegard von Bingen (1089–1179): Die Äbtissin ist eine der größten Mystikerinnen des Mittelalters. In ihren Werken beschäftigt sie sich aber auch mit Naturkunde, Musik und der Heilung von Krankheiten

Ada Lovelace (1815–1852), Tochter des Dichters Lord Byron, wird zur Vorbotin der Informationstechnologie. Sie entwickelt Ideen, wie Rechenmaschinen für bestimmte Kalkulationen eingerichtet sein müssen

Sofja Kowalewskaja (1850–1891): Um im Ausland zu studieren, geht die Russin eine Scheinehe ein. Sie wird als erste Frau Professorin der Mathematik und erweitert das Wissen über Differenzialgleichungen

Gerty Theresa Cori (1896–1957), geboren in Prag, erforscht mit ihrem Mann, wie der Körper Kohlenhydrate verwertet. Für ihre Erkenntnisse über den Stoffwechsel erhalten beide 1947 den Nobelpreis

Rita Levi-Montalcini (*1909) will als Kind Schriftstellerin werden. Doch dann studiert die Italienerin Medizin und legt die Grundlagen zum Verständnis des Nervenwachstums. 1986 erhält sie den Nobelpreis

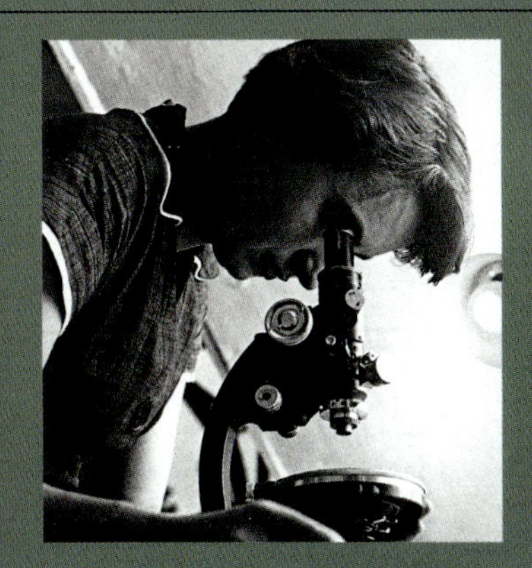

Rosalind Franklin (1920–1958), Britin, spielt eine wichtige Rolle bei der Aufklärung der DNS-Struktur. Aus ihren Röntgenaufnahmen des Moleküls ziehen James Watson und Francis Crick die richtigen Schlüsse

Christiane Nüsslein-Volhard (*1942): Die deutsche Biologin bekommt 1995 den Nobelpreis für Medizin zugesprochen. Bei Versuchen mit Taufliegen erkennt sie, wie Gene die Embryonalentwicklung steuern

Linda B. Buck (*1947) erforscht den Geruchsinn. Die mit dem Nobelpreis geehrte US-Amerikanerin identifiziert, welche Rezeptoren in der Nase Duftmoleküle aufnehmen und so eine Empfindung auslösen

Das Labor des Forschers in Cambridge

ATOMPHYSIK

Ernest Rutherford 1871–1937 69

Von der Leere der Materie

Der Neuseeländer Ernest Rutherford macht im Jahr 1909 eine fundamentale Entdeckung, die ihn zum Vater der Atomphysik werden lässt: Er bittet Mitarbeiter, sehr dünne Folien verschiedener Metalle mit positiv geladenen **Alphateilchen** zu beschießen, sie sind Teil der radioaktiven Strahlung. Das überraschende Ergebnis: Während die meisten Teilchen eine Folie wie erwartet fast ungehindert passieren, werden sie in einigen Fällen stark abgelenkt oder gar zurückgeworfen – so als würde man mit einer Pistole auf einen Pudding schießen, und in seltenen Fällen käme die Kugel zurück.

Das Resultat ist völlig unverständlich. Denn die Mehrheit der Physiker glaubt, das Atom sei ein elektrisch positiv geladenes Objekt, in dem die Masse homogen verteilt ist – wie bei einem Pudding. Zusätzlich enthalte das Gebilde winzige negativ geladene Partikel, die **Elektronen**.

Rutherford findet eine Erklärung für das seltsame Phänomen: Praktisch die gesamte Masse und die positive Ladung eines Atoms sind in einem Kern komprimiert, der die Alphateilchen zurückwirft oder ablenkt, wenn sie ihm zu nahe kommen. Da dies nur äußerst selten passiert, muss der bei weitem größte Teil des Atoms leerer Raum sein, den ein Teilchen ungestört durchdringen kann. Nur Elektronen umgeben den Kern – doch sie sind zu leicht, um die massiven Alphateilchen aus der Bahn zu werfen.

Mit dieser Idee legt Rutherford den Grundstein für das Atomzeitalter. Zunächst scheint sie freilich abwegig: Denn nach den bekannten Gesetzen der **Elektrodynamik** wäre das Atom nach seinem Konzept instabil, es könnte gar nicht existieren.

Dieses Problem löst erst eine gänzlich neue Physik: die **Quantenphysik**.

MODERNE GENETIK

Oswald T. Avery 1877–1955 70

Der Stoff, aus dem die Gene sind

Sein Bruder stirbt vermutlich an Tuberkulose; später erkrankt auch ein Vorgesetzter an der Seuche. So findet der Mediziner Oswald Theodore Avery *sein* Thema – er erforscht die bakteriellen Erreger von Atemwegsinfektionen, insbesondere die Pneumokokken. Und findet dabei die Antwort auf eine Frage, die in den 1940er Jahren die Biologen beschäftigt: Wo sind die Informationen gespeichert, die von einer Generation zur nächsten vererbt werden?

Als Avery beginnt, sich den Pneumokokken zu widmen, nehmen die meisten Forscher an, dass **Proteine** die Erbsubstanz bergen. Denn sie sind eine äußerst vielfältige und komplexe Stoffgruppe. Einen Beweis dafür hat bislang aber niemand erbringen können. Sicher ist nur, dass das Erbgut bei allen Organismen mit Zellkern eben in diesem zu suchen ist.

Lokalisiert die Erbsubstanz: Avery

Ab 1940 erforscht der Kanadier die „Transformation", ein kurz zuvor entdecktes Phänomen. Mischt man etwa abgetötete Zellen eines gefährlichen Bakterien-Stammes mit harmlosen, können sich Letztere verändern: Sie werden infektiös und geben diese neue Eigenschaft sogar an die Nachfahren weiter. Auch in diesen Bazillen muss es also eine Substanz geben, die die aggressive Eigenschaft enthält und weitergibt, erkennt Avery.

In jahrelanger Arbeit untersucht er die Bakterien – um jenen Stoff zu finden, der die Transformation ermöglicht. Dazu versucht er, nacheinander alle Verbindungen, welche als Kandidaten infrage kommen, gezielt zu zerstören, etwa mit Enzymen. Durch dieses Ausschlussverfahren grenzt er den transformierenden Stoff immer weiter ein.

1944 kann Avery mit seinen Kollegen Maclyn McCarty und Colin M. McLeod schließlich eine Sensation verkünden: Die Erbsubstanz ist nicht in den Proteinen gespeichert, sondern in der **Desoxyribonukleinsäure (DNS)**, einem Molekül, das bis dahin als viel zu simpel galt für eine so komplexe Aufgabe. Doch mit Averys Gegenbeweis sind die Zweifel ausgeräumt.

Das Zeitalter der heutigen Genetik beginnt.

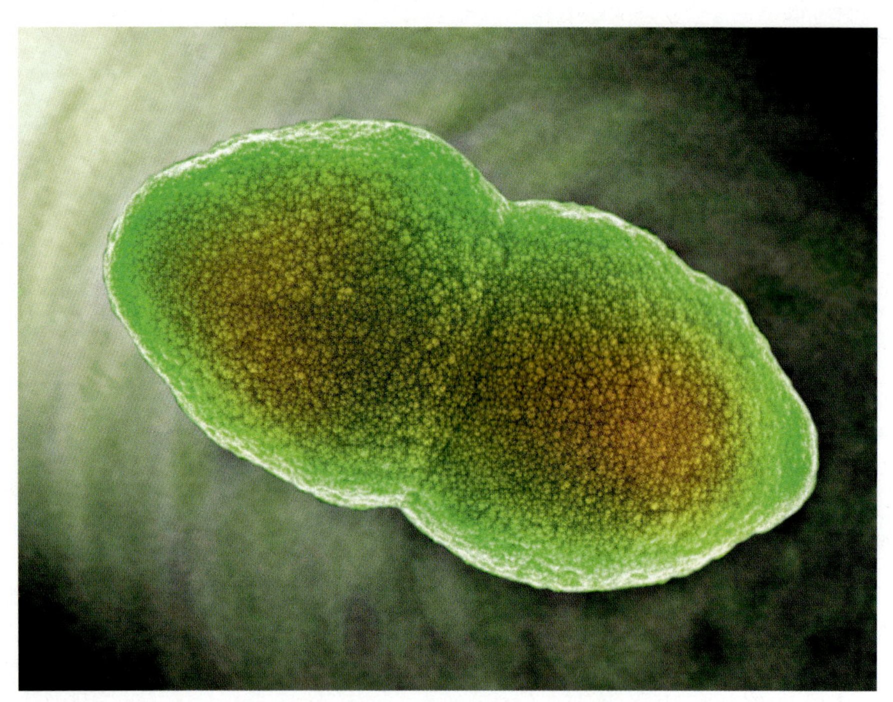

Teilt sich eine Zelle (hier ein Bakterium), wird das gesamte Erbgut zunächst verdoppelt und dann auf die Tochterzellen verteilt. Oswald T. Avery spürt die Trägersubstanz jener Erbinformation auf: die DNS

Die Entdeckung von Meitner und Hahn ermöglicht die – heute heftig kritisierte – zivile Nutzung von Atomenergie (hier die Kühltürme eines Kernkraftwerks in Frankreich)

KERNPHYSIK

Lise Meitner 1878–1968 71

Die Theorie der Kernspaltung

Lise Meitners Interesse gilt einem noch weitgehend unerklärten Phänomen: der **Radioaktivität**. Bestimmte **Elemente** (etwa Uran) senden ohne jede äußere Einwirkung energiereiche Strahlen aus. Gemeinsam mit dem Chemiker →***Otto Hahn*** erforscht sie diese Prozesse von 1907 an 30 Jahre lang, erarbeitet die physikalisch-theoretischen Erklärungen und entwickelt dabei eine immer weiter reichende Vorstellung von den Vorgängen im Atomkern und den verschiedenen radioaktiven Strahlungsarten: Die Beta-Strahlung etwa besteht aus freien Elektronen, die (anders als die gleichartigen Teilchen, die sich in der Atomhülle um den Kern befinden) als Ergebnis von Zerfallsprozessen aus Atomkernen herausgeschleudert werden.

1933 wird der Tochter jüdischer Eltern die Lehrerlaubnis entzogen, 1938 flieht sie in die Niederlande. So muss Hahn ohne sie jene Experimente fortsetzen, die auf ihr Betreiben 1934 begonnen wurden – Experimente, die noch im Jahr von Meitners Flucht zu einer **Kernspaltung** führen. Hahn berichtet ihr in Briefen von den Versuchsergebnissen, und Meitner gelingt die theoretische Erklärung des Vorgangs, bei dem Uran zu Barium und Krypton zerfällt. Zudem berechnet sie die große Menge an Energie, die dabei freigesetzt wird – die „Kernenergie" ist entdeckt.

KERNPHYSIK

Otto Hahn 1879–1968 72

Die Kraft aus der Materie

Hahn und die Physikerin →***Lise Meitner*** experimentieren mit Uran. Sie bestrahlen den radioaktiven Stoff mit **Neutronen**: winzigen Teilchen, die keine elektrische Ladung tragen. Ihre Hoffnung: Die Neutronen könnten auf die Kerne der Uranatome prallen und sich mit diesen verbinden. Auf diese Weise wäre die Erzeugung neuer **Elemente** denkbar: der „Transurane", die eine höhere Zahl von positiv geladenen Teilchen in ihren Kernen aufweisen als das Uran.

Doch die erwarteten Ergebnisse bleiben aus. Stattdessen entdeckt Hahn im Dezember 1938 in den Versuchsrückständen Barium – ein Element mit viel geringerer Atommasse als Uran. Hahn ist verwirrt. Ist es denkbar, dass Uran zu Barium „zerplatzt", fragt er Lise Meitner, die bereits aus Nazi-Deutschland geflohen ist, in einem Brief. Binnen weniger Tage liefert sie die Berechnungen, die die Vermutung untermauern: Es gab eine **Kernspaltung** – und als erstem Forscher ist es Hahn gelungen, diese zu erkennen und nachzuweisen.

Obwohl Nazi-Gegner, kann Hahn sich nicht dem Druck entziehen, am deutschen Atomprogramm mitzuarbeiten – doch die Deutschen verlieren das Wettrüsten mit den USA (siehe Seite 108).

Für seine Entdeckung wird Hahn mit dem Chemie-Nobelpreis 1944 geehrt – die Physikerin Meitner hingegen geht leer aus.

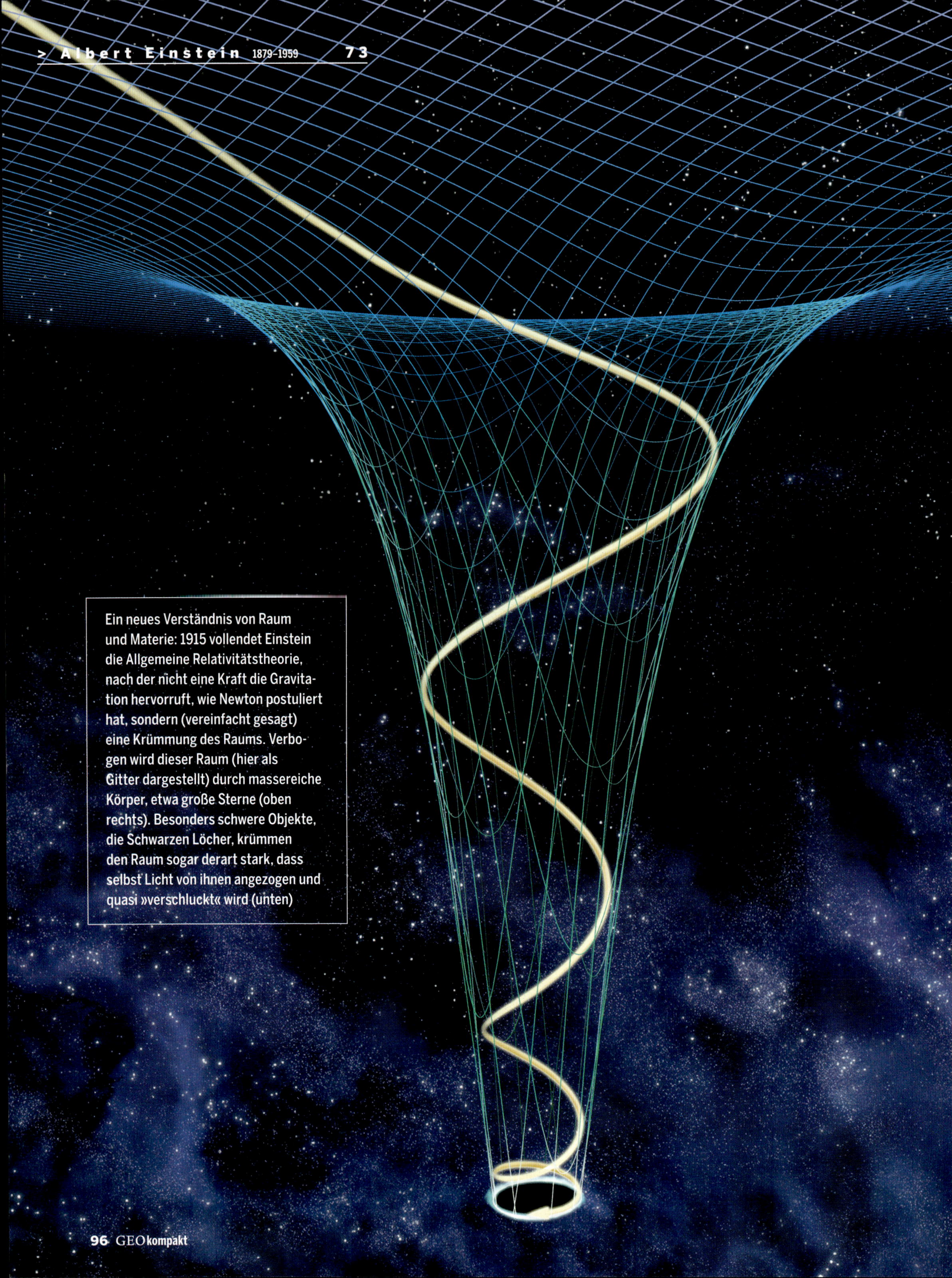

Ein neues Verständnis von Raum und Materie: 1915 vollendet Einstein die Allgemeine Relativitätstheorie, nach der nicht eine Kraft die Gravitation hervorruft, wie Newton postuliert hat, sondern (vereinfacht gesagt) eine Krümmung des Raums. Verbogen wird dieser Raum (hier als Gitter dargestellt) durch massereiche Körper, etwa große Sterne (oben rechts). Besonders schwere Objekte, die Schwarzen Löcher, krümmen den Raum sogar derart stark, dass selbst Licht von ihnen angezogen und quasi »verschluckt« wird (unten)

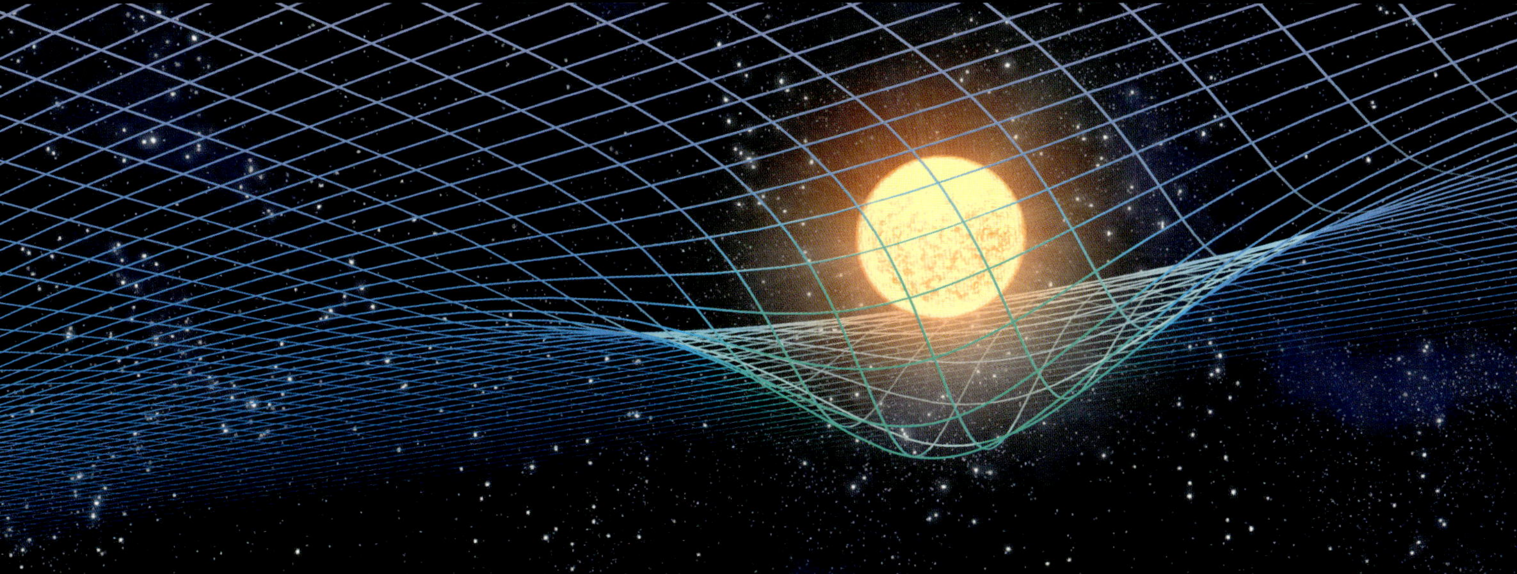

Text: Rainer Harf; Illustrationen: Jochen Stuhrmann

Wie kein anderer Wissenschaftler verändert der deutsche Physiker Albert Einstein das Bild unseres Kosmos. Seine revolutionären Erkenntnisse muten an wie Science-Fiction: So werden Lichtstrahlen gekrümmt, verbiegt sich der Raum, vergeht die Zeit mal schneller, mal langsamer, und in einem Gramm Wasser verbirgt sich mehr Energie, als bei der Detonation von 10 000 Tonnen TNT freigesetzt wird

DAS LICHT DER ERKENNTNIS

Albert Einstein ist 26 Jahre alt und noch gänzlich unbekannt, als er 1905 eine wissenschaftliche Revolution auslöst. Zum einen leistet der gebürtige Ulmer entscheidende Beiträge zur **Quantenphysik**, indem er etwa nachweist, dass Licht aus winzigen Teilchen besteht. Zum anderen verwirft er die althergebrachten Vorstellungen über Raum, Zeit und Materie – und krempelt damit ein physikalisches Regelwerk um, das seit mehr als 200 Jahren als unantastbar gilt: das Weltbild →*Isaac Newtons*.

Zwar können Wissenschaftler mithilfe der klassischen Physik viele Phänomene auf der Erde und im All erklären. Doch es gibt Vorgänge, welche die herkömmlichen Gesetze nicht zu deuten vermögen – insbesondere gibt das Licht noch Rätsel auf. Denn es bewegt sich im Vakuum immer mit der gleichen Geschwindigkeit. Gleichgültig ob ein Beobachter einem Lichtstrahl entgegenrast oder sich von ihm wegbewegt: Stets erreicht ihn das Licht mit demselben Tempo. Mit exakt 299 792 458 Metern in der Sekunde.

Während Newton den Raum und die Zeit als unveränderliche Größen angesehen hat, gleichsam als ehernen Rahmen, in dem sich das Weltgeschehen abspielt, erhebt Einstein nun die Lichtgeschwindigkeit zum Absolutum.

Auf Grundlage der absoluten Lichtgeschwindigkeit formuliert Einstein 1905 die Spezielle Relativitätstheorie und bringt damit die Wissenschaft der Jahrhundertwende auf einen neuen Weg. Es ist ein komplexes Gedankengebäude, dessen ungewöhnliche Konsequenzen der menschlichen Erfahrungswelt widersprechen: So vergeht etwa die Zeit in einem durchs All fliegenden Raumschiff aus Sicht eines auf der Erde verbliebenen Beobachters langsamer als die in seiner direkten Umgebung (siehe Illustration Seite 100). Die Zeit ist also relativ, jeder hat seine eigene. Ihr Verlauf ist vom Standpunkt und von der Geschwindigkeit des Beobachters abhängig. Und zwar in Relation zu dem, was er beobachtet – daher der Name „Relativitätstheorie".

Einstein mit seiner Cousine und zweiten Frau Elsa (1921)

Zehn Jahre später geht Einstein in seinen Überlegungen noch weiter. 1915 vollendet er die Allgemeine Relativitätstheorie (gewissermaßen eine Erweiterung der Speziellen Relativitätstheorie) und begründet damit die moderne Kosmologie – jene Lehre, die sich mit dem Ursprung und der Entwicklung des Universums beschäftigt. Dagegen seien seine Grübeleien von 1905 ein Kinderspiel gewesen, behauptet er.

Und wieder greift Einstein Newtons Physik an, indem er eine der großen Säulen der klassischen Mechanik modifiziert: die Gravitation. Nicht eine *Kraft* ist es, die den Menschen auf der Erde festhält oder Planeten auf ihre elliptischen Bahnen um die Sonne zwingt, sondern (vereinfacht gesagt) eine *Krümmung des Raums*.

Die Materie und der Raum hängen aufs Engste miteinander zusammen. Je größer die Masse eines Körpers, desto stärker krümmt dieser den Raum. Geraten Objekte in dessen nähere Umgebung, werden sie durch die Raumkrümmung in ihrer Bewegung abgelenkt (siehe Illustration rechts). So auch das Licht, sagt Einstein voraus.

Und tatsächlich: Am 29. Mai 1919 kann der britische Astronom →*Arthur Stanley Eddington* bei einer Sonnenfinsternis über der westafrikanischen Küste eben dies nachweisen. Sternenlicht, das nahe der Sonne vorbeistreift, wird durch deren Masse so abgelenkt, dass die Sterne am Firmament verschoben erscheinen – und zwar exakt in dem Maße, wie Einstein es berechnet hat.

Die Bestätigung seiner spektakulären Theorie macht den Physiker innerhalb weniger Wochen zu einem Medienstar, zum Gehirn des Jahrhunderts. Reporter fragen ihn schließlich, was die Konsequenz seiner komplexen Erkenntnisse sei.

Einstein antwortet: „Früher glaubte man, wenn alle Dinge aus der Welt verschwinden, bleiben noch Raum und Zeit übrig. Nach der Relativitätstheorie jedoch verschwinden mit den Dingen auch Raum und Zeit."

1879: Albert Einstein wird am 14. März in Ulm geboren.
1902: Der Physiker arbeitet als „Technischer Experte dritter Klasse" am Schweizer Patentamt in Bern. In seiner freien Zeit grübelt er über die fundamentalen Fragen seiner Disziplin.
1905: In seinem „Wunderjahr" veröffentlicht Einstein fünf epochale Arbeiten, darunter die Spezielle Relativitätstheorie.
1922: Einstein erhält den Physik-Nobelpreis des Jahres 1921 für die Entdeckung der Teilchennatur des Lichts.
1933: Emigration in die USA; Arbeit als Forscher am Institute for Advanced Study in Princeton.
1939: In einem Brief an US-Präsident Franklin D. Roosevelt warnt er vor einer möglichen deutschen Atombombe.
1955: Am 18. April stirbt Einstein in Princeton.

MASSE KRÜMMT DEN RAUM

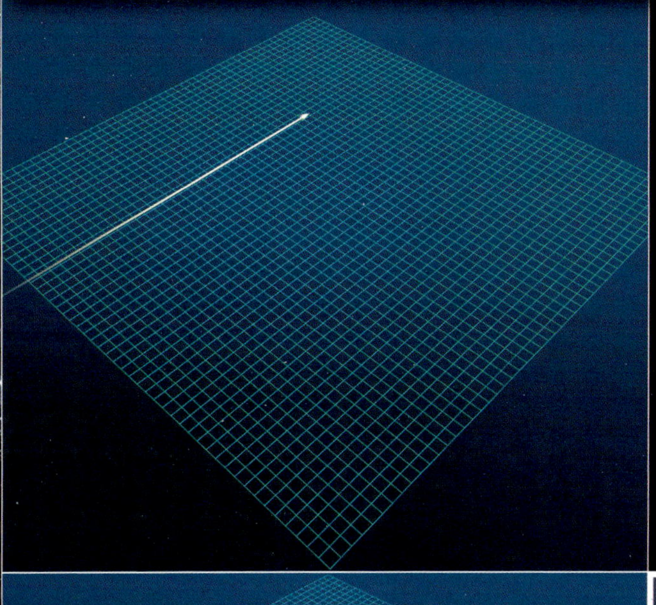

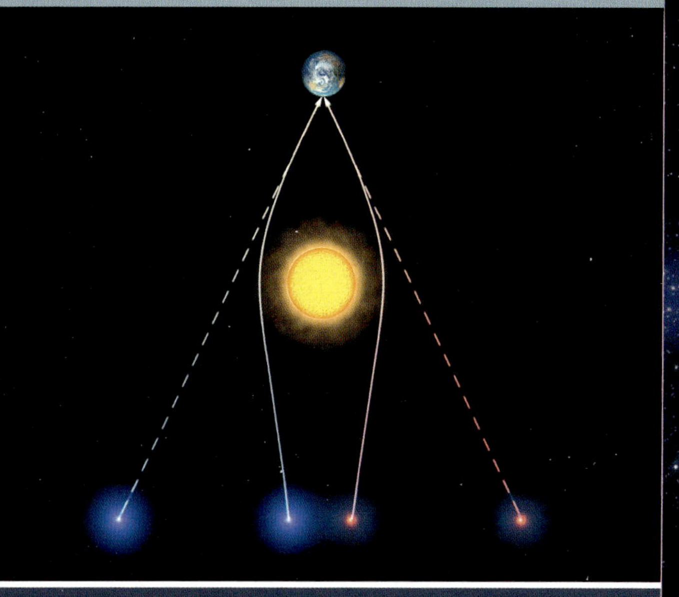

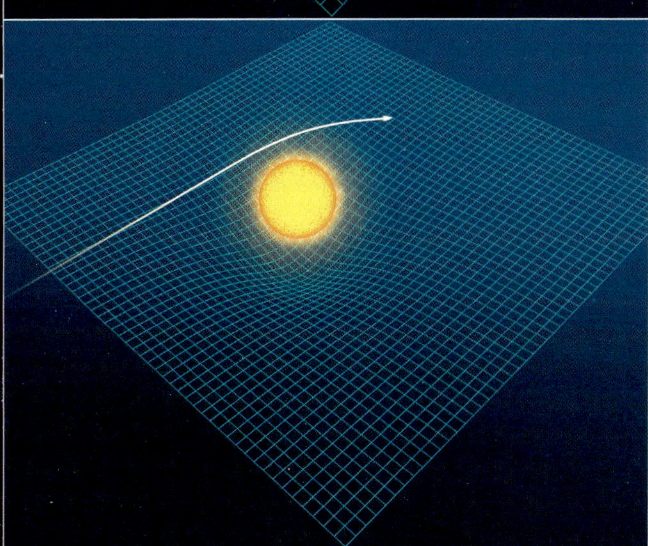

Aus dem komplexen Formelwerk von Einsteins Allgemeiner Relativitätstheorie geht hervor, dass der Raum kein statisches Gebilde mit einer unveränderlichen Geometrie ist. Vielmehr verändert er ständig seine Gestalt, verbiegt sich und wird ausgebeult – und zwar stets im Zusammenspiel mit der Materie, die sich in ihm bewegt. Ohne Massen ist der Raum (hier vereinfacht als Gitter dargestellt) flach, Licht bewegt sich geradlinig in seiner Ausbreitungsrichtung (oben links). Sterne mit ihrer großen Masse aber verkrümmen den Raum, sodass Lichtstrahlen (und Materie wie etwa Planeten) der Krümmung folgen, sobald sie in den veränderten Raum gelangen (links). So lenkt beispielsweise die Sonne das Licht von Sternen um, die von der Erde aus gesehen hinter ihr stehen (oben, zwei Leuchtpunkte unter dem Zentralgestirn). Die Position dieser Sterne erscheint für Erdbewohner daher verschoben – sie rücken in ihrer Stellung gleichsam von der Sonne ab (Lichtpunkte außen).

MASSE IST GLEICH ENERGIE

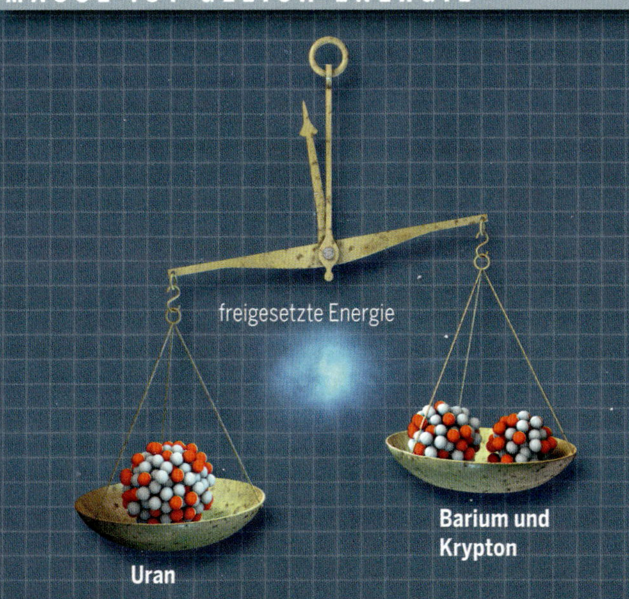

Einstein stellt die bekannteste aller Formeln auf: $E = m \cdot c^2$. Energie (E) ist gleich Masse (m), multipliziert mit dem Quadrat der Lichtgeschwindigkeit (c). Da die Lichtgeschwindigkeit stets gleich und ungeheuer groß ist, bedeutet dies, dass in der Materie enorm viel Energie verborgen sein muss: Masse ist nichts anderes als zu Materie gewordene Energie. So enthält ein Kilogramm Eisen so viel Energie, wie Hamburg in sechs Monaten verbraucht. Doch woher stammt all das? Beim Urknall wandelte sich Energie in Materie um. Anfangs war sie einfach gebaut, später entstanden im Inneren der Sterne auch komplexere, energiereiche Teilchen, etwa Eisenatome. Eisen aber ist stabil und lässt sich nicht in Energie zurückwandeln. Anders die schweren radioaktiven Elemente wie Uran: Sie lassen sich spalten. Dabei zerbricht Uran in zwei leichtere Elemente, etwa Krypton und Barium (links), und ein Tausendstel der Masse wird zu Energie freigesetzt. Doch bereits eine geringe Menge an Spaltmaterial kann eine verheerende Wirkung haben: Bei der Hiroshima-Bombe wurden nur 0,6 Gramm Masse in Energie umgewandelt.

1. DAS LICHT IST IMMER GLEICH SCHNELL

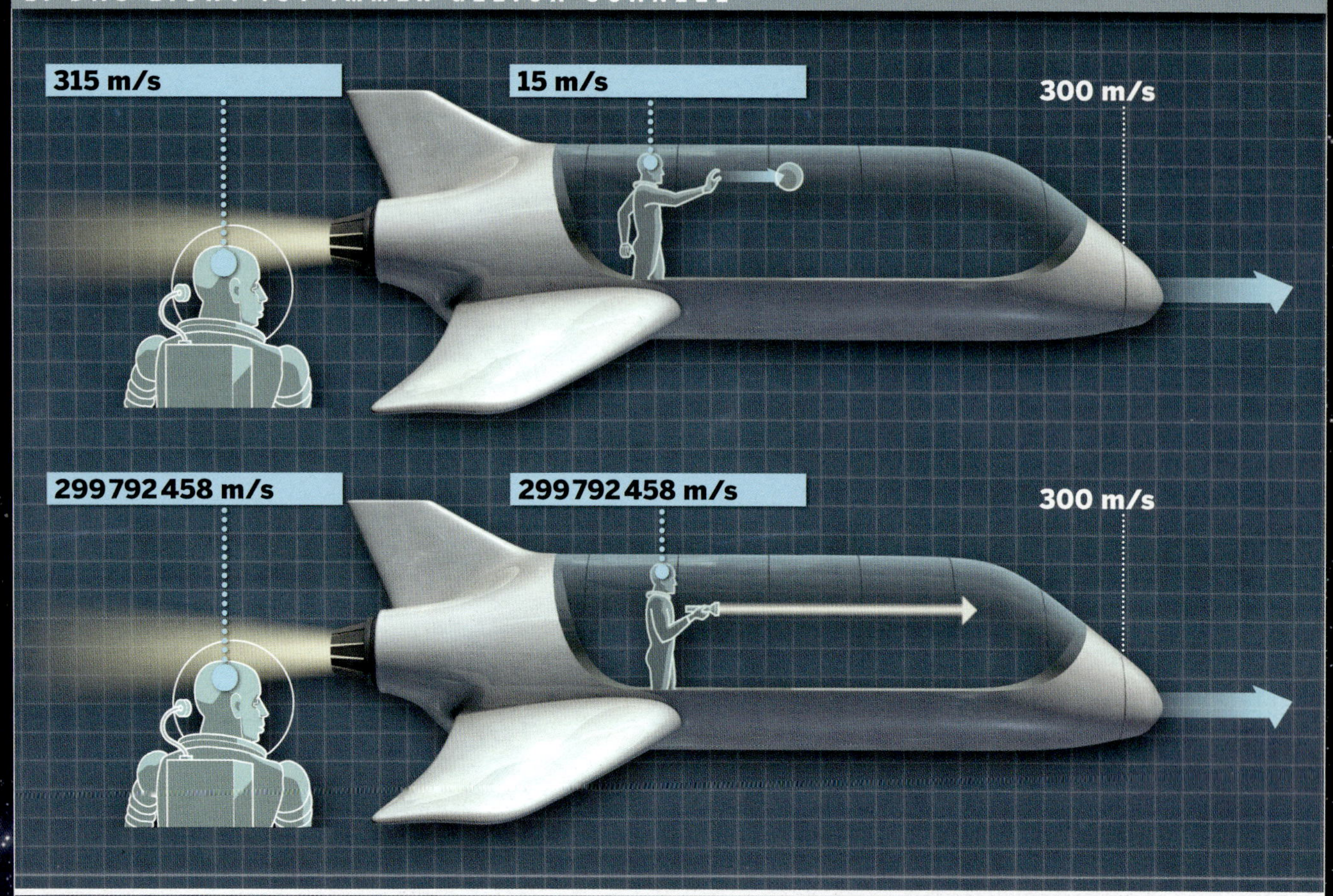

Die Illustration veranschaulicht einen zentralen Gedanken der Speziellen Relativitätstheorie: das Phänomen der konstanten Lichtgeschwindigkeit. Mit 300 Metern pro Sekunde fliegt ein gläsernes Raumschiff an einem Astronauten vorbei. Ein Passagier wirft einen Ball in Fahrtrichtung und sieht ihn mit 15 Metern in der Sekunde nach vorn fliegen. Der Astronaut außen hingegen beobachtet, wie der Ball mit 315 m/s an ihm vorbeirast: Für ihn addieren sich die Geschwindigkeiten des Raumschiffs (300 m/s) und des Balls (15 m/s). Schaltet der Passagier jedoch eine Taschenlampe an, sehen sowohl er als auch der Astronaut, wie sich der Lichtstrahl mit exakt 299 792 458 Metern in der Sekunde durch das Raumschiff bewegt. Licht ist also stets gleich schnell – unabhängig von demjenigen, der es beobachtet.

3. DAS ZWILLINGSBEISPIEL

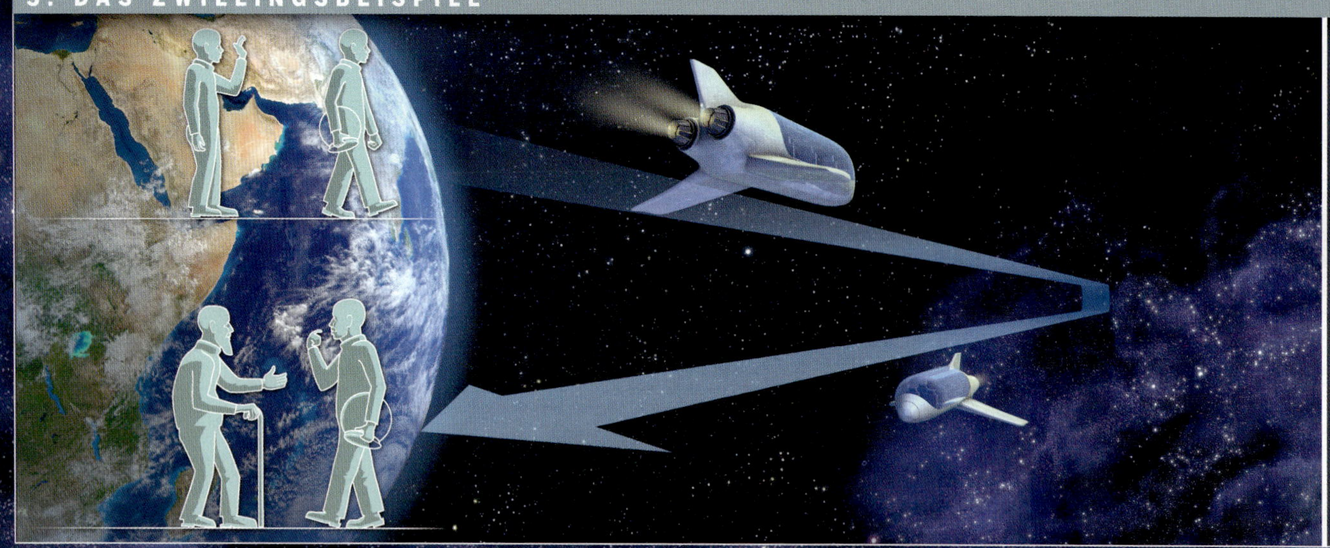

2. ZEITDEHNUNG

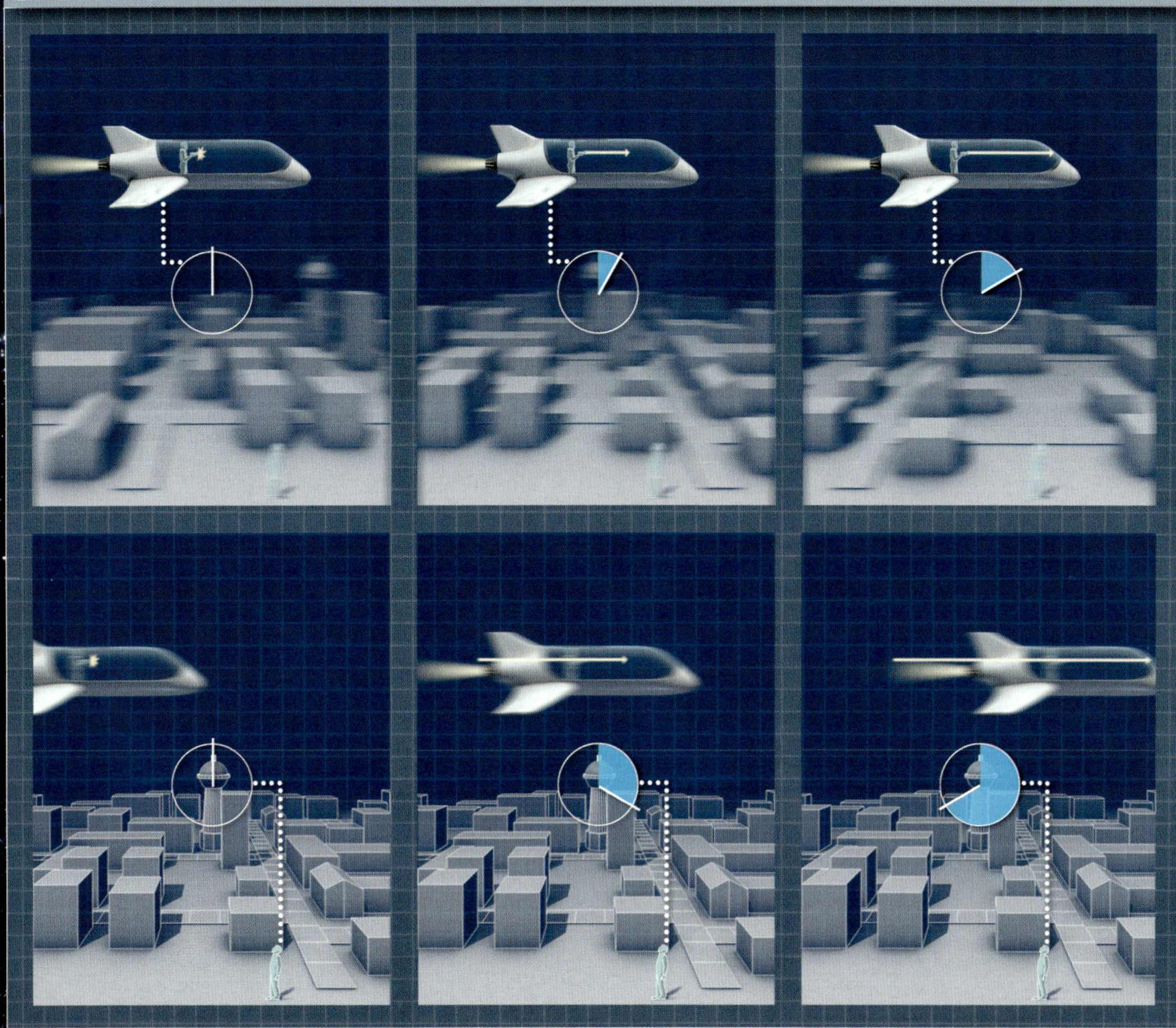

Zwillinge verabschieden sich voneinander (im Bild links oben): Der eine bleibt auf der Erde, der andere bricht zu einer Reise ins All auf. Sein Raumschiff beschleunigt auf 80 Prozent der Lichtgeschwindigkeit. Von der Erde aus betrachtet, vergeht die Zeit im Raumschiff langsamer als die auf der Erde. Als das Raumschiff nach 40 Jahren zurückkehrt, stellen die Zwillinge die Konsequenz der unterschiedlichen Zeitabläufe fest. Während der auf der Erde verbliebene Bruder um 40 Jahre gealtert ist, hat der Astronaut seit der Trennung nur 24 Jahre erlebt.

Die Konstanz der Lichtgeschwindigkeit, erkennt Einstein, hat Konsequenzen für den Verlauf der Zeit. Etwa: Ein gläsernes Raumschiff fliegt über eine Stadt. Für den Passagier steht es gleichsam still, er sieht die Stadt unter sich vorbeifliegen (ganz oben links). Für einen Betrachter von außen steht dagegen die Stadt still, das Raumschiff rast vorbei (darunter). Nun schaltet der Passagier eine Taschenlampe an – und beide messen die Strecke, die der Lichtstrahl zur Frontscheibe des Raumschiffs zurücklegt. Aus Sicht des Stadtbewohners legt er dafür einen längeren Weg zurück als aus Sicht des Passagiers. Da Licht immer gleich schnell ist, also stets die gleiche Zeit braucht, um eine bestimmte Strecke hinter sich zu bringen, vergeht aus Sicht des Stadtbewohners auf der Erde mehr Zeit als im Raumschiff, bis das Licht die Scheibe erreicht; im Raumschiff vergeht die Zeit also langsamer.

Dieser Effekt wird aber erst bei hohen Geschwindigkeiten messbar. Bei einem Raumschiff, das mit 40 km/s durchs All fliegt, dauert es drei Jahre, bis die Uhr an Bord, relativ zur Erde, um eine Sekunde nachgeht. Doch je weiter sich das Raumschiff dem Tempo des Lichts nähert, desto deutlicher wird der Effekt: Erreicht es – wie bislang lediglich theoretisch denkbar – 80 Prozent der Lichtgeschwindigkeit, so sind nach einer Stunde auf der Erde erst 36 Minuten an Bord vergangen. □

GEOLOGIE

Alfred Wegener 1880–1930 74

Die Reise der Kontinente

Die in Frankfurt a. M. tagenden Delegierten der Hauptversammlung der Geologischen Vereinigung brechen in Gelächter aus, als ihnen am 6. Januar 1912 ein junger Astronom und Meteorologe eine neue Theorie vorträgt. Dabei ist Alfred Wegener nur aufgefallen, wie gut Südamerikas Ostküste an die Westküste Afrikas passt. Seither ist er davon überzeugt, dass alle Kontinente der Erde vor Urzeiten eine einzige Landmasse bildeten.

Doch wo er auch davon erzählt, erntet er Spott. Selbst als er Beweise vorlegt – etwa die Fossilien identischer Tier- und Pflanzenarten auf beiden Seiten des Atlantiks –, werden sie abgetan. Je mehr Belege Wegener findet, umso sicherer wird er: Erst eine „Wanderung" der Kontinente hat der Erde ihr heutiges Gesicht gegeben. 1915 fasst er diese Theorie in dem Buch „Die Entstehung der Kontinente und Ozeane" zusammen.

Danach ist die Erde eine Kugel aus zähflüssigem Magma, um das sich eine dünne Kruste schließt. Diese ist nicht fest gefügt, sondern besteht aus mehreren Platten. Diese Platten treiben im Laufe von Jahrmillionen auseinander, wobei sich Kontinente abtrennen. Oder sie stoßen zusammen und drücken sich ins glutflüssige Erdinnere. Dabei können Gebirge und Vulkane entstehen, und es kann zu Erdbeben kommen.

Es dauert fast 40 Jahre, bis sich diese Theorie der Kontinentalverschiebung durchsetzt. Diesen Triumph aber erlebt Wegener nicht mehr: 1930 stirbt er auf einer Expedition ins grönländische Eis.

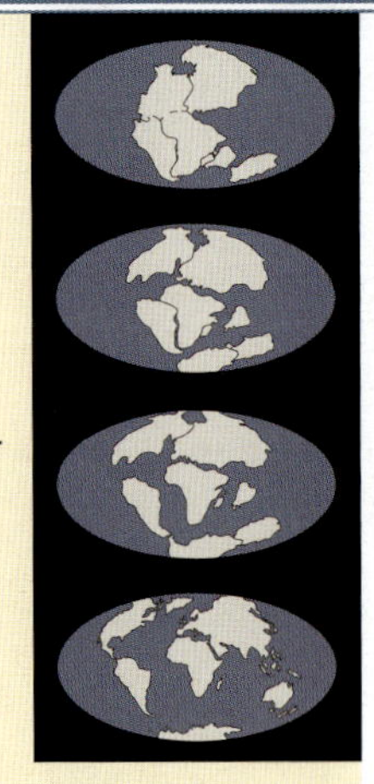

Die Landmassen waren einst miteinander verbunden und rückten mit der Zeit auseinander

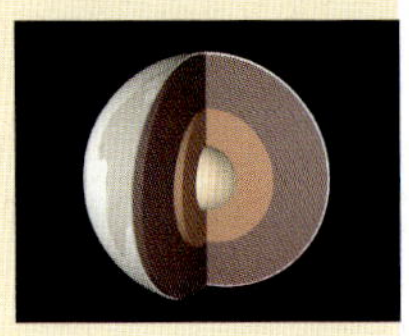

Die Schichten des Erdinneren sind teils glutflüssig, die Kontinente treiben darauf

Von seiner letzten Expedition nach Grönland 1930 kehrt Wegener nicht zurück – er stirbt an einem Herzinfarkt

CHEMIE

H. Staudinger 1881–1965 75

Riesen in der Mikrowelt

Das Thema seines Lebens findet Hermann Staudinger 1920, als er seine Kollegen mit einer neuen These in Aufruhr versetzt. Der Chemiker, der unter anderem bereits eine Ersatzsubstanz für Pfeffer sowie künstliches Kaffee-Aroma entwickelt hat, behauptet, Stoffe wie etwa Kautschuk oder Seide seien aus Riesenmolekülen aufgebaut. Diese **Polymere** bestünden aus einer langen Reihe immer gleicher Grundbausteine: einer Kette aus Hunderten von Atomen.

Die Idee stößt auf heftigen Widerstand. Staudingers Gegner sind davon überzeugt, dass diese Stoffe aus kleinen Bausteinen konstruiert sind – zusammengehalten von **elektrostatischen Kräften**, ähnlich zusammenklumpenden Bestandteilen einer Seife im Wasser. Kautschuk also etwa sei eine Ansammlung vieler kleiner, chemisch nicht miteinander verknüpfter Moleküle.

Staudinger aber lässt sich nicht beirren. So findet er experimentell eine Methode, um die Länge der Molekülketten zu bestimmen, und liefert damit einen Beweis für die Existenz der Polymere. In seinem Freiburger Labor entwickelt er unter anderem künstliche Riesenmoleküle und Methoden, um sie zu analysieren und ihre Eigenschaften nach Wunsch zu steuern. So liefert er der Wissenschaft neben dem Bauplan für die Polymere auch einen Baukasten, aus dem sich Chemiker bedienen können.

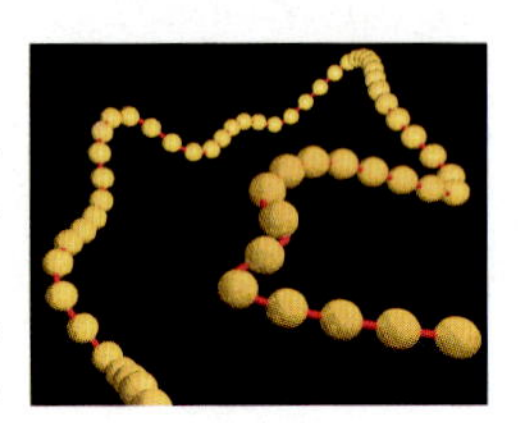

Staudinger beschreibt Polymere als eine Kette gleicher Bausteine (hier: gelbe Kugeln)

Zwar hat →*Leo Baekeland* schon 1907 das erste vollsynthetische Riesenmolekül hergestellt, doch erst der Deutsche erkennt den generellen Aufbau dieser Stoffklasse. Nach seinem Konzept kann die Industrie von nun an Kunststoffe wie Nylon, PVC oder Neopren en masse produzieren.

Im „Dritten Reich" wird Staudinger, der während des Ersten Weltkriegs die chemische Kriegführung kritisiert hatte, als Vaterlandsverräter denunziert. Erst der Nobelpreis für Chemie 1953 ist eine späte Würdigung seines Lebenswerks.

ASTRONOMIE

Arthur Stanley Eddington 1882–1944 **76**

Aus dem Inneren der Sterne

Arthur Eddington verhilft der Allgemeinen Relativitätstheorie zum Durchbruch, als er 1919 bei einer Sonnenfinsternis experimentell nachweist, dass die Schwerkraft den Raum krümmt und dadurch den Weg von Lichtstrahlen verändert – eine der zentralen Vorhersagen →*Albert Einsteins*.

Schon als Kind entwickelt Eddington zwei Leidenschaften: Astronomie und Mathematik. Es ist eine fruchtbare Kombination, kein anderer Astrophysiker des 20. Jahrhunderts klärt so viele kosmische Rätsel wie der Eigenbrötler aus Cambridge. Seine bedeutendste Hinterlassenschaft ist ein physikalisches Modell zum Aufbau der Sterne, das bis heute in seinen Grundzügen gültig ist: Es beschreibt die Gestirne als riesige Gasbälle, die ähnlichen Gesetzen gehorchen wie Luft oder Wasserdampf.

Bei einer Sonnenfinsternis bestätigt Eddington die Relativitätstheorie

Zu Eddingtons eigener Überraschung passen selbst Himmelskörper wie die rätselhaften Weißen Zwerge in dieses Schema, obwohl deren Dichte nach seinen Berechnungen 50 000-mal so hoch ist wie die von Wasser (heute weiß man, das Weiße Zwerge eine bis zu eine Million Mal höhere Dichte besitzen). Er erkennt, dass Atome bei den extremen Bedingungen im Inneren dieser Sterne ihre Elektronen fast vollständig abgeben – es entsteht ein Gas aus freien **Elektronen**, **Ionen** und Atomkernen. Deshalb kann die Masse extrem verdichtet werden und sich immer noch wie ein Gas verhalten.

Obwohl die Energiequelle der Gestirne, die **Kernfusion**, zu diesem Zeitpunkt noch nicht bekannt ist, geht Eddington bereits 1919 davon aus, dass im Sterneninneren „subatomare Prozesse" stattfinden, durch die Materie in Energie umgewandelt wird.

Und behält damit recht.

QUANTENMECHANIK

Max Born 1882–1970 **77**

Das Regiment des Zufalls

Seit →*Max Planck* ahnen die Physiker, dass ihr Weltbild nicht mehr stimmt. Denn er hat gezeigt, dass in der Welt der Atome Vorgänge nicht kontinuierlich ablaufen – und damit die **Quantenphysik** begründet. Max Born stellt 1926 einen weiteren Grundsatz der klassischen Physik infrage: das **Kausalitätsprinzip** – also dass eine immer gleiche Ursache eine immer gleiche Wirkung hervorrufen muss.

Kollidieren zwei Kugeln, löst der gleiche Stoß stets die gleiche Wirkung aus (o.); wird ein Elektron auf ein Atom geschossen (u.), lässt sich nur die Wahrscheinlichkeit angeben, wohin sich das Elektron bewegt

Born: Wegbereiter der Quantenmechanik

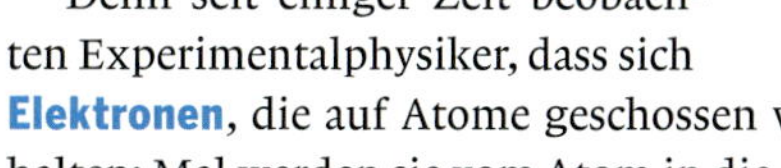

Denn seit einiger Zeit beobachten Experimentalphysiker, dass sich **Elektronen**, die auf Atome geschossen werden, unvorhersagbar verhalten: Mal werden sie vom Atom in die eine Richtung, mal in die andere abgelenkt. Daraus zieht Born radikale Konsequenzen: Er glaubt nicht mehr an die Kausalität – und damit auch nicht mehr daran, dass sich sämtliche Naturvorgänge exakt vorhersagen lassen.

An die Stelle der Kausalität setzt der deutsche Physiker die **statistische Wahrscheinlichkeit**: Zwar lässt sich laut Born nicht mehr präzise vorhersagen, wie sich etwa ein Elektron nach dem Zusammenprall mit einem Atom im Einzelfall verhält, aber man kann immerhin angeben, mit welcher *Wahrscheinlichkeit* sich dieses Elektron in eine bestimmte Richtung bewegen wird. Mit dieser wahrhaft revolutionären Einsicht entwickelt Born die Quantenphysik entscheidend weiter.

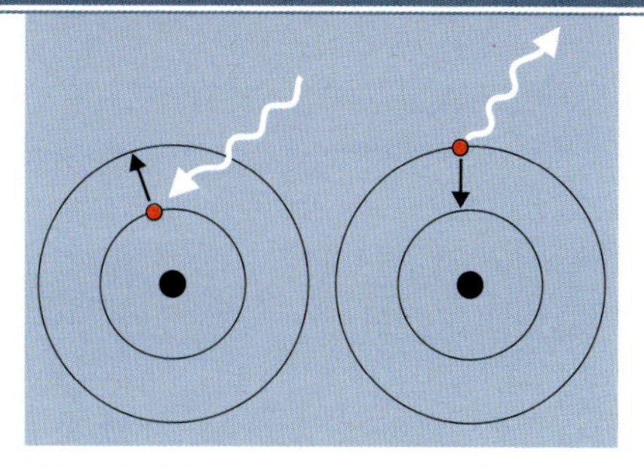

Nach Bohr können Elektronen in der Atomhülle auf eine höhere Bahn springen, wenn sie Energie aufnehmen (etwa durch einen Lichtblitz, links). Wechseln sie auf eine dem Kern nähere Bahn, geben sie diese Energie wieder ab (rechts)

QUANTENPHYSIK

Niels Bohr 1885–1962 **78**

Atom als Sonnensystem

Wie es in einem Atom zugeht, erkennt 1911 der Neuseeländer →*Ernest Rutherford*, als er die Existenz eines positiv geladenen Atomkerns entdeckt und vermutet, dass ihn die negativ geladenen Elektronen umkreisen wie Planeten die Sonne (siehe Illustration Seite 104). Das Modell weist ein Problem auf: Es widerspricht den bekannten physikalischen Gesetzen. Denn danach müssten die **Elektronen** auf ihren Kreisbahnen ständig Energie abgeben und deshalb nach kurzer Zeit in den Atomkern stürzen. So ist es aber nicht.

Der Däne Niels Bohr findet 1913 einen Ausweg aus diesem Widerspruch: Nach seiner Theorie umkreisen die Elektronen den Kern zwar tatsächlich – aber nur auf bestimmten Bahnen. Da sich die Elektronen allein auf diesen Bahnen bewegen können und dabei entgegen bis dahin gültigen Regeln nicht kontinuierlich Energie verlieren, ist es auch ausgeschlossen, dass sie in den Kern stürzen.

Von einer Bahn auf die nächsthöhere gelangt das Elektron nur, wenn es auf einen Schlag eine ganz bestimmte Energiemenge in Form der bereits von Planck entdeckten Energie-**Quanten** aufnimmt (zum Beispiel Licht; siehe Zeichnung oben). Umgekehrt gibt das Elektron die gleiche Energiemenge wieder ab, wenn es auf eine niedrigere Bahn zurückfällt. Kreist es auf der engsten freien Bahn um den Kern, ist ein stabiler Zustand erreicht.

Doch weshalb es in einem Atom so und nicht anders zugeht, kann Niels Bohr nicht erklären. Das gelingt erst mehr als zehn Jahre später →*Werner Heisenberg* und →*Erwin Schrödinger*.

Moderner Chip: Schottkys Erkenntnisse öffnen den Weg zur Entwicklung der Halbleiterelektronik

ELEKTROTECHNIK

Walter Schottky 1886–1976 79

Von kristallinen Datenspeichern

Wenn etwas die digitale Welt bestimmt, dann sind es **Halbleiterkristalle** wie Silizium oder Selen. Sie sind ein wichtiger Bestandteil elektronischer Bauelemente: **Speicherchips** oder **Prozessoren** würden ohne sie nicht funktionieren. Lange Zeit aber sind die sonderbaren Kristalle zu nichts zu gebrauchen. Elektrischen Strom leiten sie schlecht, zudem hängt ihre Leitfähigkeit von der Reinheit des Kristalls ab sowie von der Temperatur.

Erst in den 1930er Jahren begreifen die Physiker, dass es geradezu ein Vorteil ist, ihre Leitfähigkeit mittels äußerer Faktoren regulieren zu können. Einer dieser Pioniere ist Walter Schottky. 1939 veröffentlicht der Schweizer seine Theorie des „Metall-Halbleiter-Übergangs“: Sie beschreibt, wie sich die Ladungsträger des elektrischen Stroms, die **Elektronen**, an der Grenze zwischen einem Halbleiter und einem Metall verhalten. Wird etwa eine elektrische Spannung zwischen beiden Materialen derart angelegt, dass beim Halbleiter ein Minuspol entsteht, fließt Strom durch die Grenzschicht. Bei umgekehrter Polung hingegen ist der Stromfluss blockiert.

Wegbereiter der Chip-Technologie: Walter Schottky

Das sprunghafte Verhalten der Leitfähigkeit solcher Materialkombinationen wird später für die Entwicklung von Transistoren genutzt. Mit dem An- und Abschalten des Stroms etwa können die Signale „An“ und „Aus“, „0“ und „1“ übermittelt werden. Sie sind die grundlegenden Befehle in den digitalen Datenströmen jedes Computers von heute.

QUANTENPHYSIK

Erwin Schrödinger 1887–1961 80

Die Gleichung der Elektronen

Das Kuriose im wissenschaftlichen Leben Erwin Schrödingers ist, dass er nicht an die von →***Max Planck*** begründete **Quantenphysik** glaubt – aber die entscheidende mathematische Gleichung für deren Richtigkeit aufstellt.

Seit →***Niels Bohr*** vermuten Physiker, dass sich die **Elektronen** in einem Atom nur auf bestimmten Bahnen um den Kern bewegen. Sie wechseln diese Bahnen immer dann, wenn sie eine bestimmte Energiemenge in Form von **Quanten** aufnehmen oder abgeben. Doch weshalb das so ist, hat bis dahin niemand begründen können.

Schrödinger nimmt eine Idee des französischen Physikers Louis-Victor de Broglie auf, wonach das Elektron eine Welle ist, und stellt 1926 seine „Wellengleichung“ auf: Danach ist das Elektron pure Energie und liegt, vereinfacht gesagt, in Form eines wellenförmigen Rings um den Kern. Der Durchmesser dieses Rings kann sich nur im festgelegten Maß verändern (siehe Illustration unten) – je nachdem, wie viel Energie dem Atom zugeführt wird oder es abgibt.

Mithilfe dieser sich stufenweise verändernden Welle kann Schrödinger erklären, wieso das Elektron nur ganz bestimmte Energiemengen aufnehmen oder abgeben kann. Damit glaubt der Österreicher die merkwürdigen Vorgänge im Inneren eines Atoms ohne die Quantenphysik begründen zu können – allein mit den Mitteln der klassischen Physik.

Doch er begeht einen Fehler: Seine Gleichung ist zwar richtig, seine Interpretation aber falsch. Inzwischen haben andere Physiker experimentell bewiesen, dass sich das Elektron mal wie ein Teilchen, mal wie eine Welle verhält. Daher kann seine Deutung nicht stimmen. Dennoch beschreibt Schrödingers Wellengleichung die Vorgänge in einem Atom richtig. Denn mit ihrer Hilfe lässt sich nun präziser als je zuvor die *Wahrscheinlichkeit* berechnen, mit der sich ein Elektron zu einem bestimmten Zeitpunkt an einem bestimmten Ort befindet.

„Wahrscheinlichkeit“ jedoch: Das ist nicht mehr die klassische Physik, das ist Quantenphysik. Etwas, mit dem sich Schrödinger nie anfreunden wird. In seinen letzten Jahren beschäftigt er sich vornehmlich mit der Allgemeinen Relativitätstheorie.

Evolution des Atommodells

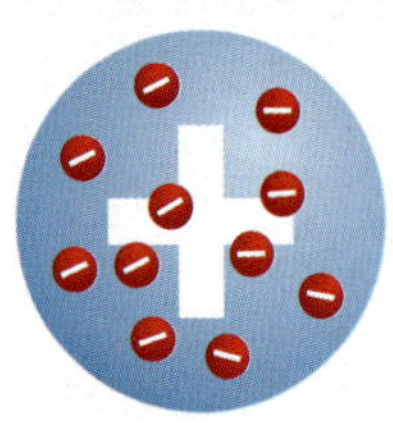

Thomson (1897): Die negativ geladenen Elektronen verteilen sich in der positiv geladenen und homogen aufgebauten Atomkugel

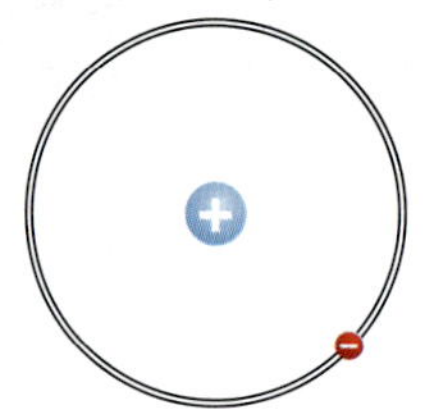

Rutherford (1909): Die Atommasse konzentriert sich im Kern, Elektronen (hier beim Wasserstoffatom nur ein Elektron) kreisen auf Bahnen um das Zentrum

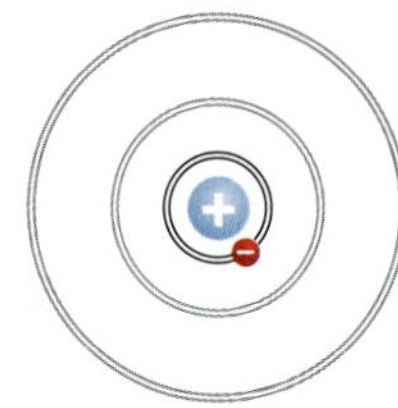

Bohr (1913): Die möglichen Bahnen haben bestimmte Distanzen zum Kern, Elektronen wechseln die Bahnen und halten sich nie dazwischen auf

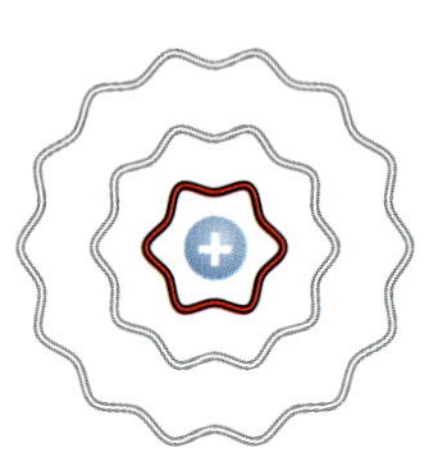

Schrödinger (1926): Elektronen sind Wellen purer Energie, die sich in festen Abständen um den Kern schließen (stark vereinfachte Darstellung)

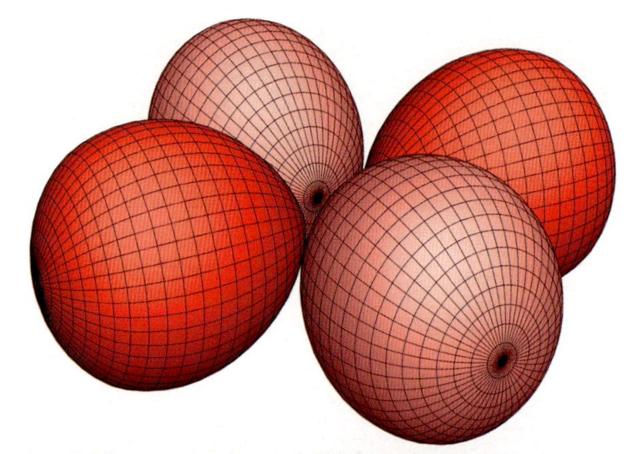

Heute gültiges Modell: Ein Elektron bewegt sich in bestimmten Zonen (den »Orbitalen«, rot) rund um den Kern (im Zentrum des Gebildes), und es lässt sich nur noch die *Wahrscheinlichkeit* angeben, wo sich ein Teilchen dort gerade befindet – eine Konsequenz der Quantenmechanik

Hubble beweist, dass unser Universum neben der Milchstraße von weiteren Galaxien erfüllt ist: gigantischen Sterneninseln, die als Lichtpunkte den nächtlichen Himmel sprenkeln

ASTRONOMIE

Edwin Hubble 1889–1953

81

Ein neues Bild des Universums

Er ist groß gewachsen und muskulös, ein Basketballspieler und Boxer und zudem von bemerkenswerter Arroganz. Von Beruf aber ist Edwin Powell Hubble Astronom – ob seines Wesens bei Kollegen zwar nicht sonderlich geschätzt, gleichwohl jedoch anerkannt. Schließlich ist er es, der beweist, dass außerhalb der Milchstraße weitere Galaxien existieren: 1923 und 1924 führt Hubble anhand von Beobachtungen den Nachweis, dass der „Andromedanebel" nicht zu unserer Heimatgalaxie gehört, sondern eine völlig eigenständige Sterneninsel ist. Er berechnet sogar – wenn auch fehlerhaft – dessen Distanz zur Erde. In den Jahren danach entdeckt der Astronom, dass weitere kosmische Nebel Galaxien entsprechen.

Doch das bleibt nicht Hubbles einzige Leistung. Denn als er 1929 die Entfernungen einiger Galaxien miteinander vergleicht, fällt ihm auf, dass sich die **Spektrallinien** ihres Lichts umso stärker in den roten Bereich des Spektrums verschieben, also zu größeren Wellenlängen hin, je weiter sie von der Erde entfernt sind. Nun verhalten sich Lichtwellen ähnlich wie Schallwellen: Bewegt sich ein Objekt, das Wellen einer bestimmten Länge aussendet, auf den Betrachter zu, misst der Beobachter eine im Vergleich kürzere Wellenlänge; entfernt es sich, verlängert sie sich (deshalb klingt die Sirene eines Polizeiwagens höher, wenn er sich nähert, und tiefer, wenn er sich entfernt).

Vier Jahre lang untersucht und vergleicht Edwin Hubble die sogenannte Rotverschiebung, dann zieht er drei Schlussfolgerungen: Das Licht aller fernen Galaxien ist ins Rote verschoben. Der Grund dafür ist, dass diese sich von der Milchstraße wegbewegen. Und je weiter eine Galaxie entfernt ist, desto schneller bewegt sie sich weg.

Die spektakuläre Konsequenz: Alle Galaxien entfernen sich voneinander wie Punkte auf der Oberfläche eines Luftballons, der aufgeblasen wird – das Universum dehnt sich aus. Was sich aber ausdehnt, könnte irgendwann einmal an einem Fleck versammelt gewesen sein. Etwa 20 Jahre später entsteht die Urknall-Theorie – Hubbles Entdeckung ist dabei der erste experimentelle Hinweis auf die Gültigkeit dieses neuen Modells vom Anbeginn der Welt.

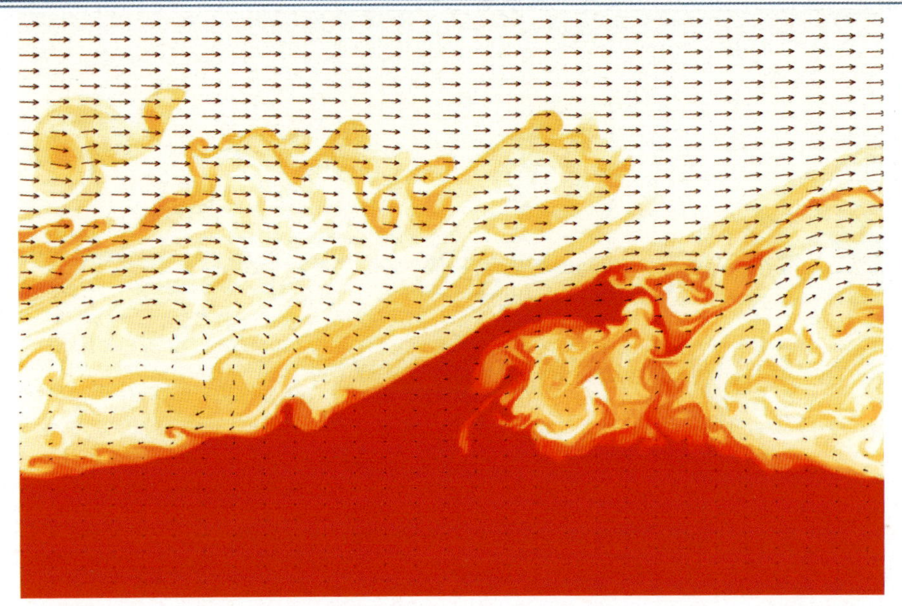

Oberfläche eines Weißen Zwergs (Simulation): Dank Pauli lässt sich die Existenz dieser Sterne erklären

QUANTENMECHANIK

Wolfgang Pauli 1900–1958 82

Das Prinzip des Ausschlusses

Sie nennen ihn das „Gewissen der Physik". Denn der Perfektionist Wolfgang Pauli legt alle Schwächen unausgegorener Theorien ohne Rücksicht offen. Seine unverhüllte Kritik kann bisweilen verletzend sein. Doch in einer Zeit, in der die Physik völlig neue Wege einschlägt und jede noch so abwegige Idee diskussionswürdig erscheint, ist eine Kontrollinstanz wie Pauli unverzichtbar.

Der in Wien aufgewachsene Forscher ist ein führender Kopf jener Gruppe von Physikern, die in den 1920er Jahren die alte **Quantenphysik** zur **Quantenmechanik** weiterentwickeln. Paulis wichtigste Entdeckung ist das „Ausschließungs-Prinzip", mit dem er 1925 entscheidend zum Verständnis der Verteilung von Elektronen in der Atomhülle beiträgt. Anfang der 1920er Jahre gilt das (inzwischen von Arnold Sommerfeld erweiterte) Modell von →*Niels Bohr* noch als beste Erklärung für den Aufbau von Atomen. Danach bewegen sich **Elektronen** wie kleine Planeten auf Ellipsenbahnen um den Kern. Allerdings zeigt das Modell bereits Schwächen. Wolfgang Pauli brütet lange über der Tatsache, dass sich die Elektronen nicht immer so verhalten, wie es das bislang gültige Atommodell vorhersagt.

Erst nach ausführlichen Berechnungen erkennt er die Lösung: Elektronen müssen eine bis dahin unbekannte Eigenschaft besitzen. Sie zeigt sich beispielsweise in einem Magnetfeld, wo sich zwei ansonsten gleiche Elektronen plötzlich unterschiedlich verhalten. Später erhält diese Eigenschaft den Namen **Spin**, denn in Analogie zur klassischen Physik beschreibt sie eine Art Kreiselbewegung des Elektrons.

Pauli wird außerdem klar, dass man sich die Atomhülle nicht wie ein Planetensystem, sondern eher wie ein mehrstöckiges Hotel mit vielen Zimmern vorstellen muss. Stockwerke und Zimmer werden mithilfe von vier sogenannten **Quanten**-Zahlen durchnummeriert. Eine davon ist die neu entdeckte Spinquantenzahl, die den Spin der Teilchen erfasst. Und vor allem: Es gibt nur „Einzelzimmer" – in jeden Raum passt nur ein einziges Elektron. Somit ist ausgeschlossen, dass ein Atom zwei oder mehr Elektronen enthält, die vollkommen identisch sind, also in allen vier Quantenzahlen übereinstimmen.

Mit dem „Pauli-Prinzip" lässt sich nun erklären, weshalb Elektronen so viel Platz brauchen – weshalb also Atome, wie →*Ernest Rutherford* bereits entdeckt hat, zum größten Teil leer sind. Zudem lassen sich auch die unterschiedlichen chemischen Eigenschaften der Elemente und damit der Aufbau des Periodensystems verstehen. Später wird darüber hinaus klar, weshalb die extrem verdichtete Materie im Inneren alter Sterne wie der Weißen Zwerge nicht unter dem Einfluss der Schwerkraft komplett in sich zusammenfällt: Denn auch für die dortigen Elektronen, die nicht mehr im Atom gebunden sind, gilt das Pauli-Prinzip.

BIOCHEMIE

Hans A. Krebs 1900–1981 83

Die Chemie der Zelle

Hans Adolf Krebs erkennt als Erster, dass biochemische Prozesse kreisförmig ablaufen können – in geschlossenen Zyklen, in denen ständig die gleichen Stoffe verarbeitet werden. Damit trägt der aus Hildesheim stammende Biochemiker maßgeblich zum Verständnis des Zellstoffwechsels bei. Heute weiß man, dass molekulare Kreisläufe bei allen zentralen Stoffwechselvorgängen in Organismen beteiligt sind – etwa bei der Photosynthese oder der Zellatmung.

Der 1937 entdeckte „Krebs-Zyklus" bildet die Drehscheibe der Energieversorgung in Zellen. In ihm wird Zitronensäure auf komplexe Weise in immer neue Stoffe umgewandelt, bis schließlich erneut Zitronensäure entsteht und der Prozess von vorn beginnt. Dabei wird unter anderem Energie frei und in Form einer bestimmten chemischen Substanz gespeichert. In den Zellen speist diese gebundene Energie sämtliche Vorgänge, bei denen Arbeit verrichtet wird.

Zuvor hat Krebs gemeinsam mit Kurt Henseleit bereits den Harnstoffzyklus enträtselt – einen Mechanismus in der Leber, bei dem das giftige Abfallprodukt Ammoniak zu harmlosem Harnstoff umgesetzt und mit dem Urin ausgeschieden wird.

1933 muss der Spross einer jüdischen Arztfamilie Deutschland verlassen und emigriert nach England. Er wird mit 21 Ehrendoktorwürden und dem Nobelpreis für Medizin ausgezeichnet, 1958 schlägt die Queen ihn zum Ritter. Und doch bleibt Krebs stets bescheiden.

Enträtselt zentrale Zellvorgänge: Hans Krebs

Dass etwa der Krebs-Zyklus nach ihm benannt wird, tut er damit ab, dass dieser Name einfach kürzer sei als die gebräuchlichere Bezeichnung „Zitronensäurezyklus".

Jetzt im Handel
Kolle Rebbe
GEOlino
Das Erlebnisheft
DINOSAURIER
Die Eier der Urzeitriesen: Sensationsfund zwischen Staub und Sträuchern
LÖWEN
Bei den Herrschern der Wildnis regieren die Frauen
BLUT
Wir nehmen den Lebenssaft unter die Lupe
IM BAUCH DER ERDE
Unterwegs mit Höhlenforschern
BERGSCHULE
Morgens Mathe pauken, nachmittags Ziegen hüten
unicef
BRIEFFREUNDE GESUCHT?
Auf unserem Poster findet ihr sie
Zeigen Sie Ihren Kindern die Gesichter der Welt.
GEOlino – das Monatsmagazin für junge Entdecker: spannende Berichte über Menschen, Tiere, Natur, Technik und tolle Extras zum Spielen, Rätseln oder Sammeln.
www.geolino.de
GEOlino. Wissen macht Spaß

DER TOD AU

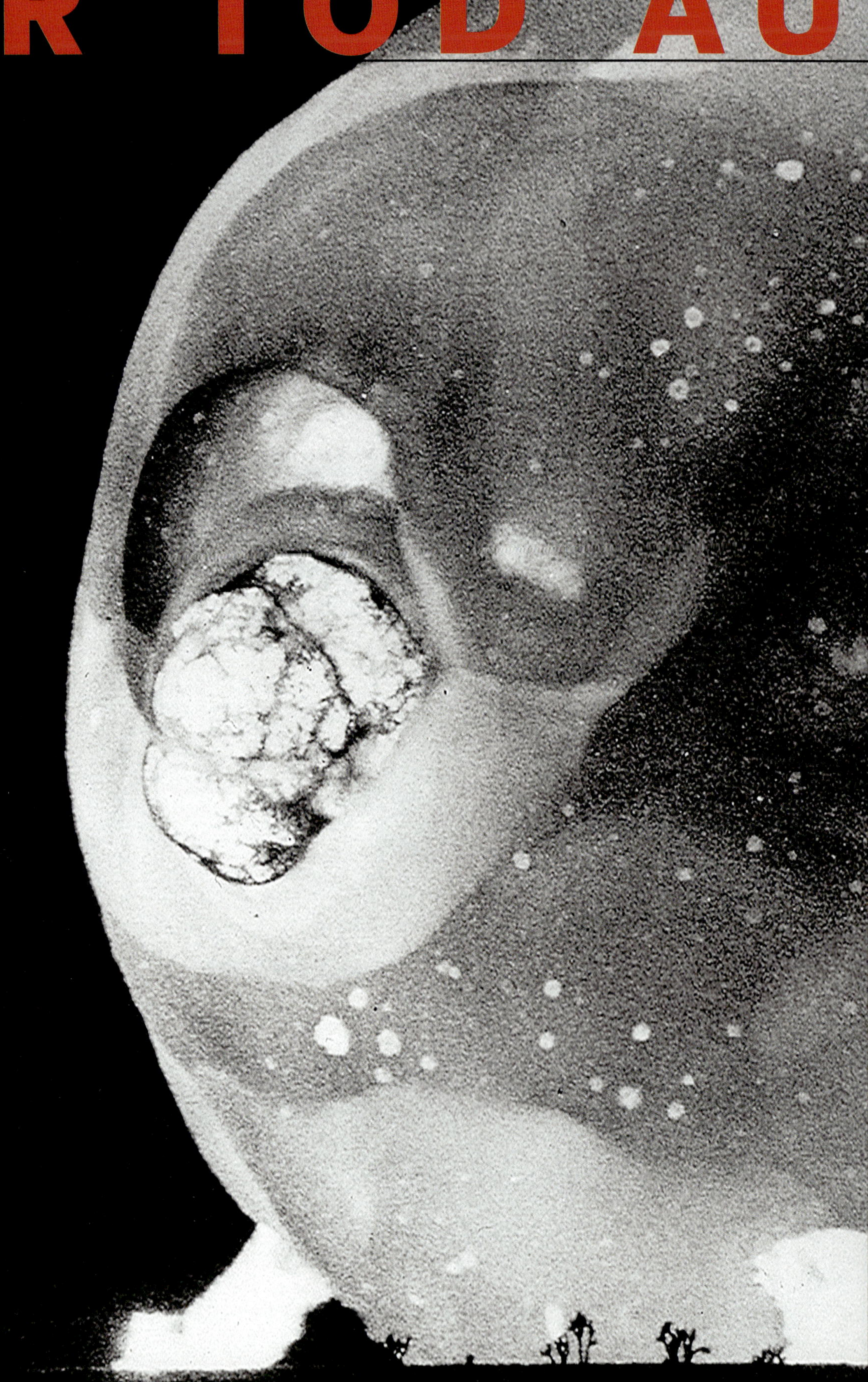

Nach neun Sekunden wird aus dem Feuerball ein tödlich strahlender Pilz: Die erste Atombombe explodiert am 16. Juli 1945 in New Mexico/USA

S DEM KERN

Text: Ralf Berhorst

In den 1930er Jahren dringen Wissenschaftler immer tiefer in die Geheimnisse des Atomkerns ein. Einer von ihnen ist der Italiener Enrico Fermi. Nach der Flucht vor dem Faschismus stellt er seine Wissenschaft offen in den Dienst des Krieges: Fermi will das Uran-Atom spalten – und eine Waffe mit unvorstellbarer Zerstörungskraft schaffen

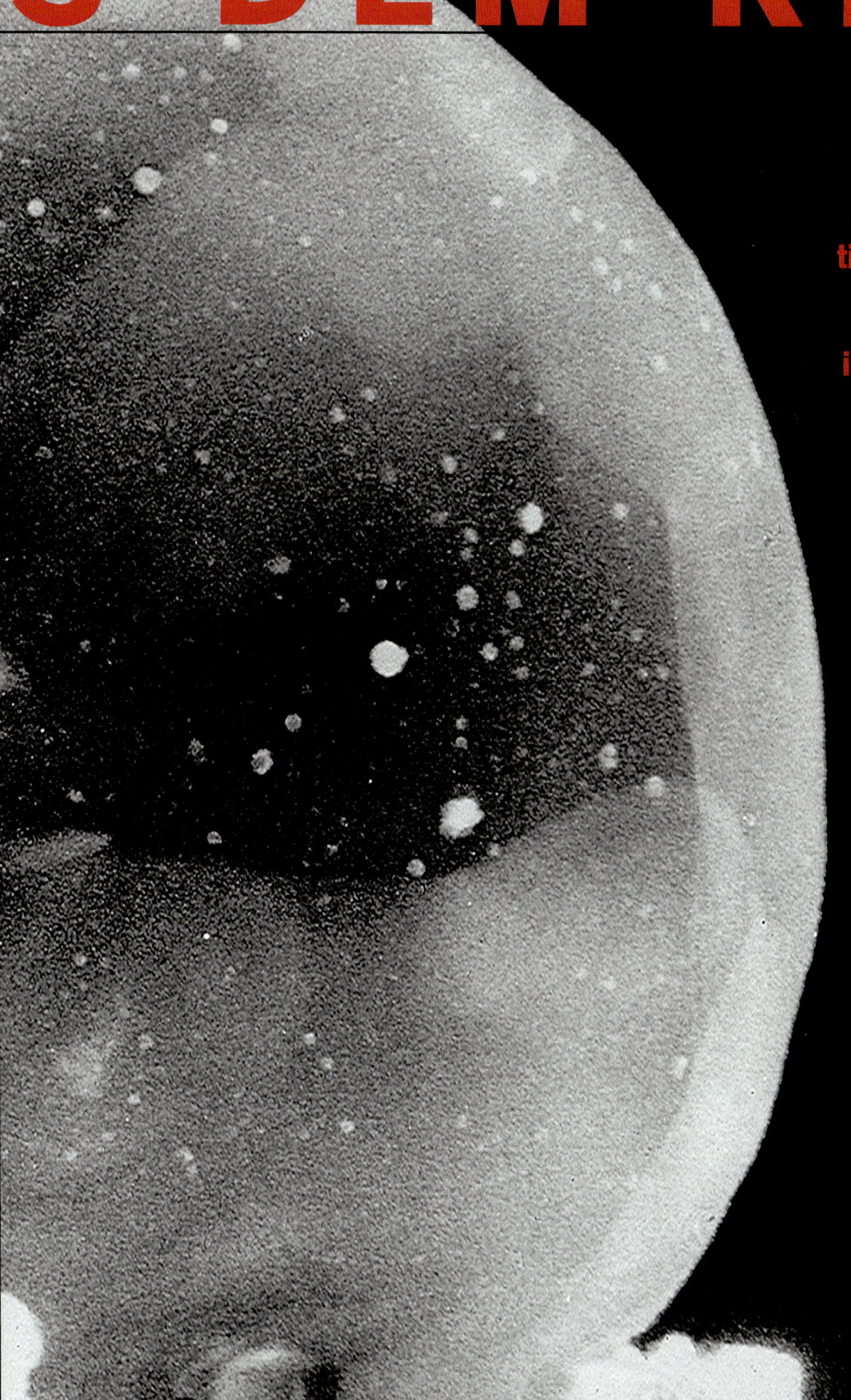

Enrico Fermi drängt die US-Regierung gemeinsam mit anderen Physikern zum Bau der Atombombe. Denn Deutschland forscht auch an der Waffe

Ein Feuerball, grell wie 1000 Sonnen, erhellt die Wüste im Süden New Mexicos. Sein Licht scheint golden und purpurfarben, dann violett, grau und blau. Binnen einer Millionstelsekunde schmilzt die Hitze den Sand zu Glas. Dann steigt ein Staubpilz auf, und die Druckwelle breitet sich aus.

Etwa 40 Sekunden später erfasst ihr Beben einen Unterstand in 16 Kilometer Entfernung. Dort verfolgt der italienische Kernphysiker Enrico Fermi die Explosion durch eine schwarze Schutzbrille. Aus seiner Hand lässt der 44-Jährige in Kopfhöhe kleine Papierstreifen rieseln und betrachtet, wie sie abwärts taumeln. Als der Luftdruck der Detonation in den Papierregen fährt, werden die Fetzen mitgerissen und sinken erst in einiger Entfernung zu Boden. Fermi misst den Abstand mit seinen Schritten aus und errechnet so die Stärke der Explosion.

Sie übertrifft seine Erwartungen. Fast viermal so stark wie geplant ist die Zerstörungskraft der ersten Atombombe, die an diesem 16. Juli 1945 um 5.30 Uhr gezündet wird. In dieser Minute beginnt ein neues Zeitalter.

Als Fermi am Abend ins Camp von Los Alamos zurückkehrt, wirkt er wie benommen und geht wortlos zu Bett. Doch wenige Tage später zählt er zu jenen Wissenschaftlern, die US-Präsident Truman empfehlen, die Bombe gegen Japan einzusetzen. Es gebe keinen anderen Weg, den Krieg im Pazifik rasch zu beenden.

Bereits kurz zuvor hat ein Zylinder mit dem Uran für eine Atombombe die Waffenfabrik verlassen. Ein Kreuzer der US Navy wird ihn zum Luftwaffenstützpunkt Tinian im Pazifik transportieren.

Diese zwei Milliarden Dollar teure Bombe ist das Ergebnis von vier Jahren Arbeit, geleistet von 130 000 Menschen. Einer von ihnen ist Enrico Fermi.

Der Emigrant gehört zu den brillantesten Köpfe des „Manhattan Project", wie die Bombenbauer ihr Unternehmen genannt haben. Ohne ihn hätte die Atombombe wohl nicht gebaut werden können. Aber das Projekt ist zugleich eine kollektive Kraftanstrengung – das Ergebnis der Zusammenarbeit Hunderter hochqualifizierter Wissenschaftler, wie sie bis dahin ohne Beispiel ist.

Ein Großprojekt, das nur das eine Ziel kennt: den deutschen Kernphysikern zuvorzukommen.

Es ist ein Wettlauf auf Leben und Tod. Denn wer zuerst die zerstörerische Energie des Atoms entfesselt, besitzt eine unschlagbare Waffe. In seiner Macht liegt es, Städte auszulöschen, Landstriche zu verwüsten und dem Gegner seine Macht aufzuzwingen. Nazi-Deutschland könnte mit der Bombe die ganze Welt versklaven – ein unerträglicher Gedanke nicht nur für den italienischen Exilanten Fermi, der vor Hitlers Verbündetem Mussolini geflohen ist.

ENRICO FERMI, geboren am 29. September 1901 in Rom, erstaunt schon als Kind die Erwachsenen. Er löst komplexe mathematische Probleme, kann längere Passagen von Dantes „Göttlicher Komödie" auswendig aufsagen. Mit 14 kauft er sich von seinem Taschengeld auf einem Straßenmarkt zwei physikalische Lehrbücher, verfasst im Jahr 1840 von einem jesuitischen Gelehrten. Zu Hause liest er die beiden Bände sofort durch – obgleich sie auf Latein geschrieben sind.

Als Autodidakt eignet Fermi sich in den folgenden Jahren umfassende physikalische Kenntnisse an. Mit 17 schreibt er sich zum Studium ein, mit 25 erhält er eine Professur für theoretische Physik.

Hier schickt sich der schüchterne Mann mit den stets leicht vorgebeugten Schultern bald an, sein Fachgebiet zu erneuern. Fermi versammelt junge Mitarbeiter um sich; mit ihnen will er den Atomkern erforschen.

LÄNGST WISSEN DIE PHYSIKER, dass Atome nicht die kleinsten Bausteine der Materie sind: Ihr Kern etwa besteht aus **Neutronen** und **Protonen**, die von einer ungeheuren Kraft zusammengehalten werden, sonst würden die Atomkerne zerplatzen.

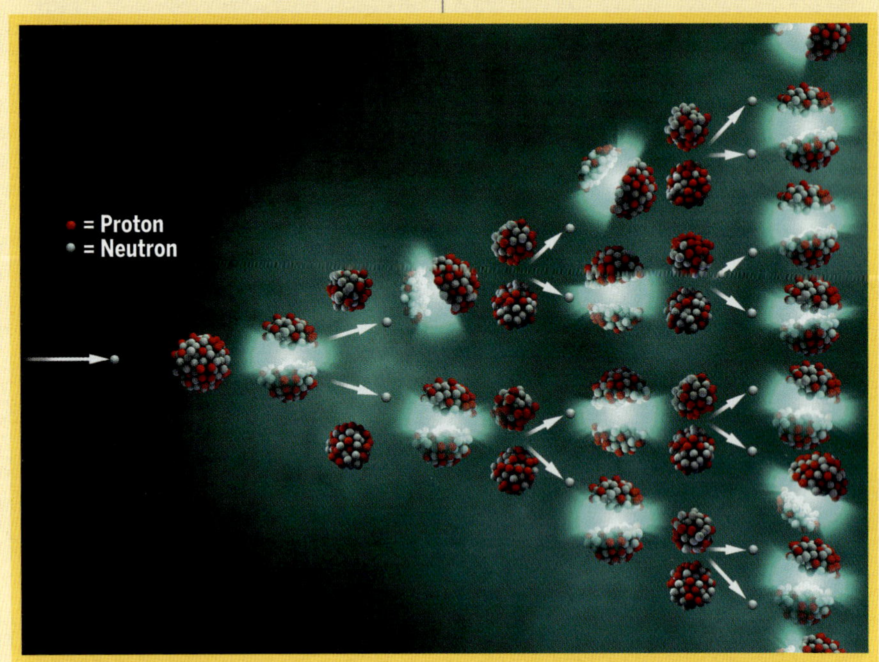

Die Atomspaltung: Ein Uran-Kern wird von einem Neutron (grau) getroffen, zerplatzt in zwei kleinere Kerne und setzt seinerseits Neutronen frei – es kommt zur Kettenreaktion

Zugleich ist in den Bausteinen des Atoms gewaltige Energie gespeichert – als Masse. Gelänge es, davon nur eine winzige Menge in freie Energie umzuwandeln, so besäße man eine ungemein große Kraftquelle.

Mit Albert Einsteins berühmter Formel $E = m \cdot c^2$, 1905 aufgestellt in der Speziellen Relativitätstheorie (siehe Seite 96), lässt sich genau berechnen, wie groß die gesamte Energie ist, die in Materie steckt. Demnach enthält ein einziges Gramm eine Energie von 25 Millionen Kilowattstunden – die Verbrennungswärme von 250 Waggons mit Steinkohle. Ein Glas Wasser versammelt in seiner Materie etwa so viel Energie, wie ein Ozeandampfer bei 500 Überquerungen des Atlantiks verbraucht. Doch hat es noch niemand vermocht, die gewaltige Energie des Atoms freizusetzen.

Im Frühjahr 1934 beginnt Enrico Fermi ein Experiment: Er beschießt in seinem Labor Atome aus einer Art Kanone mit Neutronen. Sein Geschütz ist ein Glasröhrchen, gefüllt mit einer Substanz, die für eine gewisse Zeit ungeladene Teilchen (Neutronen) aussendet.

Fermi hofft, dass eines dieser Neutronen wie ein Projektil in den beschossenen Atomkern eindringt. Wird das Neutron sogar dauerhaft vom Kern „geschluckt" – bildet sich also ein neuer, um ein Neutron erweiterter Atomkern –, müsste das Atom Energie abstrahlen, die als radioaktive Strahlung messbar ist.

Wochenlang bombardiert Fermi die Atomkerne verschiedener Elemente, etwa Wasserstoff und Kohlenstoff, mit Neutronen. Jedes Mal hält er die Substanz danach vor einen Geigerzähler. Doch nie schlägt das Gerät an, es zeigt sich keinerlei Radioaktivität. Offenbar sind alle Neutronen wirkungslos an den Atomkernen abgeprallt.

Der Italiener überlegt bereits, die Experimente abzubrechen. Dann entschließt er sich zu einem letzten Versuch mit Fluor. Und diesmal reagiert der Geigerzähler: Das Fluor ist durch den Neutronenbeschuss tatsächlich radioaktiv geworden und sendet Energie in Form von radioaktiver Strahlung aus.

Freilich: Die Energie des Atomkerns könnte zukünftig nicht nur geeignet sein, große Schiffe anzutreiben – sondern auch zum Bau einer vernichtenden Waffe. Der Schriftsteller H. G. Wells hat schon 1913 eine „Atombombe" erdacht, die ganze Städte auslöscht.

Fermi ahnt nicht, dass ihm ein erster Schritt gelungen ist, diese Vision in die Tat umzusetzen.

Bis zum Sommer beschießen er und seine Mitarbeiter weitere Substanzen mit Neutronen. Schließlich sind sie beim Uran, dem letzten der 92 bis dahin bekannten **Elemente**, angelangt. Wieder zeigt sich die radioaktive Strahlung: Das Uran-Atom hat das Neutronen-Geschoss „geschluckt" und dabei gleichzeitig Energie ausgesendet. Der Italiener vermutet sogar, dass das Uran-Atom sich unter dem Beschuss in ein schwereres Element verwandelt hat.

Denn die Messdaten lassen keine Rückschlüsse zu auf eine der im Periodensystem bekannten Substanzen. Fermi wäre demnach Erstaunliches gelungen: Er hätte im Labor ein neues, 93. Element fabriziert. Ein Stoff, von dem auf der Erde keine natürlichen Vorkommen existieren.

Auch die Fachwelt, die von Fermis Arbeit durch die Veröffentlichung in einem Wissenschaftsmagazin erfährt, ist wie gebannt. Die Möglichkeit, Atomkerne zu manipulieren und in Kerne eines anderen Elements umzuwandeln, eröffnet unabsehbare Perspektiven – vielleicht würde man bald auch einen beachtlichen Teil der im Kern als Masse gespeicherten Energie freisetzen können.

In vielen Ländern beginnen Kernphysiker, Uran-Atome mit Neutronen zu beschießen. Sie wollen das 93. Element nachweisen. Doch zunächst kann niemand das Rätsel lösen. Keiner erfasst, was bei dem Versuch wirklich geschehen ist.

In einem **GLAS WASSER** steckt Energie für 500 Atlantiküberquerungen eines Dampfers

Etwa ein halbes Kilo Uran (links) wird bei der Detonation der Hiroshima-Bombe gespalten – nur 0,6 Gramm davon zerstrahlen zu todbringender Energie

AM MORGEN des 10. November 1938 weckt Telefonklingeln Fermis Familie aus dem Schlaf: Das Fernsprechamt kündigt für sechs Uhr abends ein Gespräch aus Stockholm an. Seit einigen Wochen weiß Fermi, dass er auf der Kandidatenliste für den Physik-Nobelpreis steht. Die vertrauliche Information hat ihn darin bestärkt, seine Flucht vorzubereiten.

Denn seit Kurzem gelten im faschistischen Italien erste antisemitische Gesetze; Fermis jüdischer Frau Laura droht die Aberkennung der vollen Staatsbürgerschaft. Das Ehepaar beschließt, so schnell wie möglich mit den beiden Kindern das Land zu verlassen. Doch der Diktator Mussolini würde seinen berühmtesten Wissenschaftler kaum ziehen lassen. Fermi hat deshalb heimlich Kontakt zu US-Universitäten aufgenommen. Die Reise zur Nobelpreisverleihung in Stockholm wäre die perfekte Tarnung.

Am Abend des 10. November 1938 warten die Eheleute vor dem Telefon. Auch das Radio ist eingeschaltet; gerade gibt der Nachrichtensprecher eine zweite Serie von „Rassengesetzen" bekannt. Dann läutet das Telefon; es ist die ersehnte Nachricht aus Stockholm.

Im Dezember 1938 bricht Fermi mit seiner Familie zur Preisvergabe in die schwedische Hauptstadt auf – und reist anschließend in die USA. Dort kann er sich unter fünf Angeboten einen Lehrstuhl aussuchen. Fermi entscheidet sich für die Columbia University, New York.

Nicht einmal einen Monat nach seiner Ankunft in den USA fährt er zu einer internationalen Physikertagung nach Washington. Hier treffen sich viele bedeutende Erforscher der Kernphysik. Eine beunruhigende, vom dänischen Atomforscher →***Niels Bohr*** ausgeplauderte Nachricht kursiert noch vor Tagungsbeginn am 26. Januar 1939.

Seit mehr als vier Jahren beschießen auch deutsche Physiker wie →***Otto Hahn*** und Fritz Straßmann Uran-Atome mit Neutronen, um Fermis 93. Element zu erzeugen, bislang erfolglos. Nun glauben die Deutschen, dass sie einem Phantom nachgejagt sind.

Denn anders, als Fermi vermutet hat, so legen es die Deutschen in einem Fachaufsatz dar, verwandle sich Uran unter Neutronenbeschuss keineswegs in ein neues Element. Vielmehr zerplatze sein Kern in mehrere Teile: in radioaktiv strahlende Bruchstücke.

Hahn und Straßmann wäre demnach die erste **Kernspaltung** gelungen.

Sofort eilt Fermi zusammen mit anderen Physikern von der Tagung in ein Washingtoner Labor. Es ist nicht allzu schwer, das Experiment der Deutschen nachzuprüfen, der Aufbau wird in ihrem Aufsatz beschrieben. Und tatsächlich: Die Messdaten der Instrumente belegen eindeutig eine Spaltung des Uran-Atoms.

Der Italiener ist konsterniert. Er begreift jetzt, dass er bereits bei seinen Experimenten 1934 Uran-Atome gespalten hat – es nur nicht bemerkt hat. Doch er konnte es auch gar nicht bemerken. Eine hauchdünne Folie, die seine Messgeräte vor der natürlichen Strahlung des Urans abschirmen sollte, verhinderte, dass die Instrumente die entsprechenden Daten lieferten: Die Folie hatte die radioaktiven Bruchstücke des gespaltenen Urans aufgefangen, sodass sie nicht entdeckt werden konnten.

Nur durch einen Zufall hat Fermi die Entdeckung der Kernspaltung verpasst – vier Jahre vor Hahn und Straßmann.

Die Enttäuschung darüber weicht rasch dem Bewusstsein einer existenziellen Bedrohung. Wie allen anderen Kernphysikern in Washington ist Fermi schnell klar, dass der Bau einer Atombombe keine Utopie mehr ist.

Denn bei dem Versuch von Hahn und Straßmann wurde auch etwas Masse des gespaltenen Urankerns in Energie umgewandelt und freigesetzt: rund 200 Millionen Elektronenvolt. Diese Energie reicht zwar gerade aus, ein Sandkörnchen von der Stelle zu bewegen – sie bezieht sich jedoch auch nur auf die Spaltung *eines einzigen* Urankerns (und es ist immerhin 100 Millionen Mal so viel Energie wie entsteht, wenn ein Atom Kohlenstoff verbrennt, also Kohlenstoff mit Sauerstoff reagiert).

In den Geheimlabors von Los Alamos in New Mexico forschen von 1942 an Tausende Menschen für den Bau der Atombombe

Gelänge es, den Vorgang zu potenzieren, so entstünde eine gigantische Kraft. Es käme nur darauf an, dass sich die Kernspaltung von Uran-Atom zu Uran-Atom fortpflanzt, durch eine sich selbst in Gang haltende **Kettenreaktion**.

Leó Szilárd, ein jüdisch-ungarischer Physiker, der 1933 aus Deutschland in die USA emigriert ist, hat diesen Mechanismus bereits theoretisch beschrieben: Vermutlich sendet jedes Uran-Atom bei der Spaltung zwei bis drei Neutronen aus. Trifft eines dieser Neutronen einen anderen Urankern, wird auch der gespalten, wobei abermals zwei bis drei Neutronen freigesetzt werden und so fort.

Durch diese Kettenreaktion würde innerhalb von weniger als einer Millionstelsekunde explosionsartig gewaltige Energie frei – Kernenergie, die Nazi-Deutschland jetzt womöglich in eine mörderische Waffe verwandeln könnte.

Wenn es den Forschern dort gelingt, die Kettenreaktion gezielt auszulösen.

Zwei **DEUTSCHEN** gelingt die Spaltung des Atoms – die Jagd nach der Bombe beginnt

EINIGE ZEIT NACH der Washingtoner Konferenz sieht ein Mitarbeiter Fermis, wie der Italiener aus seinem Bürofenster an der Columbia University auf die Straßen Manhattans hinabstarrt und mit seinen Händen eine Kugel formt: „Eine kleine Bombe dieser Größe, und das alles würde weggeblasen", murmelt Fermi.

Dieser Gedanke lässt ihn offenbar nicht mehr los; er will die US-Behörden rechtzeitig warnen. Im März 1939 verfasst der Physiker George B. Pegram für ihn ein Empfehlungsschreiben, adressiert an einen Admiral der Navy. Darin heißt es vorsichtig, „dass Uran als ein Explosivstoff benutzt werden könnte,

welcher eine Million Mal mehr Energie pro Pfund besäße als jeder andere bisher bekannte Explosivstoff". Der Brief ist die erste Kontaktaufnahme zwischen den Kernphysikern in den USA und der amerikanischen Regierung.

Fermi reist nach Washington und referiert vor dem Navy-Admiral, einigen Marineoffizieren, Offizieren vom Waffenamt der US Army sowie zivilen Wissenschaftlern über die Bombe. Aber er dringt nicht durch. Die USA befinden sich nicht im Krieg, Europas Diktaturen sind weit entfernt. Wer wird da auf die Warnungen eines Ausländers hören?

Auch in Deutschland, wo die Fachwelt die Konsequenzen der Kernspaltung diskutiert, alarmieren Physiker die Behörden. Mit weitaus mehr Erfolg. Ende April 1939 ruft der Reichsforschungsrat in Berlin alle wichtigen Atomforscher zu einer Geheimkonferenz über das „Uranproblem" zusammen; nur Otto Hahn, der dem NS-Regime kritisch gegenübersteht, lässt sich entschuldigen.

Die Versammlung beschließt, sofort sämtliches Uranerz, das im böhmischen Joachimsthal gefördert wird, sicherzustellen – seit dem „Anschluss" des Sudetenlandes im Oktober 1938 zählen die ergiebigen Gruben dort zum Deutschen Reich. Kein Gramm des möglichen Bombensprengstoffs Uran soll mehr ins Ausland gelangen.

Die Kernphysiker erhalten den Auftrag, eine „Uranmaschine" zu konstruieren, also einen Atommeiler. Sie sollen versuchen, in dem Meiler eine kontrollierte Kettenreaktion in Gang zu setzten: Das wäre der nächste Schritt zur Bombe. Denn bislang ist der Mechanismus der Kettenreaktion nur eine physikalische Theorie – ohne praktischen Beweis. Kann sie überhaupt funktionieren?

Im Sommer 1939 richtet das deutsche Heereswaffenamt ein „Referat für Kernphysik" ein; mit Gestellungsbefehlen verpflichtet es die deutschen Forscher zur Mitarbeit. Der Leipziger Physiker →***Werner Heisenberg***, später der Leiter des Referats, und auch Otto Hahn können sich dem nicht mehr entziehen.

Nur wenige Monate nach Entdeckung der Kernspaltung gibt es damit im „Dritten Reich" zwei Uranforschungsprojekte: die Arbeiten am Atommeiler und das Referat im Heereswaffenamt.

Als ein Jahr später die Wehrmacht in das neutrale Belgien einmarschiert, fallen den Deutschen die Vorräte der Bergbau-Gesellschaft „Union Minière" in die Hände, des größten Uranexporteurs der Welt. Nun scheint der Vorsprung der Deutschen fast uneinholbar. „Wir sahen eigentlich vom September 1941 eine freie Straße zur Atombombe vor uns", wird Heisenberg nach dem Krieg bekennen.

Nicht jedem der beteiligten Forscher ist die Idee geheuer, für Hitler die Bombe zu bauen. Einer von ihnen, der Physiker Fritz Houtermans, lässt gegen Ende des Jahres heimlich ein Telegramm an einen in die USA emigrierten Kollegen übermitteln. Mit einer eindeutigen Warnung: „Beeilt Euch! Wir sind nahe dran!"

DOCH IN DEN USA ist nach Enrico Fermis vergeblichem Vorstoß zunächst wenig geschehen. Erst ein Brief →***Albert Einsteins*** sowie Interventionen anderer Physiker bringen das amerikanische Atombombenprojekt langsam in Gang. Einstein wendet sich Anfang August 1939 direkt an US-Präsident Roosevelt, schreibt über „neuartige Bomben von höchster Detonationsgewalt". Deutschland arbeite bereits an solch einer Waffe.

6000 Dollar fließen danach aus dem Etat der Navy an ein erstes Forschungsprojekt.

Auch ohne größere staatliche Unterstützung machen einige ungeduldige Wissenschaftler Fortschritte: Bereits kurz nach Hahns und Straßmanns Entdeckung entwickelt der Däne Niels Bohr die Theorie, dass einzig ein bestimmtes Uran-Isotop spaltbar ist. Es macht jedoch gerade einmal 0,7 Prozent des Uranerzes aus, wie es in der Natur vorkommt, und ist mit anderen Uran-Isotopen vermischt. Über 99 Prozent des Urans sind also nicht spaltbar und daher als Bombensprengstoff unbrauchbar.

Im Frühjahr 1940 gelingt es einem US-Physiker erstmals, das spaltbare Material von den ungeeigneten Uran-Arten zu trennen.

Der Physiker Robert Oppenheimer leitet das »Manhattan Project« – doch später wird er zum Kritiker der Atombewaffnung

Nach Japans Überfall auf Pearl Harbor im Dezember 1941 werden die Anstrengungen in den USA potenziert: Jetzt arbeiten Hunderte Wissenschaftler sowie Zehntausende Techniker und Arbeiter in Dutzenden von Universitäten, mehr als 30 Labors und Produktionsstätten an der Atombombe – unter strenger Geheimhaltung und von der Außenwelt weitgehend isoliert.

Das „Manhattan Project", wie es unter der Leitung des Wissenschaftlers J. Robert Oppenheimer nun genannt wird, unterhält einen großindustriellen Komplex. Allein in Oak Ridge, Tennessee, entstehen kilometerlange Fabrik-

Am 9. August 1945 wirft ein B-29-Bomber über Nagasaki die Plutoniumbombe »Fat Man« ab. Sie hat die Kraft von 22 Kilotonnen TNT – mehr als 20 000 Menschen sterben sofort

anlagen, um dort das spaltbare Uran abzutrennen.

Es sind Forschungsaufgaben von einer neuen Dimension. Physiker, die früher nur die Abgeschiedenheit ihrer Labors kannten, verschreiben sich einem militärischen Gemeinschaftsprojekt. Weil eine apokalyptische Gefahr es erzwingt.

Die USA haben damit den Wettlauf zur Bombe aufgenommen. Neben den US-Wissenschaftlern forschen Briten und andere Europäer.

Einer der wichtigsten ist Enrico Fermi. Der Italiener will zusammen mit einigen Kollegen, darunter Leó Szilárd, die nukleare Kettenreaktion erforschen, und diesmal soll ihm niemand zuvorkommen. Fraglich ist ja weiterhin, ob sich der Mechanismus überhaupt gezielt auslösen lässt.

Mit Geldern aus dem Manhattan Project beginnt unter der Leitung Fermis am 16. November 1942 in Chicago der Aufbau eines Atommeilers – so streng geheim, dass selbst seine Frau Laura nicht ahnt, woran er arbeitet.

Fermi vertraut dabei vollkommen auf seine Berechnungen und die seiner Kollegen. Und so wagt er es, den Meiler mitten in einer Großstadt zu errichten: in einer Squash-Halle unterhalb der Westtribüne des Chicagoer Universitätsstadions.

Dort schichten er und seine Mitarbeiter 45 000 kleine Graphit-Ziegel zu einem etwa drei Meter hohen und fast acht Meter breiten ellipsoidförmigen Gebilde, das nur von einem dünnen Ballon umhüllt ist – einen festen Schutzmantel hat der Graphithaufen nicht.

Zwischen die reinen Graphit-Ziegel platzieren die Männer in genau bemessenen Abständen Ziegel mit Bohrungen, in denen sich Klumpen spaltbaren Urans befinden. Die Graphitblöcke sollen jene Neutronen abbremsen, die das Uran freisetzt. Denn verlangsamte Neutronen, so hat Fermi herausgefunden, treffen mit viel größerer Wahrscheinlichkeit auf umliegende Uran-Atome und spalten sie – und nur so kann eine Kettenreaktion in Gang kommen.

Drei Männer postiert Fermi oben auf dem Stapel. Sie halten Eimer mit einer Kadmiumsulfatlösung – für den Fall, dass die Kettenreaktion außer Kontrolle gerät: Kadmium absorbiert Neutronen und soll die Kettenreaktion stoppen.

Am Nachmittag des 2. Dezember 1942 ist es so weit. Fermi erteilt die Anweisung, einen Kadmiumstab aus dem Graphitblock herauszuziehen. Bisher hält dieser letzte „Steuerungsstab" die Kettenreaktion auf. Das Ticken der Zähler, die die Neutronenintensität messen, geht in einen Dauerton über. Es ist der Beweis: Die Kettenreaktion läuft.

Viereinhalb Minuten lässt Fermi „Chicago Pile 1", den ersten Atommeiler der Geschichte, in Betrieb. Dann stoppt er die Kettenreaktion. Ein halbes Watt Energie hat der Block produziert – ein bisschen Wärme, die ungenutzt verpufft.

Aus der kalten Squash-Halle geben die Männer einem der Koordinatoren des Manhattan Project die vereinbarte Losung durch: „Der italienische Seemann ist in der Neuen Welt gelandet!" Fermi hat die nukleare Urgewalt entfesselt und zugleich gebändigt, denn erstmals ist die bisher nur theoretisch beschriebene Kettenreaktion auch tatsächlich gelungen. Er ist überglücklich.

Sein Mitstreiter Leó Szilárd hingegen glaubt, dieses Datum werde „als schwarzer Tag in die Geschichte der Menschheit eingehen".

Seit dem Frühjahr 1941 wissen die Amerikaner zudem, dass nicht nur das äußerst seltene Uran-Isotop, sondern auch Plutonium spaltbar ist. Damit steht ihnen ein zweiter Sprengstoff für den Bau einer Atombombe zur Verfügung. Plutonium ist ein künstlicher Stoff, der erzeugt werden kann, indem man nicht spaltbares Uran in einem Meiler mit Neutronen beschießt. Mit Fermis Chicagoer Experiment sind die Voraussetzungen dafür gegeben.

In Hanford am Columbia River errichten zwischen 1942 und 1944 gut 42 000 Bauarbeiter auf 1800 Quadratkilometern drei Meiler und industrielle Großanlagen, um Plutonium zu gewinnen.

Enrico Fermi bezieht eine Wohnung in Haus T-186. Er leitet in Los Alamos die Abteilung „F" – F für Fermi. Er soll sowohl theoretische wie auch experimentelle Probleme lösen und ist fortan direkt am Bau der Bombe beteiligt – als eine

In einer SPORTHALLE entfesselt Fermi die erste Kettenreaktion – mitten in Chicago

Art Joker für alle Fragen, die von keiner Abteilung bearbeitet werden. Etwa: Wie viel Uran oder Plutonium braucht man? Wie muss der Zündmechanismus beschaffen sein?

Zugleich besucht der Italiener immer wieder die riesigen Industrieanlagen in Oak Ridge und Hanford, um die Gewinnung der beiden Bombensprengstoffe Uran und Plutonium zu begutachten.

Tote, Verwundete, verstörte Opfer nach dem Atombombenabwurf auf Nagasaki. Bis Ende 1945 sterben in Hiroshima und Nagasaki rund 210 000 Menschen infolge der Angriffe

Zu dieser Zeit reist Fermi unter falschem Namen in geheimer Mission durchs Land, zu den vielen Labors des Manhattan Project. Im Spätsommer 1944 dann zieht der Italiener mit seiner Familie nach „Y" in New Mexico um.

So nennen die Wissenschaftler den Ort Los Alamos, an dem sie die Bombe konstruieren sollen. Das sandige Hochplateau ist nur über eine schmale Bergstraße zu erreichen, abgelegen genug für das Geheimprojekt. Nach und nach entsteht in 2400 Meter Höhe eine Stadt für 6000 Menschen, doch „Y" ist auf keiner Landkarte verzeichnet.

Das Manhattan Project macht Fortschritte. Doch niemand in Los Alamos weiß, ob es gelungen ist, den Vorsprung der Deutschen einzuholen.

RIVALITÄTEN BREMSEN die deutsche Atomforschung, die Forscher streiten um das verfügbare Uranerz. Zwar wissen sie über ein Jahr früher als die Amerikaner, dass es mit Plutonium einen zweiten Bombensprengstoff gibt. Aber ihnen fehlen die technischen Möglichkeiten, es in einem Meiler zu produzieren.

Denn die Arbeiten an der „Uranmaschine", wie die Deutschen ihren Atommeiler nennen, sind seit 1939 kaum vorangekommen. So haben sie auch den Mechanismus der Kettenreaktion noch nicht praktisch erproben können.

Am 4. Juni 1942 bestellt Rüstungsminister Albert Speer die wichtigsten Kernforscher in Berlin zum Rapport. Bis eine Atombombe einsatzfähig sei, trägt Werner Heisenberg vor, würden wohl noch drei bis vier Jahre vergehen. Viel zu spät für das NS-Regime.

Speer entscheidet, statt der Uranforschung die Massenfertigung der Rakete V 1 voranzutreiben.

Dennoch ist das Atombombenprojekt keineswegs aufgegeben. Es fließt weiter Geld in den Bau der „Uranmaschine", mehr als eine Million Reichsmark jährlich. Längst nicht alle Forscher haben die Idee einer Bombe verworfen.

Doch der Krieg erzwingt, dass die Deutschen 1943/1944 ihre wichtigsten Forschungsinstitute von Berlin in die schwäbische Provinz verlegen müssen.

Dort forschen die Männer um Walther Gerlach und Heisenberg nun in kleinerem Stil – basteln in einem alten Weinkeller an ihrem Atommeiler.

Und während die West-Alliierten zum Rhein marschieren und die Rote Armee sich zum Angriff auf Berlin rüstet, gehen die Arbeiten bei Tag und bei Nacht weiter: Anfang März 1945 versuchen die Kernphysiker, ihre „Uranmaschine" erstmals zum Laufen zu bringen.

Die Kettenreaktion aber setzt nicht ein, es ist zu wenig Uran im Reaktorgefäß. Die Forscher wollen größere Mengen des spaltbaren Materials anfordern, denn sie sehen sich kurz vor dem Durchbruch.

Doch zum Bau einer deutschen Bombe ist es jetzt ohnehin zu spät. Im April 1945 beschlagnahmt eine britisch-amerikanische Spezialeinheit die 1100 Tonnen deutscher Uranerz-Vorräte aus einem Bergwerk in Sachsen-Anhalt.

Die Geheimdienstler entdecken auch die „Uranmaschine" in Schwaben; sie fotografieren den Meiler und demontieren

Nur ein Ruinenfeld bleibt von der Stadt Nagasaki übrig. Die US-Luftwaffe setzt dort und in Hiroshima verschiedene Bombentypen ein, um so deren Wirkung zu vergleichen. Die militärische Notwendigkeit der Angriffe wird heute von vielen Historikern bezweifelt

ihn anschließend – er soll nicht in die Hände der Roten Armee fallen.

Nach und nach verhaften die Alliierten alle deutschen Kernphysiker und internieren die zehn prominentesten Forscher – unter ihnen Otto Hahn, Werner Heisenberg und Carl Friedrich von Weizsäcker – auf einem Landsitz in der Nähe von Cambridge.

Niemand von ihnen ahnt, wie weit die USA inzwischen sind. Zwar hat schon im Sommer 1944 eine schwedische Zeitung gemeldet, dass die USA an einer Uran-Bombe bauen. Doch die deutschen Wissenschaftler trauen ihren US-Kollegen keinen Erfolg zu.

Sie glauben sich selbst an der Spitze der Uranforschung.

Die enormen Anstrengungen des Manhattan Project sind ihnen vollkommen verborgen geblieben.

BEREITS SEIT 1943 trennen die Physiker in dem gewaltigen Industriekomplex von Oak Ridge, Tennessee, spaltbares Uran ab. Ausbeute pro Woche: wenige Gramm. Hier und in Hanford produzieren Reaktoren Plutonium, den alternativen Sprengstoff. Für eine Bombe, so haben die Berechnungen ergeben, benötigt man 50 bis 100 Kilogramm Uran oder rund zehn Kilogramm Plutonium.

Jetzt, im April 1945, ist absehbar, dass bald ausreichend Material bereitstehen wird: Plutonium für zwei Bomben, Uran für eine Bombe. Doch die deutsche Kapitulation scheint nur noch eine Frage von Tagen zu sein. Die Angst vor Hitlers Bombe, das wichtigste Motiv zum Start des Manhattan Project, ist gegenstandslos geworden. Bleibt noch Japan.

Am 16. Juli 1945 zünden die Wissenschaftler in der Wüste New Mexicos zum Test eine der beiden Plutoniumbomben. Die Generalprobe des Infernos. Enrico Fermi und die anderen Forscher sind am Ziel: Sie haben die Energie des Atomkerns zu einer Waffe von bisher unvorstellbarer Vernichtungskraft entfesselt.

Drei Wochen später, am 6. August 1945, hebt um 2.45 Uhr morgens vom US-Luftwaffenstützpunkt Tinian im Pazifik ein B-29-Bomber ab. Im vorderen Schacht der Maschine ist „Little Boy" eingehängt, fast 4,5 Tonnen schwer.

Äußerlich gleicht der Sprengkörper einer gewöhnlichen 10 000-Pfund-Bombe: ein etwa drei Meter langer, 74 Zentimeter messender Zylinder mit Stabilisierungsflossen am Heck.

Im Inneren aber befinden sich zwei getrennte Blöcke mit rund 60 Kilo Uran; zusammen sollen sie nach der Zündung eine kritische Masse bilden und das atomare Feuer entfachen.

Um 8.15 Uhr klinkt die Bombe aus. Sie fällt 43 Sekunden lang und explodiert in 580 Meter Höhe – direkt über einem Krankenhaus Hiroshimas.

Dann lodert über der japanischen Stadt eine zweite Sonne auf.

Der Feuerball ist in seinem Zentrum 3900 Grad Celsius heiß. Noch in einem halben Kilometer Entfernung schmelzen Dachziegel, in zwei Kilometer Distanz entzündet sich die Kleidung auf der Haut der Menschen.

Viele Bewohner Hiroshimas sind gerade auf dem Weg zur Arbeit. Tausende von ihnen sterben noch in der Sekunde der Explosion. Andere erfasst die tödliche Druckwelle oder der Wirbelsturm aus Flammen.

Verbrannte taumeln durch die Straßen, ihre Kleidung und ihre Haut hängen in Fetzen herab. Über zwei Drittel aller Gebäude im Stadtzentrum sind völlig zerstört. Überall flackern Brände, die Hitze ist unerträglich.

20 Minuten nach der Explosion fällt schwarzer Regen auf Hiroshima herab, Wassertropfen aus dem kondensierenden Atompilz, vermischt mit radioaktivem Schmutz.

Wenige Tage nach der Explosion befällt die ersten Menschen die Strahlenkrankheit.

AM ABEND DES 6. AUGUST 1945 erhalten die in Farm Hall internierten deutschen Forscher erstmals Erlaubnis, Radio zu hören. Keiner der Wissenschaftler hat bemerkt, dass hinter den vielen Gemälden des Landsitzes Mikrofone verborgen sind. Die Alliierten wollen ihre Reaktion belauschen.

Um 21 Uhr verliest ein Sprecher die Meldung vom ersten Atombombenabwurf auf Hiroshima, dann folgt eine gemeinsame Erklärung von US-Präsident Harry S. Truman und dem britischen Premierminister Winston Churchill.

Erstaunt und ungläubig reagieren die Deutschen anfangs auf die Nachricht, die ihnen bereits einige Stunden vor der offiziellen Radiomeldung zugetragen wurde,

Manche Wissenschaftler haben hinterher **SCHULDGEFÜHLE.** Fermi gehört nicht dazu

dann schockiert von den Dimensionen des Manhattan Project. „Wir hätten gar nicht den moralischen Mut besessen, von der Regierung im Frühjahr 1942 120 000 Arbeiter anzufordern“, bemerkt Werner Heisenberg.

„Wir taten es nicht, weil wir es im Grunde gar nicht wollten“, wendet Carl Friedrich von Weizsäcker ein. „Denn hätten wir gewünscht, dass Deutschland den Krieg gewinnt, dann hätten wir es schaffen können.“

„Das glaube ich nicht“, entgegnet Otto Hahn. „Ich bin dankbar, dass wir es nicht geschafft haben.“ Weizsäcker aber meint, die Bombe hätte im Winter 1944/45 fertig sein können.

Die heimlichen Mitschnitte aus Farm Hall geben keinen endgültigen Aufschluss: Scheiterten die deutschen Kernphysiker daran, die Bombe für Hitler zu bauen, weil sie es nicht wollten? Oder waren sie dazu schlicht nicht in der Lage? Heute ist klar, dass die Atomforscher in Deutschland kurz vor dem Ziel standen, eine kontrollierte Kettenreaktion in einem Kernreaktor auszulösen – die Realisierung einer Bombe stand jedoch technisch gesehen in weiter Ferne.

IN LOS ALAMOS wird nach der japanischen Kapitulation vom 14. August 1945 die Geheimhaltung aufgehoben. In den Stolz, den Krieg verkürzt zu haben, mischen sich bei vielen Wissenschaftlern nun Schuldgefühle.

Nicht so bei Enrico Fermi: Er ist der Meinung, dass die Bombe in jedem Fall gebaut worden wäre – wenn nicht von den Amerikanern, dann von anderen mit womöglich weitaus schlimmeren Folgen.

Der Italiener ändert seine Ansicht auch nicht, als die Nachrichten von den Opferzahlen in Hiroshima und der nur drei Tage später über Nagasaki abgeworfenen zweiten Bombe eingehen: Mindestens 210 000 Menschen hat die mit seiner Hilfe ersonnene Waffe in beiden Städten verbrannt oder tödlich verstrahlt.

Das Wettrennen mit dem „Dritten Reich“ haben die Forscher des Manhattan Project eindrucksvoll gewonnen. Doch nun ist ihr Geheimnis in der Welt. Nicht verhindern können sie, dass sofort ein neuer Wettlauf einsetzt: die atomare Hochrüstung des Kalten Krieges.

Ende des Jahres 1945 verlässt Enrico Fermi das Camp von Los Alamos. Er lehrt wieder in Chicago, kehrt für Gastvorträge in seine italienische Heimat zurück. Im Alter von nur 53 Jahren stirbt der große Physiker am 29. November 1954 an Magenkrebs.

Ohne seine Forschungen hätten die Bomben von Hiroshima und Nagasaki nicht gebaut werden können. Doch hätte Enrico Fermi 1934 nicht wegen einer dünnen Aluminiumfolie die Kernspaltung übersehen, wären Atomwaffen möglicherweise mehrere Jahre früher einsatzbereit gewesen.

Auf beiden Seiten. □

Ralf Berhorst, 41, lebt in Berlin und schreibt regelmäßig für GEOkompakt.

Literatur: Laura Fermi: „Mein Mann und das Atom“, Diederichs. Richard Rhodes: „Die Atombombe oder die Geschichte des 8. Schöpfungstages“, Greno (beide antiquarisch erhältlich).

ATOMVERBINDUNGEN

Linus Pauling 1901–1994 85

Was das Kleinste zusammenhält

Pauling ist der herausragende theoretische Chemiker des 20. Jahrhunderts. Denn er liefert bahnbrechende Erkenntnisse zu entscheidenden Fragen seiner Disziplin: Was hält die Atome in Molekülen zusammen? Welche Auswirkungen haben unterschiedliche Arten von Bindungen auf die räumliche Struktur von Stoffen sowie auf deren Eigenschaften?

Lange haben Wissenschaftler gerätselt, wie solche chemischen Bindungen zustande kommen. Doch erst die Entwicklung der **Quantenphysik** schafft ein neues Verständnis über den Aufbau des Atoms. Physiker können damit nun genau das Verhalten von **Elektronen** erklären, die sich um die Atomkerne bewegen. Pauling wendet die Erkenntnisse der modernen Physik als Erster auf die Chemie an.

Zweifacher Nobelpreisträger: Linus Pauling

1931 veröffentlicht er einen Aufsatz, in dem er bis heute gültige Regeln definiert: Zum Beispiel schließen sich in einem Molekül zwischen verschiedenen Atomen einzelne Elektronen zu Paaren zusammen. Die winzigen Partikel bewegen sich dann im Duett um die Kerne zweier Atome und halten diese wie durch ein Band zusammen. Im Wassermolekül etwa verbinden zwei Elektronenpaare die beiden Wasserstoffatome mit dem Sauerstoffatom.

Dank Paulings Theorie können Wissenschaftler erstmals den Charakter verschiedener chemischer Bindungen vorhersagen und die Eigenschaften zahlreicher Stoffe erklären – etwa, weshalb Schwefel weich ist, ein Diamant aber hart.

37 Jahre lang forscht der US-Amerikaner über so unterschiedliche Themen wie die Struktur von Mineralen, den Aufbau von Eiweißen oder die Wirkungsweise des Immunsystems. Als er sich nach 1945 öffentlich gegen Atomwaffen einsetzt, wird sein Pass eingezogen; erst zur Verleihung des Chemie-Nobelpreises 1954 darf er wieder ausreisen.

1957 verfasst er eine Petition gegen oberirdische Atomtests, die mehr als 11 000 Wissenschaftler unterzeichnen – und wird für diese Kampagne 1962 mit dem Friedensnobelpreis gewürdigt.

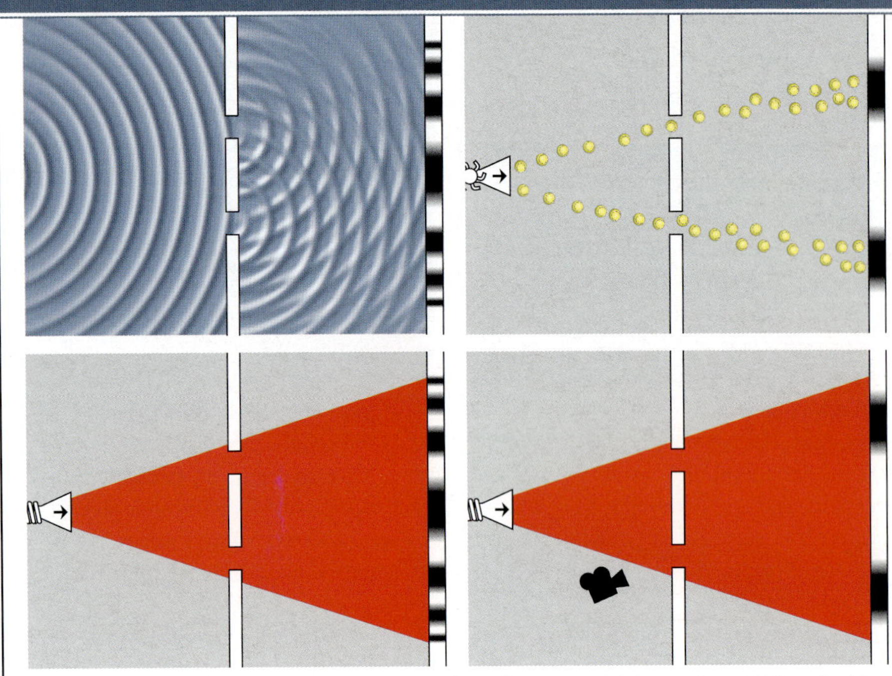

Strömen Wasserwellen gegen ein Hindernis mit zwei Spaltöffnungen, entstehen zwei neue Wellen, die sich überlagern (o. l.). Ein Detektorschirm zeichnet dabei ein charakteristisches Muster auf. Schießt man Bälle gegen den Doppelspalt, treffen diese nur in zwei Zonen auf den Schirm (o. r.). Richtet man einen Elektronenstrahl gegen den Doppelspalt, zeichnet der Detektor zwar ein *Wellenmuster* auf (u. l.). Registriert man aber mit einem Messgerät (u. r., als Kamera dargestellt), welchen Spalt die Elektronen passieren, gibt der Schirm das *Teilchenmuster* wieder. Elektronen sind also auch Teilchen – erst der Versuch bestimmt ihre Natur

QUANTENMECHANIK

Werner Heisenberg 1901–1976 86

Die Grenzen der Gewissheit

In den beiden ersten Jahrzehnten des 20. Jahrhunderts herrscht im Weltbild der Physik ein Durcheinander. Seit →***Max Planck*** wissen die Forscher, dass eine Grundannahme der klassischen Physik im Reich der Atome nicht gilt: die **Kontinuität.** Spätestens seit den Forschungen →***Max Borns*** ist zudem bekannt, dass auch ein zweites physikalisches Grundgesetz auf die Mikrowelt nicht zutrifft: das **Kausalitätsprinzip.** Werner Heisenberg schließlich zerstört zusammen mit anderen Physikern auch noch eine dritte Gewissheit der klassischen Physik: die Vorstellung, dass es einen **objektiven Zustand** der Natur gibt.

Vor Heisenberg glauben die Gelehrten, die Welt ließe sich aufteilen in eine subjektive und objektive Sphäre: auf der einen Seite das Individuum, das die Welt um sich herum subjektiv wahrnimmt; auf der anderen Seite die Natur, deren Eigenschaften objektiv, also unabhängig vom jeweiligen Betrachter, existieren. Auf eine simple These gebracht: Der Mond umkreist die Erde auch dann, wenn niemand hinsieht. Diese Eigenschaft des Erdtrabanten ist unabhängig von jedem Beobachter – also *objektiv* vorhanden.

Für die atomare Welt aber zertrümmert Heisenberg diesen Zusammenhang. Seiner Ansicht nach nimmt beispielsweise ein **Elektron** erst dann bestimmte Eigenschaften an (etwa, ob es gerade Teilchen ist oder Welle), wenn man es *beobachtet* (siehe Grafik). Vorher weist das Teilchen alle möglichen Zustände auf (es ist zugleich Welle und Teilchen, es befindet sich an allen möglichen Orten und ist mit allen möglichen Geschwindigkeiten unterwegs). Das Experiment *erzeugt* erst den Zustand des Elektrons, der gemessen wird – aber diese Messung, und das ist ein weiterer Unterschied zur klassischen Lehre, bleibt prinzipiell unvollständig.

Denn nach der 1927 von Heisenberg aufgestellten „Unschärferelation" gibt es in der Atomphysik Messgrößen, die sich nie gleichzeitig exakt bestimmen lassen – etwa der Aufenthaltsort und die Geschwindigkeit eines Elektrons: Je genauer man das Elektron lokalisiert, desto unbestimmter ist seine Geschwindigkeit. Dieses Phänomen, das Heisenberg mit dem Begriff der „Unschärfe" beschreibt, entsteht aber nicht durch das Experiment, sondern das Elektron hat nicht gleichzeitig eine eindeutige Geschwindigkeit und einen eindeutigen Ort.

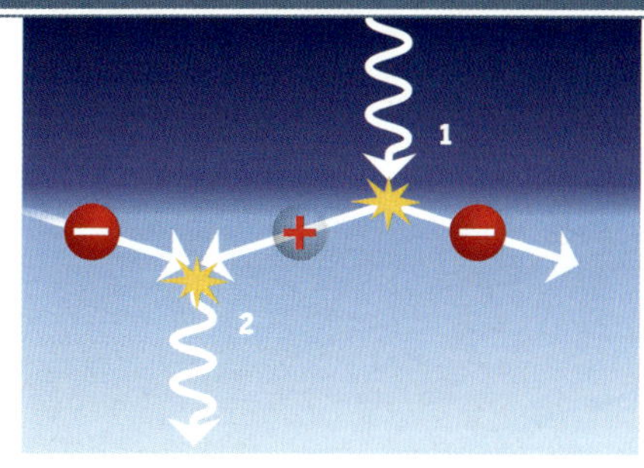

Materie und Antimaterie: Ein Lichtblitz (1) verwandelt sich etwa in der Atmosphäre in ein Elektron (−) und sein Antiteilchen (Positron, +). Trifft dieses jedoch auf ein weiteres Elektron, zerstrahlen beide wieder zu reiner Energie (2)

PHYSIK

Paul Dirac 1902–1984 87

Expedition in die Antiwelt

Die brillante Gleichung →***Schrödingers*** zu den Eigenschaften der Atomhülle hat eine entscheidende Schwäche: Da sich die **Elektronen** mit nahezu Lichtgeschwindigkeit bewegen, müsste die Gleichung auch den Gesetzen von →***Einsteins*** Spezieller Relativitätstheorie entsprechen (siehe Seite 96). Diese beiden Theorien miteinander zu verbinden, gelingt erst Paul Dirac.

Er stellt eine Gleichung auf, die die Bewegung der Elektronen um den Atomkern präziser als je zuvor beschreibt. Auch lässt sich mit ihr erstmals der **Spin** des Elektrons berechnen. Diese Art Kreiselbewegung des Teilchens ist den Wissenschaftlern zwar bereits bekannt, aber erst Diracs Theorie liefert eine Erklärung für die zusätzliche Eigenschaft der Elektronen.

Doch nach Diracs Gleichung müsste es in der Natur Teilchen mit negativer Energie geben (und damit mit negativer Masse). Das aber ist physikalisch unmöglich. Schließlich hat der Brite die entscheidende Idee: Aus seiner Gleichung resultiert nicht, dass es Teilchen mit negativer Masse gibt, sondern dass es zum Elektron ein **Antiteilchen** mit umgekehrter elektrischer Ladung geben muss. Der Begriff **Antimaterie** ist geboren.

Das ist selbst für Teilchenphysiker Science-Fiction. Doch dann entdeckt der US-Physiker Carl Anderson bei Untersuchungen der **kosmischen Hintergrundstrahlung** genau solche Teilchen, die **Positronen**. Heute wissen die Physiker, dass es zu jedem Teilchen ein Antiteilchen geben muss. Weshalb aber alle bekannten Galaxien nur aus Materie bestehen, also keine Sterne oder Planeten aus Antimaterie entdeckt wurden, bleibt ein Rätsel.

VERERBUNGSLEHRE

Barbara McClintock 1902–1992 88

Wenn Gene wandern

Mais ist ihre Passion. Ihr ganzes Berufsleben lang erforscht Barbara McClintock das Getreide und enthüllt dabei Mechanismen, die das Verständnis der Erbsubstanz **DNS** enorm erweitern. Denn die Amerikanerin zeigt, dass das **Genom** keineswegs ein unveränderlicher Bauplan ist, in dem Gene wie auf einer Perlenkette statisch nebeneinanderstehen.

Schon als wissenschaftliche Hilfskraft an der Cornell University ersinnt sie ein Verfahren, wie sich die einzelnen Mais-**Chromosomen** im Chromosomensatz einer jeden Zelle sichtbar machen lassen – und brüskiert damit ihren an diesem Problem gescheiterten Chef. Später versucht sie, Merkmale wie Farbe oder Form mit genetischen Auffälligkeiten in Verbindung zu bringen. Zwischen 1948 und 1950 gelingt Barbara McClintock ihr Meisterstück: Sie entdeckt, dass große DNS-Abschnitte unterschiedliche Plätze innerhalb eines Mais-Chromosoms einnehmen können. Durch diese „springenden Gene" baut sich die Erbsubstanz auf äußerst komplexe Weise selber um.

Analysiert Erbgutveränderungen im Mais: Barbara McClintock

In der Fachwelt stößt sie mit dem Ergebnis auf Ablehnung; die Belege erscheinen den Gelehrten als nicht glaubwürdig. Die einzigen Veränderungen, die Genetiker zu Beginn der 1950er Jahre nachvollziehen können, sind winzige Mutationen, verursacht etwa durch radioaktive Strahlung. Erst zwei Jahrzehnte später bestätigen andere Wissenschaftler die Erkenntnis und weiten sie auf tierische Organismen aus. Nun ist anerkannt, dass sich das Erbgut – auch beim Menschen – ständig wandelt. Und: Bestimmte Funktionen der Gene können jetzt gezielt ein- und ausgeschaltet werden.

Mit 81 Jahren erhält McClintock den Nobelpreis – und befasst sich auch dann immer noch mit dem Mais-Genom.

In den Erbanlagen der Maispflanze entdeckt McClintock: Die Reihenfolge der Gene ist nicht statisch, sondern variiert

Gemeinsam mit John Bardeen (l.) und William Shockley (M.) erhält Walter Brattain 1956 den Nobelpreis für die Entdeckung des Transistoreffekts

PHYSIK

Walter Brattain 1902–1987, William Shockley und John Bardeen 89

Steuermänner des elektrischen Stroms

Als Walter Brattain, William Shockley und John Bardeen 1947 bei der Arbeit mit **Halbleiterkristallen** auf den „Transistoreffekt" stoßen, schaffen die drei Physiker eine Voraussetzung zur Entwicklung aller modernen elektronischen Geräte.

Dabei existieren bereits die ersten elektronischen Computer, doch mit Halbleitern haben diese Technikmonster nichts zu tun – digitale Datenströme werden noch von **Elektronenröhren** gesteuert. Die verarbeiten den sogenannten Binärcode, eine Folge von „Einsen" und „Nullen". Die Elektronenröhren werden durch An- und Abschalten kleiner Stromspannungen ständig umgeschaltet, „Einsen" und „Nullen" werden durch die Signale „Strom fließt" oder „kein Strom fließt" übertragen. Doch solche Computer hätten wohl nie die Leistungsfähigkeit heutiger Rechner erreicht, denn die Elektronenröhren sind energiehungrig, störanfällig und brauchen viel Platz.

Brattain, Shockley und Bardeen entdecken, aufbauend auf →***Walter Schottkys*** Erkenntnissen über Halbleiter, dass sich der Stromfluss per Spannung von einer Metallspitze in einem Halbleiterkristall steuern lässt. Dadurch ist es möglich, ein neues elektronisches Bauelement zu konstruieren, das die Funktion der Elektronenröhren übernimmt: den Transistor.

Der ist bald erheblich kleiner als eine Röhre, entwickelt weniger Wärme und verbraucht einen Bruchteil der Energie. In den 1960er Jahren werden bereits Transistoren von der Größe eines Salzkorns gebaut. In heutigen Mikrochips finden sich über eine Million Transistoren auf einem Quadratmillimeter, Prozessoren schaffen so Milliarden von Rechenschritten pro Sekunde.

MATHEMATIK

John von Neumann 1903–1957 90

Von Computern und Spielern

Kyoto, Hiroshima, Yokohama, Kokura", schreibt der geniale Mathematiker am 10. Mai 1945 mit kaltherziger Logik auf einen Notizzettel. Als Berater der US-Regierung hat er seine Vorschläge für jene japanischen Städte, auf die Atombomben fallen sollen, mithilfe der durch ihn Ende der 1920er Jahre begründeten **Spieltheorie** errechnen lassen.

Ihr zufolge soll ein Spieler (oder Stratege) so handeln, dass einerseits der Gegner maximal geschädigt wird – in Japan etwa sollen möglichst unzerstörte Städte getroffen werden. Andererseits soll die Taktik für das Gegenüber unkalkulierbar bleiben. Oft heißt das, scheinbar willkürliche Schachzüge auszuführen, die der Rivale nicht vorhersagen kann. Die Spieltheorie beeinflusst stark die modernen Wirtschaftswissenschaften, denn sie lässt sich auf Konkurrenzsituationen aller Art anwenden – vom Pokerspiel über die Börse bis zum Krieg.

Begründet die Informatik: John von Neumann (1956)

Schon als Kind brilliert der Sohn einer jüdisch-ungarischen Bankiersfamilie mit Rechenkunststücken. Er studiert in Deutschland, geht 1930 als Professor nach Princeton. Dort erbringt er seine zweite große wissenschaftliche Leistung: In einer Zeit, in der die ersten Computer entwickelt werden, schafft von Neumann das theoretische Fundament für einen Universalrechner. Die „Von-Neumann-Architektur" besteht aus insgesamt fünf Funktionseinheiten: einem Steuer- und einem Rechenwerk, Speicher, einem Eingabe- und einem Ausgabewerk; die Programme sind zusammen mit den Daten im selben Speicher abgelegt. Nach dieser Grundstruktur sind die meisten heutigen Rechner zusammengesetzt – und von Neumann gilt als einer der Väter des Computers.

Von 1943 bis 1955 ist er Berater im Atomwaffenlabor von Los Alamos. Möglicherweise löst die Strahlenbelastung seine Krebserkrankung aus. Als von Neumann im Sterben liegt, wacht ein Agent an seinem Bett darüber, dass er im Delirium keine Staatsgeheimnisse preisgibt.

Ohne John von Neumann gäbe es »BlueGene/L« heute wohl nicht. Der leistungsfähigste Computer der Welt steht im US-Bundesstaat Kalifornien und kommt auf 478 Billionen Rechenoperationen pro Sekunde

Frisch geschlüpfte Gänseküken akzeptieren jedes Lebewesen als Mutter – auch Menschen

BIOLOGIE

Konrad Lorenz 1903–1989 — 91

Die Sprache der Tiere

Er verändert das Bild, das der Mensch von seinen Mitgeschöpfen hat. Nach der Lehrmeinung der 1930er Jahre gilt das Tier als Reflexmaschine, die nur auf äußere Reize reagiert und so gänzlich von ihrer Umwelt bestimmt wird. Aber der Mediziner und Zoologe Konrad Lorenz beobachtet, dass Verhaltensweisen auch angeboren sein können.

Etwa im Fall der „Prägung" bei Jungvögeln: Wen oder was auch immer ein frisch geschlüpftes Küken erblickt, akzeptiert es als Mutter – vorausgesetzt, es bewegt sich und gibt Laute von sich. Die Neigung und Fähigkeit, auf ein solches Objekt entsprechend zu reagieren, ist angeboren. Das Küken kann zuvor ja nicht gelernt haben, wie es einer Mutter begegnen soll. Lorenz beobachtet dies an Dohlen und Graugänsen, die ihn für ihre Mutter halten.

Schon als Kind betrachtet der Österreicher stundenlang Tiere. Die Villa seiner Eltern gleicht einem Zoo. Auch als er sich später der Forschung widmet, steht für ihn die intensive Beobachtung des natürlichen Verhaltens im Vordergrund, Experimente mit gezielten Reizen sind ihm eher suspekt.

Es gelingt Lorenz, der zoologischen Beobachtung das Stigma des Unwissenschaftlichen zu nehmen und einen neuen Forschungszweig zu etablieren: die Ethologie (Verhaltensbiologie, von griech. *ethos* = Verhalten).

Doch das Studium von Haustieren weckt bei Lorenz die Sorge, der Zivilisationsmensch könne angeborene Fähigkeiten verlieren und degenerieren. Diese Vorstellung lässt ihn in die Nähe nationalsozialistischer Ideologie rücken. 1938 tritt er der NSDAP bei und verfasst später Abhandlungen über Rassenhygiene.

Dennoch wird er zu einem der Leiter des 1958 neu gegründeten Max-Planck-Instituts für Verhaltensphysiologie in Seewiesen berufen. Trotz massiver Kritik am rassistischen Vokabular seiner Schriften genießt Lorenz ein derart hohes Ansehen, dass er 1973 gemeinsam mit zwei weiteren Forschern den Nobelpreis für Medizin erhält. Der Laudator des Preiskomitees nennt Lorenz in seiner Rede einen „Erben König Salomos" – denn der konnte dank eines Zauberrings die Laute der Tiere verstehen.

LEBENSWISSENSCHAFTEN

Ernst Mayr 1904–2005 — 92

Der neue Darwin

Seit den 1930er Jahren beschäftigt sich Mayr mit der Frage, wie sich →***Darwins*** Theorie, eine natürliche Selektion treibe die Veränderung von Organismen voran, mit den Erkenntnissen der Genetik vereinbaren lässt. Denn Vererbungslehre und Evolution sind bis dahin im Universum wissenschaftlichen Denkens weit voneinander entfernt: Die strengen Vererbungsregeln →***Mendels*** stehen für die meisten Wissenschaftler im Widerspruch zu Darwins Idee von gradueller Variation.

Bis Ernst Mayr 1942 in seinem Buch „Systematik und der Ursprung der Arten" ein neues Verständnis für Evolution entwickelt, indem er Ideen und Erkenntnisse aus verschiedenen Disziplinen der Biologie miteinander kombiniert.

Gemeinsam mit anderen Forschern begründet der gebürtige Deutsche so die „evolutionäre Synthese". Sie erweitert Darwins Lehre um Erklärungen, wie durch Veränderungen im Erbmaterial neue Informationen entstehen und nach welchen Gesetzmäßigkeiten sich solche Abweichungen durchsetzen. Mayrs wichtigster Beitrag dazu ist eine neue Sichtweise auf die Grundeinheit evolutionstheoretischer Überlegungen: die Art.

Für Darwin war eine Art lediglich ein Konstrukt, mit dem Wissenschaftler versuchten, Unterscheidungen zwischen sich ständig verändernden Lebensformen zu treffen. Mayr räumt diese Vorstellung beiseite und entwickelt den „biologischen Artbegriff", der nicht mehr auf der Übereinstimmung des äußeren Erscheinungsbildes der Geschöpfe beruht. Er definiert eine Art erstmals als Gemeinschaft von Individuen, die miteinander fortpflanzungsfähigen Nachwuchs zeugen können. So müssen etwa Tagfalter, die zu einer Spezies gehören, nicht unbedingt gleich aussehen.

Noch als 100-Jähriger schreibt Ernst Mayr biologische Fachtexte

Erst aus dieser Sichtweise ist es möglich, genau nachzuvollziehen, wie Arten durch Evolution entstehen und sich verändern.

PHYSIK

Maria Goeppert-Mayer 1906–1972 93

Im Inneren des Atomkerns

Atome bestehen, das ist um 1950 bekannt, aus einem Kern (gebildet aus **Protonen** und **Neutronen**) sowie **Elektronen**, die sich darumbewegen. Doch noch fehlt ein Modell, das alle bekannten Eigenschaften erklären kann: So erweisen sich die Atomkerne mancher Elemente als besonders stabil, wenn sie aus bestimmten Mengen von Protonen oder Neutronen bestehen. Um dies zu erklären, entwickelt Maria Goeppert-Mayer – die als Gattin eines Professors an den Universitäten Baltimore und New York allenfalls geduldet, nicht aber anerkannt und schon gar nicht bezahlt wird – das „Schalenmodell" des Atomkerns. Danach ist dieser nicht etwa aus homogen verteilten Partikeln aufgebaut, sondern seine Bausteine sind ähnlich wie die Elektronen in der Atomhülle auf mehreren übereinanderliegenden „Schalen" angeordnet. Jede Schale kann dabei nur eine begrenzte Anzahl von Kernbausteinen aufnehmen (Protonen und Neutronen besitzen dabei jeweils eigene Schalen).

Als zweite Frau erhält Maria Goeppert-Mayer den Physik-Nobelpreis

Entscheidend ist: Bei den auffallend stabilen Atomkernen sind alle Protonen- oder Neutronenschalen mit der maximal möglichen Zahl der Teilchen belegt. Dies ist etwa der Fall bei Sauerstoff mit acht oder Nickel mit 28 Protonen. Bei jenen Kernen, die sich leichter zerstören lassen, ist hingegen sowohl die äußerste Protonen- als auch die Neutronenschale „unterbesetzt".

Zeitgleich mit Goeppert-Mayer stößt der Deutsche Hans Jensen auf diesen Zusammenhang. Nach einem Treffen beschließen die Rivalen zusammenzuarbeiten. 1963 erhalten sie für ihre revolutionäre Deutung der Kernstruktur gemeinsam den Physik-Nobelpreis.

ASTROPHYSIK

Subrahmanyan Chandrasekhar 1910–1995 94

Vom Leben und Tod der Sterne

Als der gebürtige Inder 1935 seine Theorie über das Schicksal der Sterne vorstellt, kommt es zum Eklat: →***Sir Arthur Eddington***, die graue Eminenz der britischen Astrophysik, macht die Arbeit des jungen Cambridge-Absolventen nieder. Der Professor hält es für undenkbar, dass sich Sterne „auf eine solch absurde Weise" verhalten. Als Lehrmeinung gilt, dass sie ihre Existenz relativ friedvoll beschließen: als sogenannte Weiße Zwerge, die langsam verlöschen.

Doch wie Chandrasekhar berechnet, nehmen Himmelskörper unweigerlich ein gewaltsames Ende, sobald sie am Ende ihrer Laufbahn ein gewisses Maß überschreiten. Sterne die dann mehr als 1,44 Sonnenmassen – die nach ihm benannte Chandrasekhar-Grenze – aufweisen, kollabieren demnach zu unvorstellbar kompakten Objekten: Sie enden als Neutronensterne oder sogar als Schwarze Löcher, deren Anziehung nicht einmal das Licht entkommt (siehe Seite 96). Frustriert von den Attacken der britischen Forschergemeinde, immigriert der Inder 1937 in die USA, wo er an der Universität von Chicago lehrt und später die US-Staatsbürgerschaft annimmt.

Das Röntgenteleskop »Chandra" vor seinem Flug ins All

Als er 1983 den Nobelpreis für Physik erhält, sind seine weitsichtigen Thesen zur Sternevolution längst bestätigt. Von Freunden wird der Forscher zeitlebens nur Chandra genannt – das Sanskrit-Wort bedeutet „leuchtend". Auf diesen Namen tauft die US-Raumfahrtbehörde NASA auch ein Röntgenteleskop, das 1999 in die Erdumlaufbahn gebracht wird. Seither liefert der Satellit spektakuläre Aufnahmen jener Sternleichen, deren Existenz der Astrophysiker einst vorhergesagt hat.

Rote Haare, Sommersprossen, Gesichtszüge – Ähnlich

BIOCHEMIE

Francis Crick 1916–2004 und James

Der Bauplan des Lebens

Ein schlaksiger Physiker stürzt am 21. Februar 1953 aus dem Cavendish-Laboratorium im englischen Cambridge, eilt in den gegenüberliegenden Pub und ruft in den Bierdunst: „Wir haben das Rätsel des Lebens gelöst." Tatsächlich ist es dem Mann, dem Briten Francis Crick, gelungen, gemeinsam mit dem US-Biologen James Watson die Form und Struktur der Erbsubstanz zu entschlüsseln.

Schon seit dem 19. Jahrhundert wissen Forscher, dass der Kern jeder lebenden Zelle das Molekül **Desoxyribonukleinsäure (DNS)** enthält. Doch erst 1944 erkennen Biologen darin den Träger genetischer Information: eine Art Bauplan, der die „Konstruktionsmerkmale" jedes Individuums enthält. Das genaue Aussehen der DNS aber ist unbekannt. Ab 1951 versuchen meh-

keiten bei Zwillingen gehen auf die Erbsubstanz DNS zurück, deren Aufbau Watson und Crick enthüllen

Watson (* 1928) 95

rere Teams in einem Wettlauf, den Aufbau der Erbsubstanz zu entschlüsseln. Bereits 1948 hat der US-Chemiker →***Linus Pauling*** erkannt, dass es in der Natur Moleküle in Form einer Spirale (Helix) gibt. „Helices lagen in der Luft", wird Crick später schreiben.

Auch die DNS weist eine solche Form auf – Hinweise darauf gewinnen Crick und Watson schließlich aus Röntgenaufnahmen von DNS-Kristallen. Und sie entwerfen mithilfe von Draht und Pappe Modelle, die den Aufbau des Moleküls erklären sollen. Watson hat nach zweijähriger Forschung den entscheidenden Geistesblitz. Dabei hilft ihm ein von der ebenfalls an der DNS-Struktur arbeitenden Biochemikerin Rosalind Franklin aufgenommenes Röntgenmuster – das die Forscherin freilich falsch gedeutet hat.

Die DNS besteht, so erkennen die zwei, aus einer Doppelhelix: Zwei lange Stränge aus Zucker- und Phosphatmolekülen, verbunden durch vier **Nukleinsäurebasen**, verschlungen wie eine spiralförmig verdrehte Leiter.

Diese Basen sind die Buchstaben, die das molekulare Buch des Lebens schreiben, und weil die DNS aus zwei Helices besteht, kann sie sich wie ein Reißverschluss in zwei Einzelstränge auftrennen. Diese Stränge können entweder „abgelesen" werden – oder jeder von ihnen dient als Schablone für einen neuen Strang und kann so zu einer weiteren vollständigen Doppelhelix ergänzt werden (siehe Seite 124). Bei Zellteilung oder Fortpflanzung entsteht so eine identische Kopie.

Damit haben Crick und Watson nicht nur enträtselt, wie die DNS aufgebaut ist und sich verdoppeln kann, sondern auch einen Grundstein gelegt für ein neues Zeitalter: das der Gentechnik.

QUANTENTHEORIE

Richard Feynman 1918–1988 96

Physik, leicht gemacht

Die Ära, in der Physik-Genies zu Stars werden können, scheint Mitte der 1940er Jahre vorbei: Relativitätstheorie und **Quantenmechanik**, die Grundpfeiler der modernen Physik, sind formuliert.

Vollendet aber ist die Quantenphysik nicht. Denn trotz →***Paul Diracs*** exzellenter Gleichung, die etwa das Verhalten des Elektrons im Atom exakter als je zuvor beschreibt, gibt es Unstimmigkeiten: Hochpräzise Messungen an der Atomhülle widersprechen bestimmten Vorhersagen, die sich aus Diracs Formel ergeben.

Zwar haben bereits andere Physiker die Dirac-Gleichung verbessert, doch ihr mathematischer Ansatz ist derart komplex, dass selbst die Großen der Zunft nicht mehr folgen können.

Als etwa der US-Physiker Julian Schwinger seine Erweiterung der Dirac'schen Formel bei einer Vorlesung präsentiert, schweigen die versammelten Gelehrten voller Ehrfurcht: Obwohl sie davon überzeugt sind, dass Schwinger die neuen Messungen erklären kann, hat niemand Schwingers mehrstündige Ausführungen mit Hunderten von Gleichungen verstanden.

Auch der Amerikaner Richard Feynman versucht sich an der Verbesserung von Diracs Theorie und erreicht wie Schwinger das Ziel. Seine Formeln sind jedoch vergleichsweise anschaulich und unkompliziert, fast jeder Quantentheoretiker kann mit ihnen umgehen.

Richard Feynman wird 1965 mit dem Physik-Nobelpreis geehrt

Feynman gibt den Physikern damit ein leicht zu bedienendes Werkzeug an die Hand, das es ihnen ermöglicht, alle bis heute vorliegenden Erkenntnisse über die kleinsten Teilchen und ihre Wechselwirkungen zu verstehen.

Und sein Formelwerk wird zum Prototyp: Abgesehen von →***Albert Einsteins*** Allgemeiner Relativitätstheorie (siehe Seite 96), basieren sämtliche heute gültigen fundamentalen Gleichungen auf Feynmans mathematisch-physikalischem Ansatz.

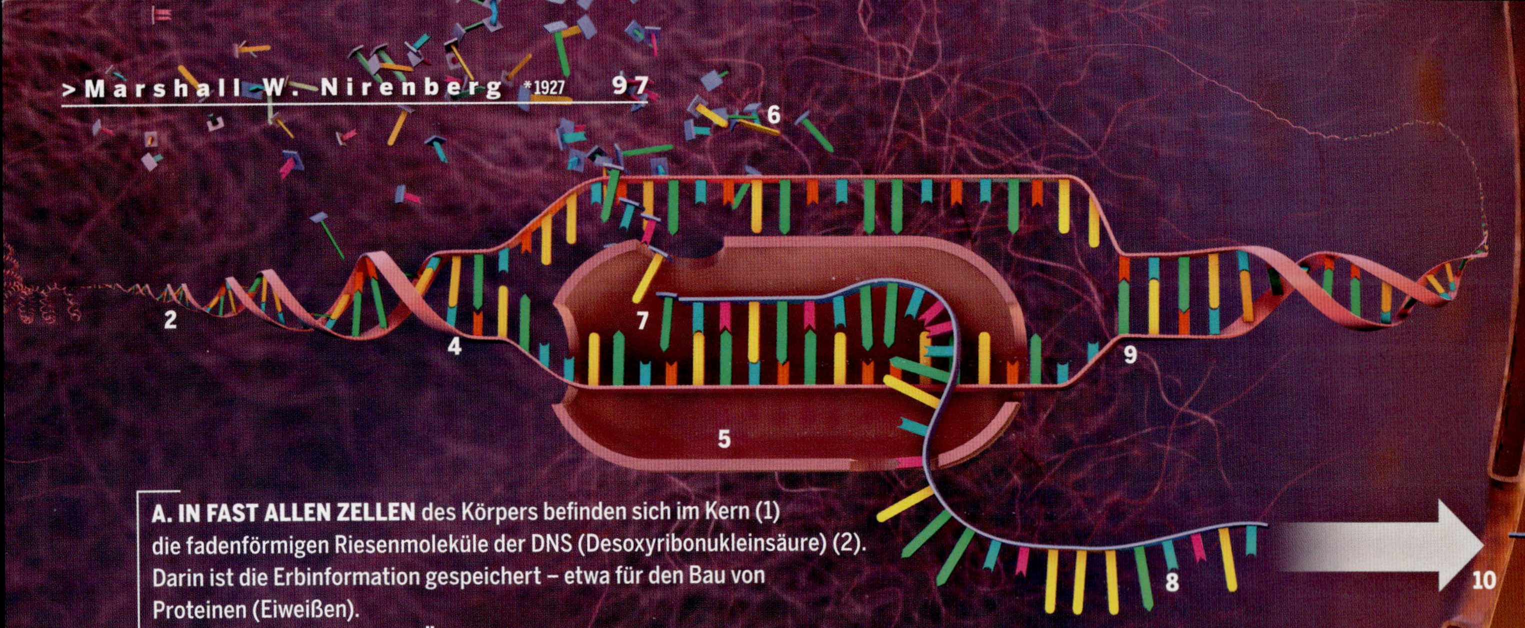

2 4 6 7 5 9 8 10 1

Nukleotid

3 Nuklein-säurebase

A. IN FAST ALLEN ZELLEN des Körpers befinden sich im Kern (1) die fadenförmigen Riesenmoleküle der DNS (Desoxyribonukleinsäure) (2). Darin ist die Erbinformation gespeichert – etwa für den Bau von Proteinen (Eiweißen).
B. EIN DNS-RIESENMOLEKÜL ist aus zwei langen Strängen aufgebaut, die wie ein Reißverschluss miteinander verbunden sind. Die Bausteine eines jeden DNS-Stranges, die Nukleotide (3), tragen eine von vier Nukleinsäurebasen (gelb, grün, blau, rot), die gleichsam die Zähne dieses Schließsystems bilden: Jeweils zwei davon greifen ineinander (4).
C. SOLL EIN NEUES PROTEIN gebaut werden, trennt ein spezielles Enzym (5) die miteinander verbundenen Nukleinsäurebasen auf und legt ihre Enden frei.
D. DAS ENZYM bewegt sich über die DNS (hier von rechts nach links) und lagert frei schwimmende Nukleotide (6) an die Nukleinsäurebasen an (7). So entsteht eine Abschrift der Reihenfolge, die Boten-RNS (Ribonukleinsäure) (8). Danach zieht sich die DNS wieder zu einem Doppelstrang zusammen (9).

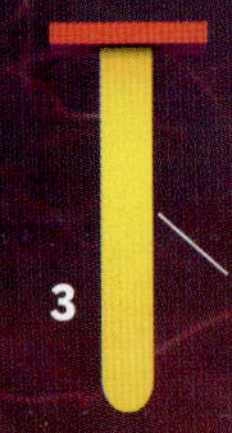

Text: Henning Engeln
Illustrationen: Jochen Stuhrmann

DNS

DAS ARCHIV DER GENE

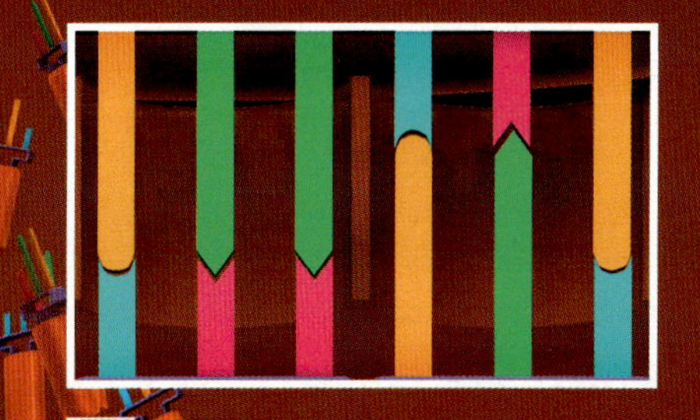

VIER TYPEN von Nukleinsäurebasen finden sich in den Nukleotiden der RNS, je zwei gehören zusammen: Cytosin (blau) und Guanin (gelb), Uracil (pink) und Adenin (grün). Ihre Reihenfolge ist die Anleitung für den Bau von Proteinen

H. SO WERDEN DIE AMINOSÄUREN in genau jener Reihenfolge miteinander verknüpft (16), die die Abfolge der Boten-RNS vorschreibt: Es entsteht eine lange Molekülkette, deren Aufbau auf die Information der DNS zurückgeht.
I. WENN DAS RIBOSOM den RNS-Strang abgelesen hat, zerfällt dieser wieder in seine Nukleotide (17), die in den Zellkern zurückkehren.
K. DIE AMINOSÄUREN-KETTE verknäult sich auf komplizierte Weise (18) und wird nun als Protein bezeichnet, das – je nach Eigenschaft – eine bestimmte Aufgabe im Körper erfüllt. Die Transportmoleküle (19) werden wieder freigesetzt, laden weitere Aminosäuren auf und transportieren sie zum Ribosom.

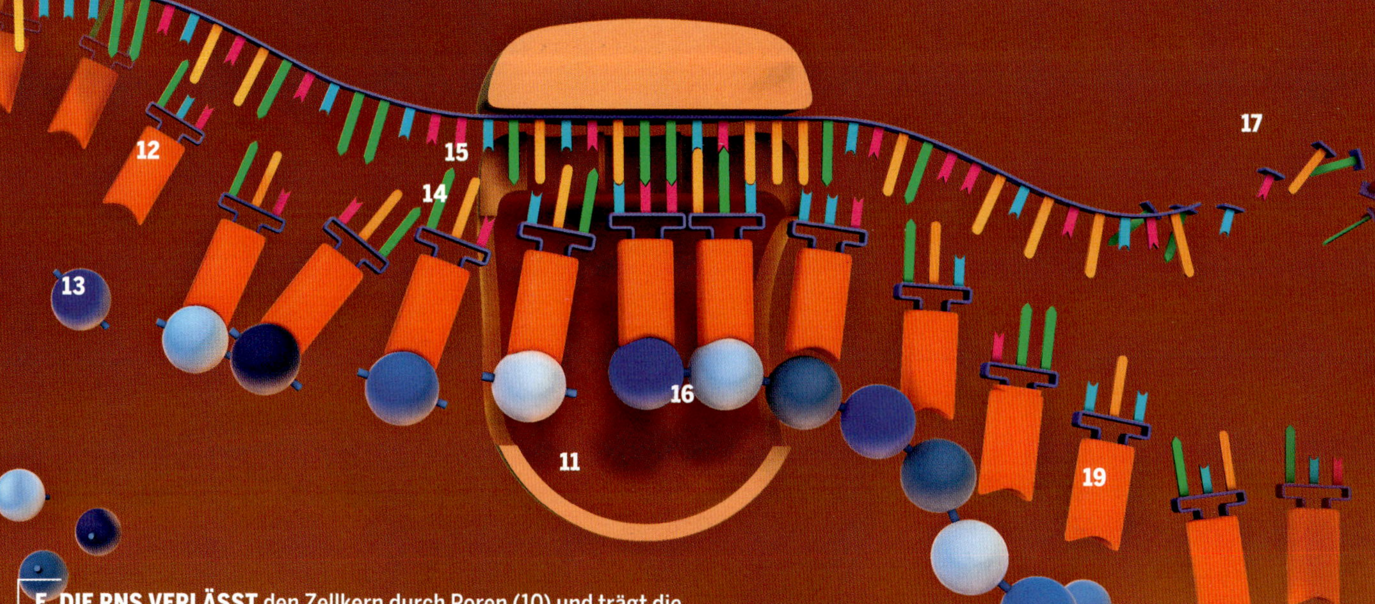

E. DIE RNS VERLÄSST den Zellkern durch Poren (10) und trägt die Proteinbauanleitung wie ein Bote zu den Ribosomen (11), den Eiweißfabriken der Zelle.
F. EIN SOLCHES RIBOSOM fährt (hier von rechts nach links) über den RNS-Strang. Spezielle Transportmoleküle (12) verbinden sich mit Aminosäuren (13), den Bausteinen der Eiweiße, und schaffen sie heran.
G. JEDES TRANSPORTMOLEKÜL kann nur jeweils eine bestimmte Aminosäure befördern und hat an einem Ende drei spezifische Nukleinsäurebasen (14), die wie ein Schlüssel in ein Schloss nur an eine komplementäre Abfolge an der RNS andocken können (15).

Marshall Warren Nirenberg (1968)

Um 1960 wissen die Forscher: Die Bauanleitung für fast alle Substanzen des Körpers steckt im Zellkern, in dem Molekül DNS. Doch keiner kann die Anleitung lesen. Erst die Biochemiker Marshall Nirenberg und Heinrich Matthaei kommen dem Code auf die Spur – und liefern so eine entscheidende Voraussetzung für die Entwicklung der Gentechnik

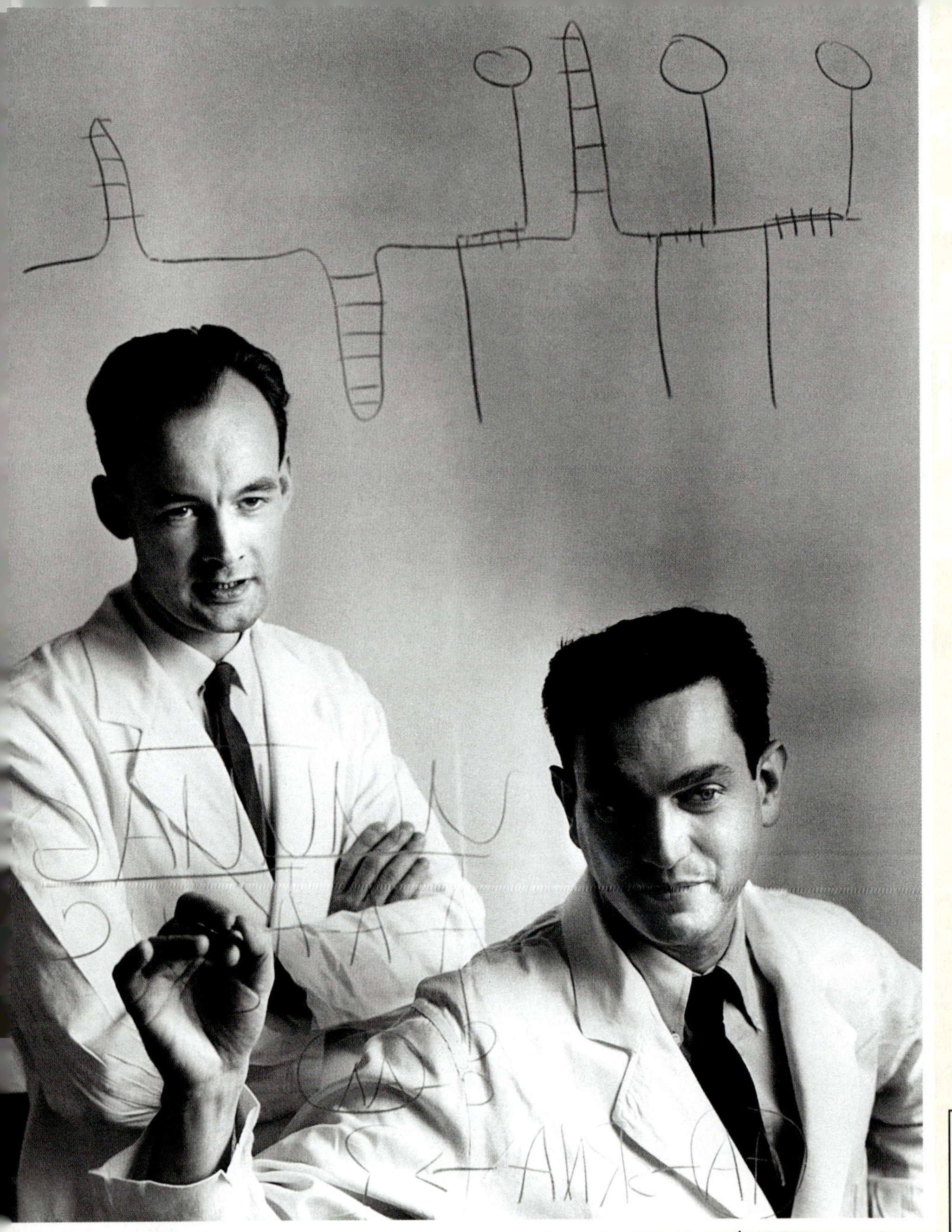

entdeckt. Sie haben den ersten Schritt gemacht, um das tiefste Geheimnis des Lebens zu verstehen – wie die Erbsubstanz **DNS (Desoxyribonukleinsäure)** ihre Wirkung in einem Körper entfaltet, wie sie eine Zelle steuert und wachsen lässt.

Alle Lebewesen sind aus solchen Zellen aufgebaut, von der Bakterie bis zum Elefanten, von der winzigen Alge bis zum Mammutbaum – und natürlich auch der Mensch. Die Zellen, die kleinsten Einheiten eines Lebewesens sind wahre Wunderwerke: Sie funktionieren wie winzige Fabriken, die nahezu alles in einem Körper Benötigte selbst herstellen. Von außen müssen sie lediglich wenige, recht einfache Zutaten aufnehmen, etwa Energie, Nahrung, Wasser oder Sauerstoff.

Der Rest wird im Zellinneren produziert. Und das wichtigste Ergebnis dieses Fabrikationsprozesses sind Tausende unterschiedlicher, kompliziert aufgebauter Eiweißmoleküle (**Proteine**), ohne die ein Körper nicht funktionieren könnte.

Seit den Untersuchungen von →***Oswald Avery*** wissen die Forscher, dass die Herstellung der Eiweißmoleküle in der Zelle von einer Zentrale gesteuert wird: der DNS, einem gigantischen Datenspeicher, der etwa bei menschlichen Zellen im Zellkern zu finden ist.

Erst Freunde, dann Konkurrenten: Marshall Nirenberg (im Bild rechts) und Heinrich Matthaei gelingt das entscheidende Experiment auf dem Weg zur Entschlüsselung des genetischen Codes. Doch das Wettrennen um die weitere Dechiffrierung entzweit sie

Der junge Biochemiker aus den USA hat eine Sensation zu verkünden – und doch ist der Vortragsraum in den monumentalen Hochhäusern der Moskauer Universität fast leer. Gerade vier, fünf Interessierte haben sich an diesem Tag im August 1961 zu seinem Referat eingefunden, obwohl in Moskau Tausende Wissenschaftler versammelt sind. Sie besuchen den Fünften Internationalen Kongress für Biochemie, eine Großveranstaltung mit zahllosen Vorträgen.

Nur: Der 34-jährige Marshall Warren Nirenberg ist unter Wissenschaftlern noch völlig unbekannt, und für seinen Beitrag hat er einen selbst für Fachleute kompliziert klingenden Titel gewählt: „Die Abhängigkeit zellfreier Proteinsynthese bei E. coli von natürlich auftretender oder synthetischer Matrizen-RNS“.

Unter den wenigen Zuhörern sitzt jedoch ein bekannter Biochemiker, der erkennt: Nirenberg und dessen deutscher Kollege Johannes Heinrich Matthaei haben Ungeheures

Die darin enthaltenen Informationen, das ist ebenfalls bekannt, sind für den Eiweißbau von Bedeutung. Und sie müssen zu den Produktionsstätten gelangen, vermuten die Gelehrten – doch keiner weiß, wie.

Genau diese Zusammenhänge erforschen Nirenberg und Matthaei gerade und bereiten dadurch, ohne es zu ahnen, einen Angriff auf die Schöpfung vor. Denn dank ihrer Erkenntnis wird es einige Jahrzehnte später möglich sein, mit grüner Gentechnik völlig neuartige Nutzpflanzen zu erschaffen oder den Körper des Menschen so zu verstehen, dass gentechnische Therapien und neue Medikamente entwickelt werden können.

Auf Intervention des renommierten Molekularbiologen →***Francis Crick*** darf Nirenberg seine Ergebnisse auf dem Moskauer Kongress von August 1961 ein zweites Mal präsentieren. Nun sitzen Hunderte Zuhörer im Saal – und viele von ihnen sind wie elektrisiert.

Nach Nirenbergs Vortrag verlassen einige Forscher eilig die Tagung, um sich in ihre Labors zurückzuziehen. Und ein Wettlauf beginnt um das grundlegende Verständnis dieser Vorgänge in der Zelle. Es ist eine Jagd, bei der es schon bald Gewinner und Verlierer gibt – und an der eine langjährige Freundschaft zerbricht.

Marshall W. Nirenberg wird am 10. April 1927 in New York City geboren. Weil er rheumatisches Fieber hat, zieht die Familie 1941 nach Orlando, Florida. Als Heranwachsender begeistert sich Nirenberg für die Natur, er erkundet Sümpfe und Höhlen, sammelt Spinnen.

Ab 1945 studiert er an der University of Florida in Gainesville, spezialisiert sich auf Zoologie und Chemie und macht 1952 seinen Abschluss mit einer Arbeit über Köcherfliegen. Noch weist nichts darauf hin, dass er neun Jahre später eines der großen Rätsel des Lebens lösen wird.

1952 wechselt Nirenberg an die University of Michigan, um dort eine Doktorarbeit in Biochemie zu beginnen. Zur gleichen Zeit studiert der zwei Jahre jüngere Deutsche Johannes Heinrich Matthaei in Bonn Botanik, Zoologie, Chemie und Physik.

Es ist eine Zeit, in der ein großer Durchbruch in der Biochemie bevorsteht: die Entdeckung von Aufbau und Struktur der DNS. Diese Erkenntnis, eine entscheidende Voraussetzung für die spätere Arbeit von Nirenberg und Matthaei, gelingt 1953 Francis Crick und dem Biologen →*James Watson*.

Seither wissen die Forscher, dass die DNS die Form einer Doppelhelix hat (vergleichbar einer in sich verdrillten Strickleiter).

Das Modell kann auf elegante Weise erklären, wie sich die Erbinformation bei der Zellteilung verdoppelt, doch eines kann es nicht: Begreiflich machen, wie die DNS die Bildung von Eiweißen steuert.

1957 wechselt Nirenberg in ein Labor der National Health Institutes (Nationalen Institute für Gesundheit) im US-Bundesstaat Maryland. Hier beginnt er sich für die rätselhaften Zusammenhänge zwischen der Erbsubstanz und den Eiweißen zu interessieren und widmet sich ab 1959 ganz dieser Frage.

Die gewaltige Vielfalt Zigtausender verschiedener Eiweiße im Körper, so ist den Biochemikern bekannt, erzeugt die Natur auf genial-einfache Weise: Sie setzt sie nach dem Baukastenprinzip aus – wie man heute weiß – 22 verschiedenen **Aminosäuren** zusammen.

Aneinandergereiht ergeben mehrere Hundert solcher Bausteine ein Eiweißmolekül. Die Kette faltet sich zu einem dreidimensionalen Gebilde. Entscheidend für die Eigenschaften und Fähigkeiten eines bestimmten Proteins ist jedoch, welche Bausteine an welcher Stelle in der Kette sitzen.

Eiweiße lassen sich nach ihren Funktionen in zwei große Gruppen einteilen: Sie können im Körper als Bauteile dienen, etwa als Bestandteil von Zellwänden. Oder sie arbeiten bei vielen Vorgängen so wie Roboter (und werden dann Enzyme genannt).

Jeder dieser Roboter ist zuständig für eine bestimmte Aufgabe: Die einen zerlegen angelieferte Materialien in handliche Teile, aus denen wiederum Neues zusammengefügt werden kann. Die anderen verfeuern Brennstoffe in kleinen Kraftwerken, um Energie für die Herstellung von Produkten zu gewinnen. Wieder andere entsorgen Abfälle, übertragen Nachrichten oder pumpen Stoffe in die Zelle hinein oder hinaus.

Die Struktur der DNS ist bekannt – doch niemand weiß, wie die Erbsubstanz ihre Wirkung entfaltet

Das Einmalige an der Fabrik im Inneren einer Zelle: Sie stellt ihre Roboter wie auch die Produktionsanlagen komplett selbst her, denn die Eiweiß-Roboter sind in der Lage, andere Roboter zu fertigen, indem sie Baustein an Baustein fügen. Tatsächlich ist das eine ihrer wichtigsten Aufgaben. Ebenso werden nicht mehr gebrauchte Roboter verschrottet. Alle dafür nötigen Bauanleitungen sind in der Zentrale gespeichert und jederzeit abrufbar.

Den Wissenschaftlern ist bekannt, dass auch die DNS aus einer Kette besteht, die aus immer gleichen Bauteilen zusammengesetzt ist – jedoch nicht wie Proteine aus Aminosäuren, sondern aus vier verschiedenen **Nukleotiden**.

Sie wissen, dass die Nukleotide in der DNS in einer schier unendlichen Abfolge hintereinander aufgereiht sind, und vermuten, dass diese Abfolge wie eine Blaupause den Bau der Proteine bestimmt – denn die Eiweiße sind schließlich ebenfalls Ketten, nur eben aus unterschiedlichen Aminosäuren.

Die Abfolge der einen Kette muss also in die andere übersetzt werden. Welcher geheimnisvolle Mechanismus dahinterstecken mag – das ist das nobelpreiswürdige Rätsel, das Nirenberg aufdecken möchte.

Weil sie herausfinden, wie das Erbgut funktioniert, erhalten Marshall Nirenberg (4. v. l.), Robert W. Holley (2. v. l.) und Har Gobind Khorana (l.) 1968 gemeinsam den Nobelpreis. Nirenbergs Kollege Matthaei geht leer aus

Er steht vor einer schweren Aufgabe, weil kaum ein Forschungsobjekt komplizierter ist als die Zelle, mit ihren Abertausenden Molekülen und biochemischen Reaktionen. Und so tut Nirenberg das, was Wissenschaftler in derartigen Fällen meistens tun: Er zerlegt das Problem in einzelne Komponenten.

Zunächst versucht er, künstliche Proteine herzustellen, ganz gleich, welche. Dazu züchtet er große Mengen des Darm-

Bakteriums *Escherichia coli* (E. coli). Denn es ist simpel gebaut, leicht zu kultivieren und vermehrt sich schnell.

Nirenberg zermahlt die Bakterien zu einer Paste, gibt Flüssigkeit hinzu und füllt das Gemisch in Röhrchen. Die spannt er in eine Zentrifuge, die sich derart schnell dreht, dass die Überbleibsel der toten Bakterien hunderttausendfacher Erdbeschleunigung ausgesetzt sind. Die Zentrifuge sortiert die Inhaltsstoffe fein säuberlich etwa nach Größe oder Dichte. Schwere Teile, wie grobe Zelltrümmer, sinken nach unten; kleine, etwa Aminosäuren, bleiben relativ weit oben, und andere Moleküle landen irgendwo dazwischen.

Auf diese Weise trennt und identifiziert Nirenberg nach und nach die in der Zelle vorhandenen Stoffe und fügt verschiedene dieser Zutaten im Reagenzglas zusammen – um jene zu finden, die für den Eiweißbau nötig sind. Zwei Jahre arbeitet er daran, doch er kommt nur langsam voran.

Da fragt im August 1960 der promovierte Pflanzenphysiologe Matthaei an, ob er bei Nirenberg mitarbeiten könne. Er hat ein NATO-Forschungsstipendium erhalten und interessiert sich für die künstliche Eiweißsynthese. Am 1. November beginnt er seine Arbeit in Nirenbergs Labor.

Der Deutsche besitzt ein außergewöhnliches technisches Geschick, und bald sind die beiden ein äußerst produktives Forschungsteam. Schließlich gelingt es ihnen, im Reagenzglas Eiweiße zu erzeugen – also außerhalb einer lebenden Zelle. Der Amerikaner und der Deutsche werden zu einem „wunderbaren Freundespaar“, so Matthaei.

Zwar haben sie diese Proteinproduktion in Gang gebracht, doch welche der vielen Stoffe daran unmittelbar beteiligt sind, das verstehen sie noch immer nicht.

Nirenberg reißt das Experiment an sich, als sein Kollege den entscheidenen Schritt machen will

Die beiden Forscher wissen jedoch, dass die DNS-Kette allein den Zusammenbau der Eiweiße nicht bewerkstelligen kann. Es muss einen Träger geben, der die Bauanleitung liest und diese Informationen von dem Ort, wo sie gespeichert sind, zu den Produktionsanlagen der Eiweiße bringt.

Von all den Substanzen der Zelle, die sie zentrifugiert und isoliert haben, erscheint ihnen eine besonders interessant: die RNS (Ribonukleinsäure). Wie die DNS hat sie die Form einer langen Kette, gebildet aus den Nukleotiden. Und sie kommt auch außerhalb des Zellkerns vor – dort, wo die meisten Eiweiße hergestellt werden.

Das bringt Nirenberg und Matthaei auf eine grandiose Idee: Vielleicht ist die RNS eine *Kopie* der DNS-Kette, die wie ein Bote die Bauanleitung zu jenen Orten in der Zelle transportiert, an denen die Proteine zusammengebaut werden.

Genau diese Vermutung können die beiden tatsächlich schon bald mithilfe von Ausschluss-Experimenten nachweisen. Damit ist auch die Aufgabenteilung zwischen DNS und der Boten-RNS geklärt: In der DNS im Zellkern werden Bauanleitungen für nahezu alle Eiweiße aufbewahrt. Soll ein bestimmtes Protein hergestellt werden, wird zunächst eine RNS-Kopie genau jenes DNS-Abschnittes gemacht, der die entsprechende Bauanleitung enthält. Als Bote trägt die RNS dann die Bauanleitung in die Zelle.

Der Vorteil für die Forscher: RNS bildet kürzere Nukleotid-Ketten und ist daher leichter zu untersuchen als die DNS.

Nun kennen Nirenberg und Matthaei zwar den Boten, aber noch immer ist ihnen nicht klar, wie die RNS die Bildung eines ganz bestimmten Proteins mit einer ganz bestimmten Abfolge von Aminosäuren auslösen kann.

Mitte Mai 1961 fährt Nirenberg für vier Wochen zu Kollegen nach Kalifornien. Sein Partner bleibt in Maryland, um eine Reihe von Versuchen abzuarbeiten. Ob Matthaei in dieser Zeit selbst auf jenen genialen Gedanken kommt, der schließlich zum Durchbruch führt, oder ob Nirenberg ihn in den Wochen zuvor bereits geäußert hat, ist nicht eindeutig überliefert.

Jedenfalls gelingt dem Deutschen am 22. Mai ein entscheidendes Experiment, das alles verändert.

Der Plan besteht darin, dem Eiweiß bauenden System im Reagenzglas künstliche RNS, deren Zusammensetzung bekannt ist, hinzuzufügen. Der Leiter des Laboratoriums, in dem Matthaei und Nirenberg arbeiten, hat die künstliche RNS hergestellt – eine lange Kette, die nur aus einem der vier möglichen Nukleotide besteht.

Eine kühne Idee: Was wäre, wenn die Folge dieses immer gleichen Bausteins in eine Aneinanderreihung einer ganz bestimmten, ebenfalls immer gleichen Aminosäure übersetzt werden würde? Wenn also die Reihenfolge der Bausteine in der RNS das Alphabet der Aminosäuren in den Eiweißen diktiert?

Matthaei fügt die synthetische RNS hinzu. Und tatsächlich bildet sich Eiweiß – und zwar in erstaunlichen Mengen! Eine Woche lang arbeitet er Tag und Nacht mit radioaktiv markierten Aminosäuren, um das künstliche Eiweiß zu identifizieren.

Matthaei ist damit fast fertig und hält ein Glasröhrchen mit der reinen Substanz in den Händen, als Nirenberg aus Kalifornien zurückkehrt. Der Amerikaner reißt das Röhrchen an sich und besteht darauf, die entscheidende Analyse selbst vorzunehmen. Matthaei gewinnt den Eindruck, dass sein Partner ihm den experimentellen Erfolg missgönnt. Die Atmosphäre zwischen den Freunden beginnt sich abzukühlen.

Liegt es daran, dass Nirenberg den entscheidenden Durchbruch vor Augen hat und den Ruhm für sich allein haben möchte? Eines jedenfalls ist durch das Experiment klar geworden: Eine Kombination, die aus der Aneinanderreihung des Nukleotids „U“ (das U steht für den Stoff Uracil) besteht, wird in die Aminosäure „Phenylalanin“ übersetzt.

Es ist der erste bekannte Befehl im Regelwerk des Übersetzungsschlüssels zwischen DNS, RNS und Eiweißen: des **genetischen Codes**.

Der Übersetzungsschlüssel teilt der Zellmaschinerie mit: „Wenn eine Kombination aus U auftaucht, dann ist an dieser Stelle die Aminosäure Phenylalanin in das zu produzierende Eiweiß einzufügen!“ Ebendiese Erkenntnis ist es, die auf dem Moskauer Kongress zum herausragenden wissenschaftlichen Ereignis wird.

Viele Biochemiker versuchen nun, den Code auch für die Übersetzung der übrigen Aminosäuren zu knacken, doch es sind vor allem zwei Arbeitsgruppen, die sich ein heftiges Wettrennen liefern: Das Team Nirenberg und Matthaei in Maryland – sowie eine Gruppe um den spanischstämmigen Severo Ochoa in New York, der bereits 1959 gemeinsam mit Arthur Kornberg einen Nobelpreis erhalten hat (für die Entdeckung, wie Nukleinsäureketten in der Zelle gebaut werden).

Um schneller voranzukommen, holt Nirenberg weitere Wissenschaftler in seine Arbeitsgruppe. Bis zu fünf Leute sitzen nun in dem engen Laborraum zusammen. Matthaei gefällt das gar nicht. Ihm sind solche „Konjunkturritter“, wie er sie nennt, suspekt. Er argwöhnt, dass sich die Forscher noch schnell einer aufregenden Entdeckung anschließen wollen, und befürchtet, dass sie nicht vertraut genug mit der Materie sind.

Der Deutsche beginnt, nachts zu arbeiten: Monatelang betritt er erst nachmittags um fünf Uhr das Labor und verlässt es morgens um acht, wenn die anderen wieder eintreffen. Er wiederholt manche Experimente seiner Kollegen, weil er deren Ergebnissen nicht traut.

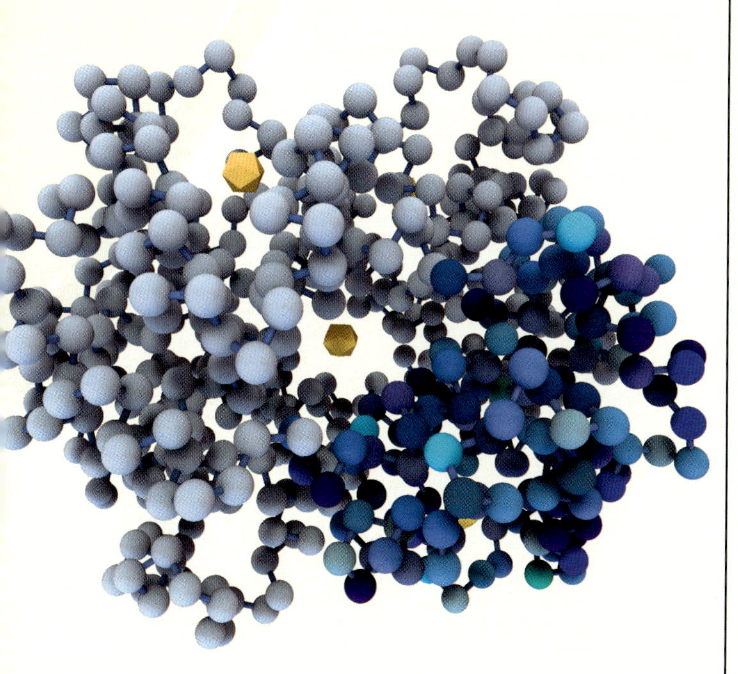

Im menschlichen Körper gibt es mehrere Hunderttausend Eiweißtypen (hier ein Modell des Blutfarbstoffs Hämoglobin). Diese bestehen aus bis zu 800 Aminosäuren, deren Reihenfolge in der DNS gespeichert ist

Nirenberg nimmt ihm das übel. Matthaei wiederum missfällt, dass sich sein Partner bei Interviews mit Journalisten in seine Privatwohnung zurückzieht, und fühlt sich abgedrängt. Das Klima zwischen den beiden wird immer frostiger.

Schließlich verlässt Matthaei die Arbeitsgruppe und kehrt vorzeitig nach Europa zurück, um den Code auf eigene Faust zu entziffern – zunächst zwei Jahre lang in Tübingen, dann am Max-Planck-Institut für experimentelle Medizin in Göttingen.

In den USA entwickeln inzwischen weitere Konkurrenten neue Methoden und erzielen Erfolge – so der Inder Har Gobind Khorana an der University of Wisconsin. Der Biochemiker Robert William Holley ist einer weiteren Sorte von RNS-Molekülen auf der Spur, die wie Adapter die Verbindung zwischen der Boten-RNS und den Eiweißbausteinen herstellen.

Nach und nach begreifen die Forscher, dass der genetische Code eine Sprache ist: aus Worten, die stets aus einer festgelegten Kombination von drei Nukleotiden bestehen. Diese legen wie die schriftlichen Befehle einer Bauanleitung fest, dass jeweils eine bestimmte Aminosäure in das Protein einzusetzen ist.

Nirenberg und Khorana, die nun zusammenarbeiten, melden jedes neue genetische Wort an Francis Crick, die zentrale Figur der Molekulargenetik, und veröffentlichen ihre Erkenntnisse sofort in Fachzeitschriften.

Matthaei in seiner zurückhaltenden, gründlichen Art aber will sichergehen, will erst publizieren, wenn die Ergebnisse fundiert sind. Er ist genauso schnell wie seine Konkurrenten, wird er später sagen, doch er zögert mit der Veröffentlichung – zu lange.

1966 ist das Rennen entschieden: Die Befehle für alle Aminosäuren sind entschlüsselt.

Schon zwei Jahre später erhalten Nirenberg, Khorana und Holley den Nobelpreis. Johannes Matthaei geht leer aus und ist darüber zutiefst enttäuscht. Zumindest an der Entzifferung des ersten Code-Befehles habe er 50 Prozent Anteil gehabt, sagt er, der Nobelpreis sei nun mit einer Lüge verbunden.

Die Molekularbiologie aber erlebt seit diesen Tagen einen ungeheuren Aufschwung. Weil nun die Maschinerie des Lebens bekannt ist und die Forscher immer ausgeklügeltere Methoden entwickeln, wird es in den folgenden Jahrzehnten zum Beispiel möglich, das **Gen** für menschliches Insulin in Bakterien einzuschleusen. Dort wird das Gen (also ein bestimmter Abschnitt der DNS) in eine Abfolge von Aminosäuren übersetzt – etwa das Eiweiß Insulin. So können große Mengen des für Diabetiker wichtigen Stoffes hergestellt werden.

Auch verstehen Wissenschaftler immer besser, wie genetische Defekte Krankheiten verursachen und welche neuen Therapien dagegen entwickelt werden können.

Der Mensch ist nun in der Lage, in das Erbgut eines jeden Lebewesens einzugreifen und die Evolution zu manipulieren. Ein neues Zeitalter hat begonnen. □

Dr. Henning Engeln, 53, ist GEOkompakt-Redakteur.

Literatur: Horace F. Judson: „Der achte Tag der Schöpfung. Sternstunden der neuen Biologie“. Meyster (antiquarisch). **Internet:** Ausführliche Informationen stellt die „Nationale Bibliothek für Medizin“ bereit (www.profiles.nlm.nih.gov/JJ).

Das Wunder Mensch

Transparente Körper, geschaffen vom Foto-Illustrator Alexander Tsiaras. Wie Duftstoffe und angeborene Verhaltensweisen unsere Partnerwahl beeinflussen. Das Gehirn – die geheimnisvolle Steuerzentrale.

Der Mensch und seine Gene

Was sind Gene? Wo befinden sie sich, wie viele gibt es, wie wirken sie? Auf welche Weise die DNS unser Leben bestimmt. Mit welchen Tricks Forscher die Struktur der DNS entdeckt haben.

Intelligenz, Gefühl, Bewusstsein

Woher Gefühle kommen, was ein Gedanke ist, wie die Welt im Kopf entsteht – eine Reise durch die komplexeste Struktur im Universum: das Gehirn.

Das GEOkompakt-Themenpaket »Mensch«

3 Hefte mit 33 % Ersparnis + Sammelbox gratis!

GEOkompakt-Sammelbox

Die Sammelbox schützt Ihre wertvolle Sammlung vor Staub und gibt bis zu 7 Heften einen sicheren Stand.

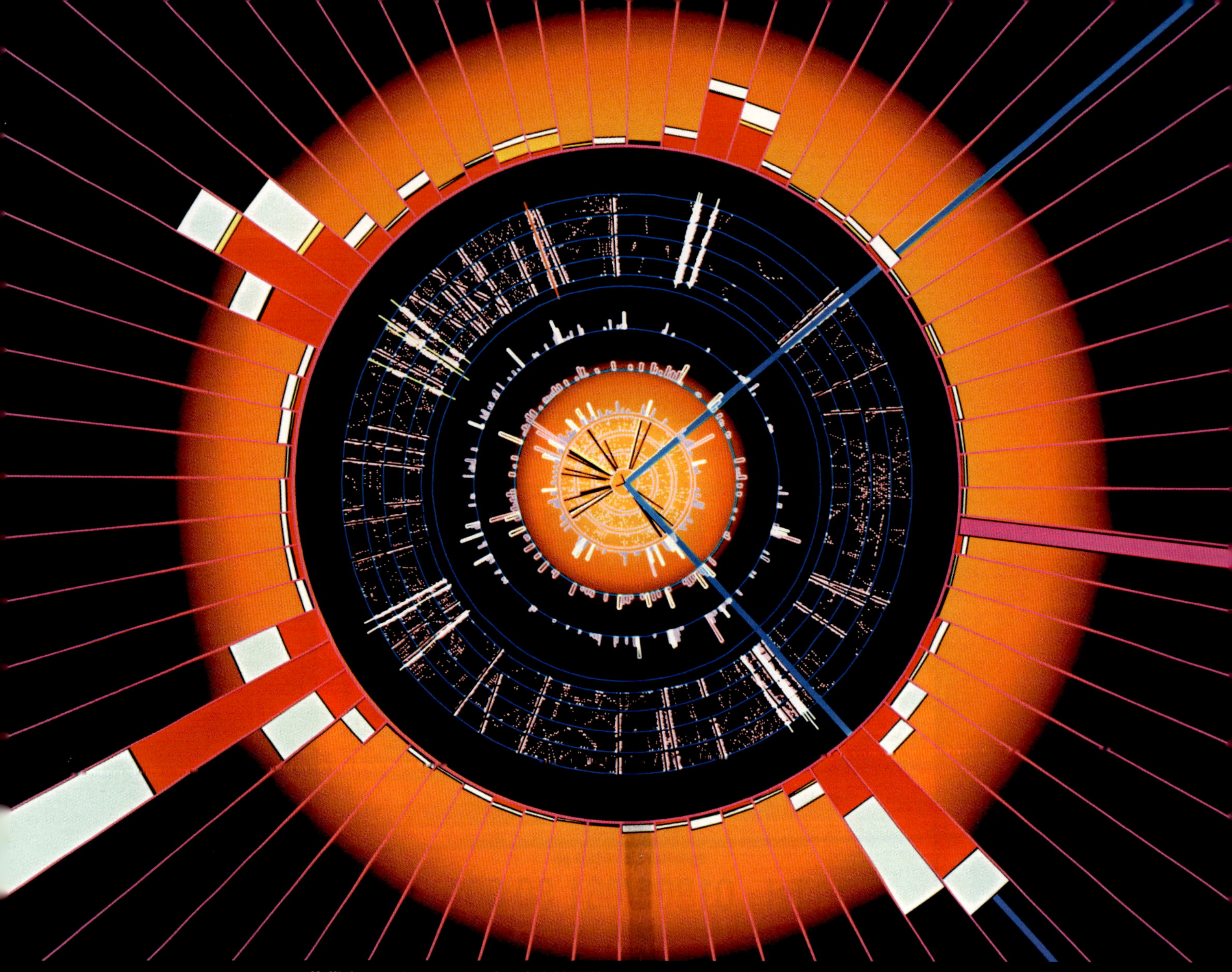

Kollision zweier atomarer Partikel: Mithilfe solcher Computerbilder, die nach Versuchen im Teilchenbeschleuniger erstellt werden, können Physiker neue Teilchen nachweisen – etwa Quarks, deren Existenz Gell-Mann vorhergesagt hatte

Entwickelt ein übersichtliches Ordnungsprinzip für neu entdeckte Teilchen: Gell-Mann

STRUKTUR DER MATERIE

Murray Gell-Mann *1929 — 98

Der Herr des Teilchenzoos

Was ist von einem theoretischen Physiker zu halten, dem der Laut „kwork" so gut gefällt, dass er ihn als Namen für bestimmte Grundbausteine der Materie wählt? Dem es kindliche Freude bereitet, als er den Begriff, als „Quark" ausgeschrieben, auch in einem Roman von James Joyce findet? Eines ist sicher: Murray Gell-Mann gehört zu den schillerndsten Physikerpersönlichkeiten des 20. Jahrhunderts, ein Exzentriker, nachtragend und empfindlich, aber auch großzügig und hilfsbereit.

Schon als Kind gilt der Sohn jüdischer Einwanderer aus Osteuropa als Lexikon auf zwei Beinen, mit 18 schließt er sein Studium ab. Zu Beginn der 1950er Jahre beginnt er sich jenen kleinsten Partikeln zu widmen, aus denen die Materie aufgebaut ist: den **Elementarteilchen**. Mit Teilchenbeschleunigern werden zu jener Zeit ständig neue Partikel entdeckt. Wie sie aber beschaffen sind und wie viele davon überhaupt existieren, darüber haben die Forscher noch keine klare Vorstellung.

Anfang der 1960er Jahre, inzwischen ist die Zahl bekannter Elementarteilchen auf fast 100 angewachsen, ersinnt Gell-Mann ein Ordnungsschema für diesen „Teilchenzoo", mit dem es ihm erstmals gelingt, die neuen Partikel nach ihren Eigenschaften in Familien anzuordnen. Es hat eine ähnliche Bedeutung für die Elementarteilchenphysik wie das **Periodensystem der Elemente** in der Chemie.

Gell-Mann gelingt es zudem, die Struktur der Materie noch weiter zu enträtseln. Denn er berechnet, dass die Teilchen seines Ordnungssystems aus noch kleineren zusammengesetzt sind, die er **Quarks** tauft – und von denen es drei verschiedene Arten geben muss, wie Gell-Mann vermutet.

Etwa zehn Jahre später werden die Quarks bei Experimenten tatsächlich nachgewiesen. Heute weiß man, dass davon sogar sechs verschiedene Arten existieren – und dass sämtliche irdische Materie nur aus Quarks und **Elektronen** aufgebaut ist.

Mit einer »Mößbauer-Sonde« erfassen Mars-Rover den Eisengehalt von Gestein

ANGEWANDTE PHYSIK

Rudolf Mößbauer *1929 99

Messen mit Gammastrahlen

Am 11. Dezember 1961 erhält Rudolf Mößbauer den Physik-Nobelpreis für die Entdeckung der „rückstoßfreien Kernresonanz-Absorption von Gammastrahlung". Doch selbst die Fachwelt spricht schon bald vom „Mößbauer-Effekt". Denn das Phänomen, das der junge deutsche Physiker entdeckt hat, ist ein neues Werkzeug zur Erforschung von Atomen und Molekülen.

Mößbauers Methode erlaubt es mit bis dahin unerreichter Genauigkeit, bestimmte Eigenschaften von Atomkernen zu vermessen – und dabei Rückschlüsse auf die Materie zu ziehen, deren Grundlage sie bilden.

Dies gelingt ihm mithilfe von **Gammastrahlen**, also besonders energiereichem Licht, das er auf ein Material lenkt, welches die Strahlung absorbiert und wieder aussendet. Diese Abstrahlung wird gemessen – so lassen sich charakteristische Muster erfassen, wie eine Art Fingerabdruck.

Die Methode begeistert Wissenschaftler in aller Welt. Britische und amerikanische Forscher beweisen damit eine Vorhersage der Allgemeinen Relativitätstheorie: dass die Schwerkraft die Wellenlänge von Licht verändert. Andere erkunden den räumlichen Aufbau komplizierter Moleküle oder messen die Stärke chemischer Bindungen.

Die wichtigste praktische Umsetzung, die Mößbauer-Spektroskopie, wird zu einem breiten Forschungsgebiet mit Anwendungen in Chemie, Geologie, Materialforschung, Archäologie.

Spektrometer sind auch über 100 Millionen Kilometer von der Erde entfernt im Einsatz: Die Mars-Fahrzeuge „Spirit" und „Opportunity" untersuchen seit 2004 mit Mößbauer-Messgeräten, welche Eisenminerale auf dem Roten Planeten vorkommen.

ASTRONOMIE

Arno Penzias *1933 und Robert W. Wilson *1936 100

Die Stunde null

Das Echo des Urknalls ist zunächst nur ein störendes Rauschen. Die jungen Radioastronomen Arno Penzias und Robert Woodrow Wilson entdecken 1963 zufällig, dass das Weltall von einer gleichförmig verteilten Mikrowellen-Strahlung erfüllt ist – der **kosmischen Hintergrundstrahlung**. Eigentlich wollen der in München geborene Penzias und sein texanischer Kollege mit ihrer Radio-Antenne die Milchstraße untersuchen. Doch wohin sie ihr empfindliches Instrument auch richten, immer ist da diese merkwürdige Strahlung, die ein Detektor als elektronisches Rauschen erfasst. Penzias und Wilson vermuten, dass die Antenne einen Fehler hat. Erst nach Beratungen mit anderen Astrophysikern wird ihnen klar, dass sie etwas Echtes messen – eine Strahlung, die aus allen Richtungen auf der Erde eintrifft.

Penzias und Wilson vor der Antenne, mit der sie die Urknall-Strahlung entdeckten

Einige Theoretiker, die sich mit der Geburt des Kosmos beschäftigen, haben diese Hintergrundstrahlung schon 1948 vorhergesagt. In ihrem Modell ist die Strahlung ein Nachhall des unvorstellbar dichten und heißen Anfangszustandes des Universums. Weil sich der Kosmos diesem Modell zufolge nach seiner Geburt schnell aufgebläht hat und dies bis heute tut, sprechen Kritiker ironisch vom „Big Bang" – dem Urknall. Das Modell steht in Konkurrenz zur Theorie eines „ewigen" Universums, für beide Ideen gibt es bis dahin aber noch keine überzeugenden Beweise.

Als Penzias und Wilson ihre Beobachtungen 1965 veröffentlichen, spricht damit jedoch alles für die Urknall-Theorie: Nur sie kann das gemessene Phänomen erklären.

Die kosmische Hintergrundstrahlung gehört seither zu den wichtigsten Informationsquellen über das junge Universum. Inzwischen weiß man, dass sie nicht aus allen Richtungen die gleiche Stärke aufweist. Die winzigen Unterschiede zeigen, wie die Materie einige Jahrhunderttausende nach dem Urknall zusammenzuklumpen begann – und sich damals die Vorläufer der ersten Galaxien bildeten.

Im Juli 2008 soll dieser europäische Satellit ins All starten, um dort in anderthalb Millionen Kilometer Entfernung von der Erde die kosmische Hintergrundstrahlung zu messen – präziser als je zuvor

Für die Jagd nach den kleinsten Teilchen braucht es riesige Maschinen und Tausende Physiker. Denn Forschung ist heute vor allem: Teamwork

Das Monster von Genf

Mit gigantischen Messgeräten wollen die Physiker des Genfer Forschungszentrums CERN die bei Teilchen-Kollisionen neu entstehenden Partikel erfassen. Der ATLAS-Detektor ist 46 Meter lang und hat 25 Meter Durchmesser. Die Röhren enthalten Magnetspulen und wiegen jeweils 100 Tonnen

Text: Malte Henk

Es ist wie eine Sucht, sagt sie, du denkst daran die ganze Zeit. Spätabends zu Hause oder jetzt, morgens um neun im Büro. „Ich suche das Higgs-Teilchen", sagt Rosy Nikolaidou.

Das Higgs-Teilchen ist der Zacken einer Kurve auf dem Computer. Man kann mit der Maus klicken, dann fluten Zahlen den Schirm, man tippt Befehle ein, wartet, dann wächst der Zacken, das ist gut, oder er schrumpft, das ist schlecht.

„Du musst kreativ sein", sagt Rosy. „Elementarteilchen rufen ja nicht: Kuckuck, hier bin ich!"

Deswegen sitzt sie in ihrem Büro am CERN, dem Europäischen Forschungszentrum für Teilchenphysik bei Genf, Gebäude 40, zweiter Stock – eine 39-jährige Griechin mit langen Haaren und Blümchenbluse. Es ist ein Büro mit schrammeligen Schreibtischen und Drehstühlen und Computerschirmen, wie in einer Behörde. Und so wie Rosy dasitzt, versunken in ihre Grafiken, kann man leicht übersehen, um was es hier geht.

Rosy Nikolaidou will das Rätsel der Masse lösen

Man sieht nicht, dass Rosy Nikolaidou nicht allein hinter dem Higgs-Teilchen her ist. Dass es bei dem ATLAS-Experiment 2000 Mitsucher gibt aus 37 Ländern und 167 Instituten. Dass sie eine riesige Maschine gebaut haben, um Atomsplitter zu untersuchen, eine Beobachtungsstation, so schwer wie das Stahlgerüst des Eiffelturms und so lang wie ein halber Fußballplatz. 55 000 Kabel und Röhren stecken in ihr drin – 100 Meter tief unter dem Schweizer Boden.

Was man nicht sieht, ist, dass die Suche nach dem Higgs-Teilchen ein sechs Milliarden Euro teures Jahrhundertereignis darstellt.

Diese Geschichte handelt von einem der größten Experimente aller Zeiten, aber sie spielt vor allem in Büros und Konferenzräumen. Dort, wo sich die ulti-

Zwei Stahlscheiben von rund 15 Meter Durchmesser werden zur Montage im Beschleuniger-Ring vorbereitet. Sie gehören zu einem weiteren CERN-Teilchendetektor und sollen Magnetfelder verstärken, die helfen, die bei Kollisionen entstehenden Teilchen zu identifizieren

mative Materialschlacht der Grundlagenforschung ins Abstrakte verflüchtigt. Wo Entdeckungen am Bildschirm gemacht werden und Sensationen in der Statistik versteckt sind. Wo sich zeigt, worum es bei der Suche nach dem Higgs-Teilchen geht: um eine philosophische Unternehmung. Um die Rückkehr an den Anbeginn der Zeiten und die Beantwortung einer simplen Frage: Weshalb ist die Welt so, wie sie ist?

Viel ist geschehen mit unserem Wissen von den Bausteinen aller Dinge, seit →***Ernest Rutherford*** vor einem Jahrhundert entdeckt hat, dass ein Atom nicht unteilbar ist; dass es sich zusammensetzt aus einem Kern und **Elektronen**, die ihn umgeben. „Wissenschaft ist entweder Physik oder Briefmarkensammeln", soll Rutherford gesagt haben.

Das Atomzeitalter, das damals begann, brachte der Menschheit Hiroshima. Aber nicht nur. Sondern auch großartige Maschinen zur Erklärung der Welt, Monumente unserer Zivilisation: die Teilchenbeschleuniger. Auch bei ihnen hat es ein Wettrüsten gegeben; allerdings nach den Fair-Play-Regeln der *scientific community*. Es ist bis heute nicht beendet.

Im kalifornischen Berkeley wurde 1930 der erste kreisförmige Beschleuniger gebaut, das Zyklotron. Die Maße waren bescheiden, etwa zehn Zentimeter im Durchmesser, doch dabei blieb es nicht. Die Nachfolger des Zyklotrons wuchsen, sie blähten sich auf und mit ihnen die Personalapparate jener Forschungsinstitute, die sie am Laufen hielten.

Die beiden wichtigsten Anlagen entstanden am CERN und in den USA: Das Tevatron bei Chicago ging 1983 in Betrieb, die Europäer folgten sechs Jahre später mit einem 27 Kilometer langen Beschleunigertunnel.

Solche Riesenmaschinen sind nötig, um ins Innere der Materie zu schauen. Das Prinzip ist einfach: Man beschleunigt Atomkerne oder Elektronen mithilfe elektromagnetischer Felder, dann bringt man sie mit Magneten in eine Art Rennparcours. Ihn umkreisen sie, in beiden Richtungen, wieder und wieder.

Dann der Höhepunkt: der Frontalcrash. Man setzt dabei auf die Äquivalenz von Energie und Masse, auf Einsteins Formel $E = m \cdot c^2$. Das heißt: Die Energie der Kollision geht bei dem Zusammenstoß zum Teil in Masse über. Neue Partikel entstehen; vielleicht sogar solche, die nie zuvor beobachtet worden sind.

Nichts anderes ist ja passiert, damals vor 13,7 Milliarden Jahren. Der Urknall war die Geburt von Raum und Zeit aus reiner Energie, zusammengepresst

Ein mit Siliziumstreifen bestücktes, gut ein Meter großes Rad wird in einem Teststand geprüft. Mit seiner Hilfe sollen die Flugbahnen kleinster Teilchen rekonstruiert werden

auf einem einzigen Punkt. Und als die Energie sich im expandierenden Raum verteilte und in Materie verwandelte, da begann die Welt.

Die ersten Millionstelsekunden: Ausnahmezustand. Kosmisches Billardspiel. Teilchen prallen aufeinander. Manche sind kurz da, blitzen auf, zerfallen in leichtere Partikel. Das gerade entstehende Universum kühlt sich ab und dehnt sich aus, der Druck lässt nach. Atome entstehen. Schließlich die ersten Sterne.

Heute geht es den Forschern darum, sich so nahe wie möglich an den Anfang heranzutasten. Je wuchtiger ein Crash im Teilchenbeschleuniger, desto höher die Chance, all jene Partikel zu erzeugen, die damals zum Inventar des Kosmos zählten. Und die seit dem Beginn der Welt von leichteren, stabilen Verwandten verdrängt worden sind.

Je mehr Energie, desto näher am Urknall. Das ist der Wettbewerb.

Mit dem Elektron, dem elektrisch geladenen **Elementarteilchen**, das den Atomkern umkreist, ging es los, danach haben die Physiker weitere Teilchen nachproduziert. 29 stehen jetzt auf ihrer Liste, 29 unteilbare Punkte, aus denen sich alles andere ergibt. Darunter Klassiker wie das Photon, das Lichtteilchen, aber auch Raritäten wie das Top-Quark, das ausgestorben war, 13,7 Milliarden Jahre lang, bis der Teilchenbeschleuniger von Chicago es 1995 in die Welt zurückholte.

Das Schöne ist, dass man alle diese Partikel mit ihren Merkmalen in eine Theorie zwängen kann. Das **Standardmodell** der Elementarteilchenphysik ist ein Set mathematischer Gleichungen, etwa 35 Jahre alt. Man berechnet damit die Kräfte, die zwischen den Teilchen wirken, und sagt so ihr Verhalten voraus – etwa, was geschieht, wenn zwei Partikel aufeinanderprallen (siehe Illustration Seite 140). Keine „Weltformel" zwar, aber praktisch und relativ simpel.

Wenn nur nicht ein Problem bliebe.

Das Standardmodell hört auf zu funktionieren, wenn man davon ausgeht, dass Dinge schwer sind. Die Anleitung zum Aufbau der Welt – sie bricht kläglich zusammen, sobald man die Masse der Elementarteilchen in die Gleichungen einfügt. Materie, das wissen nicht nur Physiker, hat aber eine Masse. Die Erde: 6000 Trillionen Tonnen. Ein Elektron: $9{,}109381 \cdot 10^{-31}$ Kilogramm.

Es ist ein Ärgernis, eine Peinlichkeit, eine nicht erledigte Hausaufgabe im Fach Welterklärung. Weshalb sind Objekte überhaupt schwer? Wieso ist die Masse eines Protons größer als die eines Elektrons? Und warum lässt sich das alles nicht mit der Theorie vereinbaren?

Man könnte das Standardmodell aufgeben. Das Problem ist nur, es gibt keine Alternative: Nirgendwo anders sind alle Erkenntnisse aus der Welt der kleinsten Teilchen so erfolgreich zusammengefasst.

Lieber zu einem Hilfsmittel greifen. Zur Annahme, dass ein seltsames Feld unser Universum durchzieht, eine Art Hintergrundmusik, die niemand auszuschalten vermag.

In der Sprache der Physik bezeichnet ein „Feld" einen Raum mit einer bestimmten Eigenschaft, deren Stärke sich von Ort zu Ort unterscheiden kann. Als Feld eines Lagerfeuers könnte man die Umgebung verstehen, innerhalb deren man sich noch die Hände wärmen kann. Je weiter man sich vom Feuer entfernt, desto schwächer wird die Hitze. Das Feld aber, das sich der schottische Physiker Peter Higgs vor mehr als 40 Jahren ausgedacht hat, würde den gesamten Weltraum gleichmäßig ausfüllen.

Und sämtliche Elementarteilchen würden mit diesem Feld in Beziehung treten. Dadurch bekämen sie, quasi von außen, ihre Masse verliehen; wie Metallkügelchen, die über eine Fläche rollen, auf der überall winzige Magnete verteilt sind. Je nach Metallart wirken die Magnete unterschiedlich stark auf die Kügelchen: Sind sie aus Eisen, so haben sie es schwerer, die Ebene zu durchqueren, als wären sie aus Aluminium – die Eisenkugeln bekommen durch das Feld der Magnete eine zusätzliche Masse verliehen. Ein relativ schweres Teilchen „spürt" das „Higgs-Feld" also stärker als ein leichtes. Und könnte man das Feld abschalten, dann würden alle Teilchen ihre Masse verlieren.

Das „Higgs-Feld" ist eine Verlegenheitslösung, das mathematische Outsourcing eines Problems. Nur wenn es existiert, steht das Standardmodell mit der Realität in Einklang. Es soll Forscher geben, die nicht daran glauben, dass die Wirklichkeit dieser Kopfgeburt gehorcht. Aber immerhin, das folgt aus den Theorien, muss zum Feld auch ein Teilchen gehören, das Higgs-Teilchen.

Und das müsste man herstellen können, hoffen die Physiker: indem man Bedingungen schafft, wie sie kurz nach dem Urknall herrschten, jenem großen Werden und Vergehen, als alle Partikelsorten zur Welt kamen, immer wieder aufs Neue. Es wäre der Beweis, dass das Higgs-Feld existiert. Und der letzte Baustein des Standardmodells.

Ohne Menschen wie Rosy Nikolaidou würde heute nicht viel laufen in der Spitzenforschung. Wer sie beschreiben will, könnte aus einer Stellenanzeige für Spitzenmanager zitieren: Sie ist fokussiert, aber flexibel; ehrgeizig und doch „teamfähig". Und stets bereit, weiterzuziehen ins nächste Land.

Sie hat Experimentalphysik in Athen studiert. Für ihre Doktorarbeit kam sie erstmals nach Genf. Ein Jahr „Postdoc" in Grenoble, dann weiter zum Nationalen Forschungszentrum CEA bei Paris. Das war ein Glücksfall für Rosy, denn Physiker aus der ganzen Welt wollten gerade einen neuen Beschleuniger in der Schweiz bauen; das französische Institut spielte dabei eine wichtige Rolle.

Noch arbeitet der Beschleuniger nicht. Die Forscher simulieren nur mögliche Ergebnisse

Der Plan war, die bestehende Anlage am CERN hochzurüsten zum sogenannten Large Hadron Collider – frei übersetzt: großer Atomkern-Beschleuniger. Mit neuen Teilchenröhren im alten Tunnel, mit neuen Magneten, vier neuen Messapparaten: unter anderem dem ATLAS-Detektor. Der neue Superbeschleuniger sollte siebenmal so stark werden wie der Konkurrent in Chicago. Das würde ausreichen, dachte man, um das Higgs-Teilchen endlich zu finden. Mehr als 5000 Physiker würden an den vier Experimenten arbeiten.

Vor drei Jahren kam Rosy wieder nach Genf, das war der nächste Glücksfall für sie. Man kann sich das ATLAS-Experiment (ATLAS steht für „A Toroidal LHC ApparatuS“) vorstellen wie die UNO. Die 167 Institute aus fünf Kontinenten sorgen für Geld und wollen mitreden; sie wählen eine Art Regierung und senden ihre besten Leute in die Schweiz.

„In diesen Monaten wird es aufregend“, sagt Rosy, sie sitzt in ihrem Büro. „Man spürt, hier liegt etwas in der Luft. Die Vorbereitungen sind in der letzten Phase. Im Mai wollen wir *online* sein. Im Juli die ersten Kollisionen. Dann geht es rund.“

„Aber der Beschleuniger arbeitet noch gar nicht – weshalb suchen Sie dann jetzt schon nach dem Higgs-Teilchen?“

„Simulationen. Ich probe nur.“

Sie probt nur! Seit drei Jahren probt sie nur.

Mit dem Higgs-Teilchen, erklärt Rosy, verhalte es sich nämlich so: Man werde Protonen, relativ schwere Partikel, in Bündeln auf den Weg schicken und so lange beschleunigen, bis sie 99,9999991 Prozent Lichtgeschwindigkeit erreichen.

Die Protonenbündel werden dann 11 245-mal in der Sekunde durch den 27 Kilometer langen Tunnel rasen. Lässt man sie aufeinander los, wird die Energie jedes Crashs gewaltig sein. Genauer gesagt, so gewaltig wie die Bewegungsenergie einer fliegenden Mücke – mit dem Unterschied, dass sich der Urknall im Labor auf einem Raum abspielen

> Ein Teilchen soll der Materie ihre Masse geben

wird, der eine Billion Mal kleiner ist als ein Moskito.

„It's a mess“, sagt Rosy, was für ein Chaos, und meint nicht ihren Schreibtisch. Eine Milliarde Kollisionen pro Sekunde! Jede Menge Teilchensplitter werden entstehen. Das Higgs-Teilchen wird sich zwischen Quarks und sonsti-

Die Urknall-Maschine

Im Large Hadron Collider (LHC) des CERN kollidieren Atomkerne beinahe mit Lichtgeschwindigkeit. Dabei wird auf kleinstem Raum sehr viel Energie frei. Es entstehen ständig neue Teilchen – wie bei der Geburt des Universums

Illustration: Mario Mensch
Text: Henning Engeln

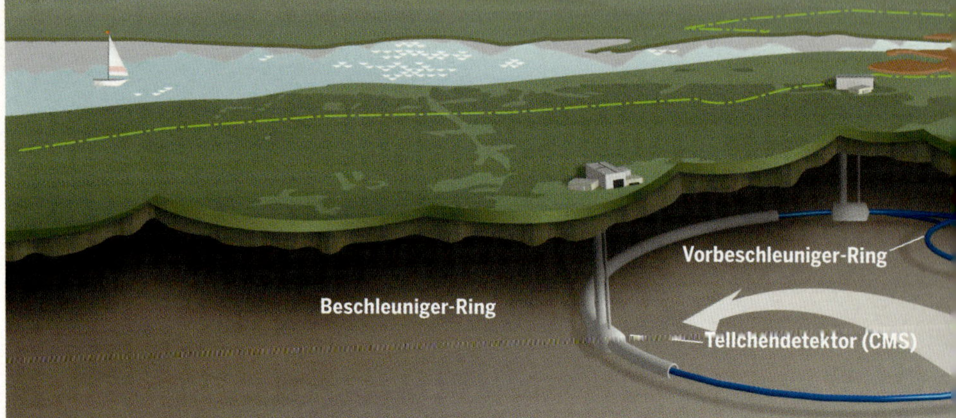

Die Bahnen der Beschleunigung

Die LHC-Anlage des CERN besteht aus zwei Hauptringen. Mithilfe von elektromagnetischen Feldern werden Atomkerne zunächst im Vorbeschleuniger-Ring auf Tempo gebracht und erreichen dann im eigentlichen Beschleuniger-Ring mehr als 99,99 Prozent der Lichtgeschwindigkeit. Im großen Ring befinden sich zwei Strahlrohre, in denen die Partikel in gegenläufigen Richtungen kreisen.

1. Rohre, durch die die Teilchen fliegen
2. Supraleitende Magnetspulen
3. Stahlmanschette
4. Eisenjoch
5. Heliumleitungen
6. Stromleitungen
7. Isolierung

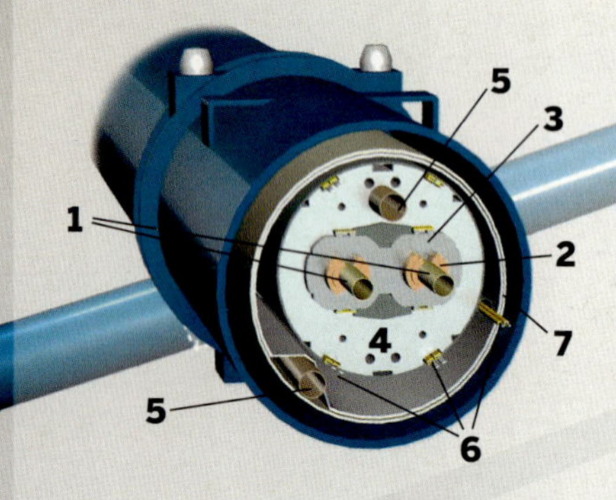

Der Aufbau des Rings

Der Beschleuniger-Ring besteht vor allem aus 15 Meter langen, 35 Tonnen schweren Rohr-Elementen. Darin befinden sich die Strahlrohre, in denen sich die Teilchen bewegen, sowie die supraleitenden, auf minus 271 Grad Celsius abgekühlten Magnetspulen. Sie erzeugen ein starkes Feld, das die Teilchen auf die Kreisbahn zwingt.

So funktioniert der Teilchenbeschleuniger

Das Prinzip von Anlagen wie dem LHC ist trotz der gewaltigen Ausmaße und der extrem komplizierten Technik einfach: Atomkerne oder Elektronen werden mithilfe von elektromagnetischen Feldern auf ungeheuer große Geschwindigkeiten beschleunigt. Sie kreisen in zwei gegenläufigen Ringen wie in einer Teilchenrennbahn. An manchen Stellen vereinigen sich die Rennstrecken, und dann kann es zu frontalen Zusammenstößen kommen. Weil die Teilchen winzig klein sind und bei den Kollisionen enorme Bewegungsenergien besitzen, entsteht in einem solchen Augenblick eine sehr hohe Energiedichte. Sie ist derart groß, dass der Zustand einem Moment ganz kurz nach dem Urknall ähnelt. Nach der berühmten Einsteinschen Formel $E = m \cdot c^2$ wandelt sich ein Teil der Kollisions-Energie in Masse um: Es entstehen neue Teilchen. Sie sausen in alle Richtungen davon, werden von riesigen Detektoren erfasst und identifiziert (siehe unten). 29 Elementarteilchen sind den Physikern inzwischen bekannt, darunter Elektronen, Myonen, Photonen sowie verschiedene Quarks und Neutrinos. Manche ursprünglich als unteilbar geltende Teilchen entpuppten sich als zusammengesetzt: Protonen und Neutronen etwa bestehen aus je drei Quarks und werden heute zur Gruppe der Hadronen gerechnet. Im LHC sollen demnächst jeweils 300 Billionen Protonen auf gegenläufigen Bahnen kreisen, aufgeteilt in etwa 3000 Pakete im Abstand von siebeneinhalb Metern. Alle 25 Milliardstelsekunden wird es Kollisionen geben, von denen jede etwa 1000 neue Partikel erzeugt. Die Detektoren registrieren und analysieren jede dieser Kollisionen, doch die Datenmengen sind so immens groß, dass nur jedes zehnmillionste Ereignis gespeichert werden kann.

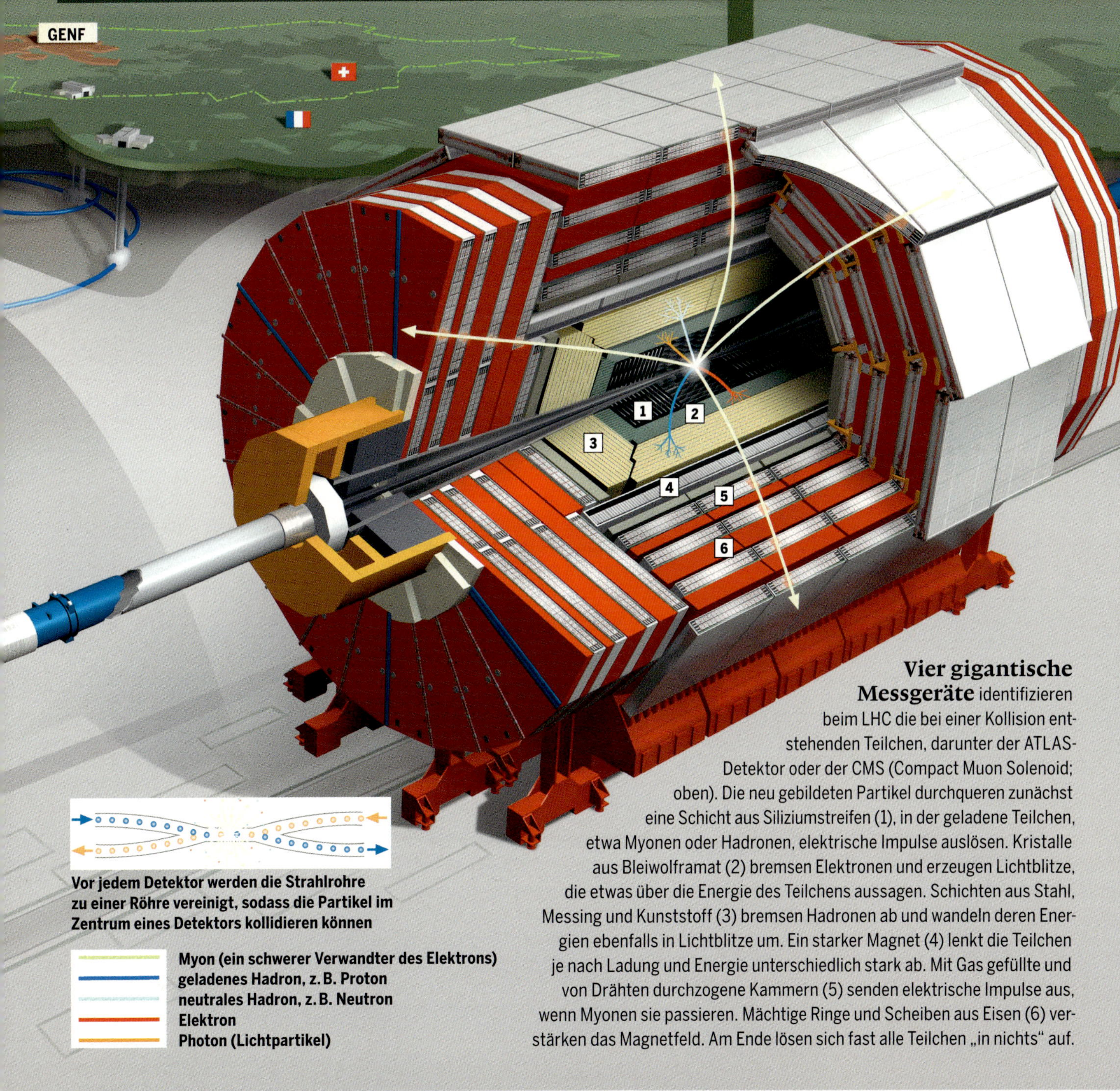

Vor jedem Detektor werden die Strahlrohre zu einer Röhre vereinigt, sodass die Partikel im Zentrum eines Detektors kollidieren können

Vier gigantische Messgeräte identifizieren beim LHC die bei einer Kollision entstehenden Teilchen, darunter der ATLAS-Detektor oder der CMS (Compact Muon Solenoid; oben). Die neu gebildeten Partikel durchqueren zunächst eine Schicht aus Siliziumstreifen (1), in der geladene Teilchen, etwa Myonen oder Hadronen, elektrische Impulse auslösen. Kristalle aus Bleiwolframat (2) bremsen Elektronen und erzeugen Lichtblitze, die etwas über die Energie des Teilchens aussagen. Schichten aus Stahl, Messing und Kunststoff (3) bremsen Hadronen ab und wandeln deren Energien ebenfalls in Lichtblitze um. Ein starker Magnet (4) lenkt die Teilchen je nach Ladung und Energie unterschiedlich stark ab. Mit Gas gefüllte und von Drähten durchzogene Kammern (5) senden elektrische Impulse aus, wenn Myonen sie passieren. Mächtige Ringe und Scheiben aus Eisen (6) verstärken das Magnetfeld. Am Ende lösen sich fast alle Teilchen „in nichts" auf.

gen Störenfrieden verstecken, schlimmer noch: Es wird schon nach Sekundenbruchteilen verschwinden. Wird je nach Masse in diese oder jene Partikel zerfallen. Den Forschern werden nur die Abfallprodukte bleiben.

Und hier kommt ins Spiel, was Rosy machen wird, am Computer in ihrem Büro. Sie wird versuchen, jene Spuren zu entziffern, die das Higgs hinterlässt; seine „Signatur". Es könnte sich in **Myonen** verwandeln (das Myon ist eine XL-Version des Elektrons), ihnen ist Rosy auf der Spur. Sie wird Dateien bekommen, riesenhafte Tabellen: ein Verzeichnis der Myonen, die nach den Kollisionen in der Maschine entstehen.

Ärgerlich nur, dass nicht jedes Myon automatisch auf ein Higgs hinweist; auch andere Ursprungsteilchen kommen infrage. Deswegen macht Rosy *cuts*. Das heißt: Sie schneidet Spuren aus den Dateien heraus, die langweilig sind, den Datenmüll. Das ist ihre kreative Arbeit, und arbeitet sie gut als Sortiererin des Zahlenmaterials, dann werden am Ende aus einer Unmenge von Daten jene Myonen übrig bleiben, die vom Higgs abstammen – falls es das tatsächlich gibt.

Man muss wissen, wonach man sucht. Deshalb spielt Rosy seit drei Jahren in Simulationen durch, was zu tun ist, wenn die Suche erst einmal beginnt – wie eine Fahrschülerin, die an einer Konsole übt, ehe sie ins Auto steigt. Sie muss das Higgs virtuell erschaffen, sonst könnte sie es nie finden.

Was für ein Unterfangen! Als die ersten Studien für ATLAS begannen, jenes CERN-Experiment, das noch keinen einzigen Datensatz geliefert hat, stand noch die Berliner Mauer.

Man weiß längst einiges über dieses seltsame Higgs-Teilchen. Dass es nicht nur in Myonen zerfallen könnte, sondern zum Beispiel auch in Photonen, in Licht also. Darum kümmern sich andere aus dem ATLAS-Reich, die Rosy nicht kennt; damit hat sie nichts zu tun. Will man ehrlich sein, dann muss man sagen, dass es sogar wahrscheinlich ist, dass das Higgs auch in Photonen zerfällt. Womöglich wird Rosy all das hier vergebens machen, aber davon will sie nichts wissen.

„Ob wir das Higgs finden oder nicht – beides ist ein Ergebnis. Okay, vielleicht wird zuerst der Photonenkanal nachgewiesen. Aber dann können wir nachziehen. Die Higgs-Suche ist Statistik, ein Spiel mit Wahrscheinlichkeiten. Es geht darum, genügend Daten zu sammeln, bis wir uns fast ganz sicher sind."

„Das heißt, den einen Moment der Entdeckung wird es nicht geben? Niemand wird schreien und sagen: Hurra, ich habe das Higgs-Teilchen gefunden?"

„Ach kommen Sie. Die romantische Epoche der Physik ist doch längst vorbei."

Sie packt ihren Laptop in den Rucksack und läuft los, aus dem Büro hinaus, links das Zimmer der Forscher aus Amsterdam, rechts die Italiener. Am Kopierer Verena aus Harvard, „Hi, Rosy". So viele Leute, so viele Statisten für den großen Film. Hinter den Fenstern ein Schweizer Wintertag, Bürogebäude, eine Kantine, Parkplätze. Noch weiter ein Vorstadtirgendwo mit Tankstellen und mittelständischen Firmen. Das CERN ist kein schöner Ort. Die Gewichtsprobleme des Universums werden in einem Industriegebiet gelöst.

Drei Treppen nach unten, hinein in einen Hörsaal, Platz nehmen hinten rechts. Hier findet das Higgs-Arbeitstreffen des ATLAS-Experiments statt. Zeit und Ort standen im Internet, dazu eine Nummer, unter der man sich ins Telefonsystem einwählen konnte. Viele Forscher bleiben im Büro, sie hören über Lautsprecher zu. So kann man nebenher E-Mails schreiben, weiterarbeiten, keine Zeit verlieren.

Gekommen sind 30 Leute, darunter einige der besten Experimentalphysiker der Welt. Da ist Guillaume Unal, der große Schweiger mit Dreitagebart. Karl Jakobs, eine Art Innenminister und ganz freundlicher Zuchtmeister. Andreas Höcker, dünn, jungenhaft begeistert. Und Louis Fayard, Zottelhaar, Wim-Thoelke-Brille, er leitet das Treffen.

Louis schließt seinen Laptop an den Diaprojektor. Er wirft ein Foto an die Wand: Fidel Castro mit Zigarre. Es kann losgehen.

„Hallo, hallo", spricht Louis in den schwarzen Kasten, der vor ihm steht.

„Hallo, hier Mailand", krächzt es zurück.

Es folgt ein unverständlicher Wortwechsel, dann verkündet Louis: „Heute sind uns zugeschaltet Mailand, Dresden, Orsay, Athen, irgendwas in den USA. Und Sheffield."

„Wie bitte? Die Verbindung ist schlecht", ruft Mailand.

Teilchen-Jagd, grenzenlos. Die Protonen kollidieren in Genf, aber es könnte sein, dass Forscher in Rio de Janeiro oder in Minsk das Higgs als Erste auf ihren Bildschirmen identifizieren. Oder Kopenhagen. Hiroshima. Baku.

Überall dort sitzen Menschen, die ungefähr das Gleiche tun wie Rosy. Es gibt ein System, das die Datenmassen zum Rechnen verteilt; ein Netz von Computerzentren in Forschungsinstituten rund um die Erde, eine Art Hochleistungsversion des Internet. Auch das World Wide Web haben sie einst am CERN erfunden, 1991 war das.

Programmpunkt eins: heikel. Wie soll die Welt von den Leistungen des Experiments erfahren? Fest steht, dass *alle* 2000 ATLAS-Forscher die wichtigste Veröffentlichung unterzeichnen werden: Wir haben das Higgs gefunden!

Doch wer würde den dann ziemlich sicheren Nobelpreis entgegennehmen? Der steht nur maximal drei Personen zu, er stammt aus der romantischen Epoche der Physik. Vielleicht Peter Higgs, der Theoretiker? Oder der Schweizer Peter Jenni, das ATLAS-Oberhaupt?

Was aber ist mit all den anderen Publikationen auf dem weiten Weg zum Nobelpreis?

Es mahnt nun in einer langen Rede aus dem schwarzen Kasten eine Athener Forscherin, man solle auch an die jungen Kollegen denken. Die wollten bald etwas veröffentlichen, unter eigenem Namen, und so weiter. Rosy, hinten in der letzten Reihe, verdreht die Augen. „Manche

Allein an dem ATLAS-Experiment arbeiten weltweit rund 2000 Forscher mit

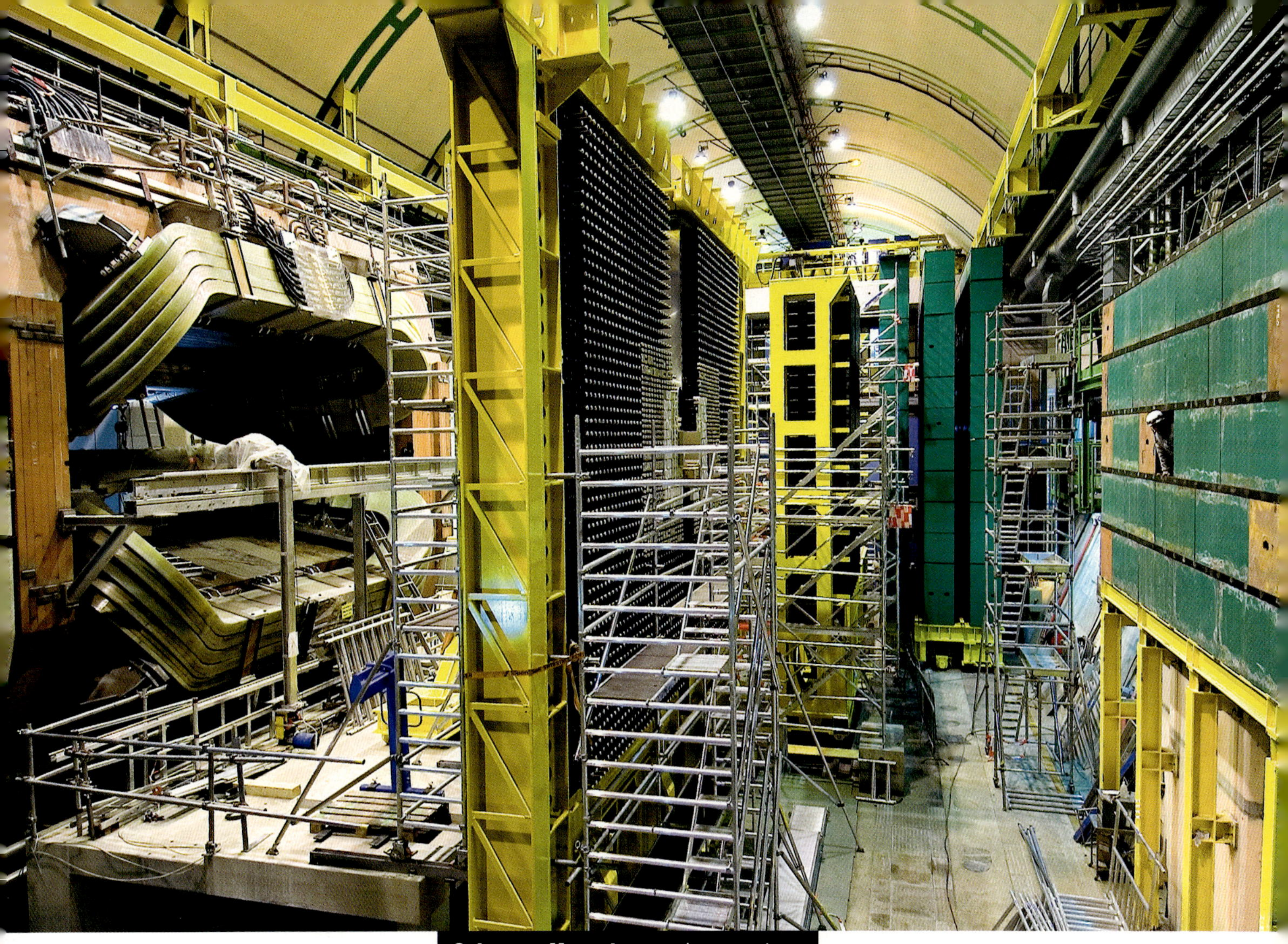

Gebogene Magnete, umgeben von einem Eisenjoch (im Bild links), bilden das Herzstück des LHCb-Detektors. Er soll Elementarteilchen aus der Gruppe der Quarks aufspüren

Leute reden zu gern über Telefon. Da fühlen sie sich wichtig."

Und während der freundliche Zuchtmeister Karl Jakobs den Athenern verdeutlicht, dass unter allen Umständen das Wohl der gesamten Kollaboration im Auge zu behalten sei, klappt Rosy den Laptop auf, ruft ihre Schaubilder auf und macht sich an die Arbeit, es gibt so viel zu tun. Bald darauf verschwindet sie.

Der Tag ist ein Strudel aus Terminen und Meetings, er dauert von acht Uhr morgens bis acht Uhr abends, mindestens. Rosy weiß, sie werden auf das Higgs-Teilchen, wenn überhaupt, erst in Jahren stoßen; 2009 wäre ein Erfolg. Doch das ist ein abstrakter Gedanke. Hier rechnet man in Zielvorgaben. Forschung im 21. Jahrhundert ist Mannschaftssport und die Weisheit des Fußballtrainers auch in der Teilchenphysik zu gebrauchen.

Wir denken vom Ergebnis her. Der Einzelne zählt nichts. Der Star ist die Mannschaft. Was auch heißt: Es kommt auf alle an.

Aber das soziale Modell, nach dem ATLAS funktioniert, ist keineswgs der Sportclub. Die 2000 Wissenschaftler haben auch keine wohlgeordnete Forscherdemokratie gegründet. Eher erinnert das CERN an einen Basar: Wer bietet die besten Algorithmen? Wessen Computercode soll Leitkultur werden? Lässt sich Montreal von Pisa über den Tisch ziehen? Es ist ein ständiges Feilschen, blubbernde Hektik, Kaffeepausenpolitik.

Viele hier empfinden das Improvisationschaos, das sich wunderhaft zur Ordnung formt, als befreiend. Wenn Rosy vom Entdecken schwärmt, der Faszination, die Teile des großen Puzzles zusammenzufügen, dann wirkt es, als könne man sich auch im Maschinenraum der modernen Wissenschaft so heroisch an seiner Aufgabe berauschen wie jene Helden der Vergangenheit, deren Namen draußen auf den Straßenschildern stehen.

Route Newton, Route Bohr, Route Marie Curie. Leise Reminiszenzen an Zeiten, in denen man die Welt noch als Einzelgänger erklären konnte.

Rosy hingegen braucht Mitspieler. Der Laptop ist ein Freund, das Internet ein Instrument der Erkenntnis. „Ich google alles." Täglich treffen 100 E-Mails ein. *Hi Rosy, note that the commissioning is not taking by default the rt-relation from MdtCalibDbCoolStrTool, but the one from MuonCommRecExample. If you want to update the rt-relation, the file in MuonCommRecExample should be changed. Hope this clarifies, Jochem.*

Natürlich verbrächte Rosy am liebsten jeden Augenblick damit, die Higgs-Jagd zu trainieren. Aber das ist die Kür, das will jeder. Deshalb haben Forscher, die nach Genf kommen, das ATLAS-

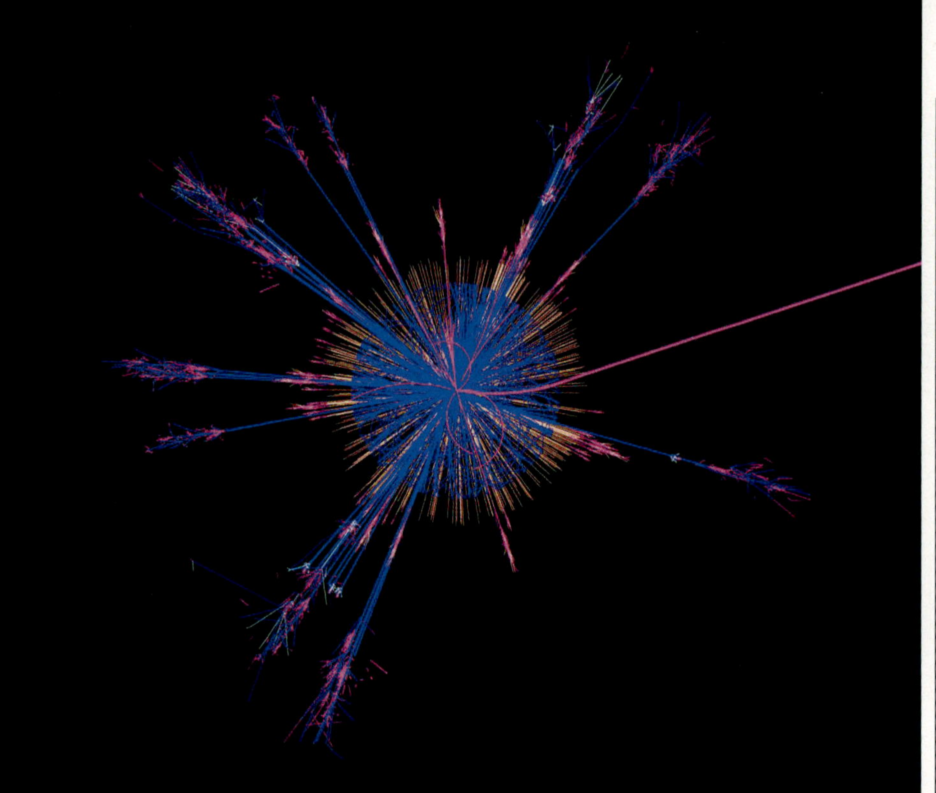

Prallen zwei Wasserstoff-Atomkerne (Protonen) fast mit Lichtgeschwindigkeit aufeinander, setzt ihre Energie einen Schauer neuer Teilchen frei, wie diese Simulation zeigt

Grundgesetz zu befolgen: Frage nicht, was das Experiment für dich tun kann – frage, was du für das Experiment tun kannst. Sorge dafür, dass die Maschine funktioniert! Denn der riesige Detektor 100 Meter unter der Erde, dieses Vergrößerungsglas für die Bruchstücke der Kollisionen, muss erst einmal aufgebaut, getestet, in Betrieb genommen und mit dem Computersystem verbunden werden. Sonst wird die Suche nie beginnen können.

Eine Art Zivildienst also; genannt *service*. Wer nicht mitzieht bei diesem Hausmeisterdienst der Experimentalphysik, der spielt die Rolle des ungeliebten Außenseiters, so wie die Egoistentruppe von der Universität Wisconsin.

Die Mühen der Ebene. Eine Aufgabe haben, ein Ziel. Rosy soll bei ihrem *service* die Myonen-Teilchen, die hoffentlich ab Juli 2008 durch den Detektor sausen werden, in Datenpakete für die Software verwandeln, sie arbeitet daran mit 25 anderen Forschern.

„Kommen Sie", sagt sie, „ich erkläre es Ihnen in der Kaverne."

Der Eingang zur Unterwelt verbirgt sich in Gebäude 3185, einer öden Industriehalle gegenüber der Hauptstraße. Im Inneren umfängt ein Brummen die Besucher, wie das Milchregal im Supermarkt, nur lauter. Der Sound des ATLAS-Experiments: die Kühlanlage. Man händigt einem Wachmann seine Chipkarte aus, angelt einen Schutzhelm von der Wand, dann steht man im Lift, wo ein Warnschild die Träger von Herzschrittmachern zur Umkehr auffordert.

100 Meter tiefer fehlen die Vergleiche. Viele haben versucht, zu beschreiben, was man sieht, wenn man von der schmalen Empore nach vorn schaut wie auf die Niagarafälle. Die bekannteste Metapher stammt von dem Autor Hans Magnus Enzensberger, er schrieb von „unterirdischen Kathedralen". Rosy findet das passend. „Ich fühle mich so unbedeutend hier."

Was man sieht: eine Zwiebel aus Metall von 25 Meter Durchmesser, umwuselt von winzigen Männchen. Ein technoides Ungetüm in Blau und Grau und Rot mit einem Loch in der Mitte. Dort passt die Röhre hinein, in der die Protonen kollidieren sollen.

Man kann, oben auf der Empore, an der Maschine entlanglaufen wie an einer riesigen Lokomotive, aber eine Struktur ist kaum zu erkennen. Überall wuchern die Erkennungssysteme, Rosy erklärt sie: Silizium-Tracker sollen die Flugbahnen der Crash-Bruchstücke erspüren, Kalorimeter die Energie. Der ATLAS-Detektor ist ein gut ausgestattetes Sinnesorgan mit vielen Millionen Komponenten.

Für Rosys Myonen gibt es am äußeren Rand der Zwiebel ein eigenes System. Man sieht mehrere Räder, auf die Arbeiter gerade lange Tuben stecken, die Leuchtröhren ähneln. „Sobald sie fertig sind, ist der Detektor komplett. Unser Baby!" Wenn dann ein Myon des Weges kommt, sollen die Tuben, gefüllt mit Drähten und Gas, Alarm schlagen, wie Bewegungsmelder am Hauseingang.

Und Rosy mit ihren Kollegen wird dafür sorgen, dass sich aus den chaotischen Signalen all dieser 354 200 Tuben am Computerschirm ein Bild davon ergibt, wie es jedem einzelnen Myon ergangen ist auf seiner Reise durch die riesige Maschine. Das ist Rosys Dienst an der Gemeinschaft; er füllt die meisten ihrer Arbeitstage aus.

Schwierig genug, hier unten den Überblick zu behalten über die Superzwiebel. Unmöglich fast, es virtuell zu tun, 100 Meter weiter oben in den Büros, wo man sich den Herausforderungen der Codes zu stellen hat, den Zumutungen der Abstraktion. Wo man gemeinsam darum kämpft, dass die Computer verstehen, wie der Apparat arbeitet, und was sie mit all den Daten anfangen sollen, die er liefert; damit sich überhaupt ein Verzeichnis der Crash-Bruchstücke erstellen lässt, jene riesige Tabelle, auf die Higgs-Sucher überall in der Welt zugreifen sollen.

Der Moment, an dem die Suche endlich beginnt, erscheint oft ewig weit entfernt, ein Sommerurlaub, erträumt im Dezember.

Wenn man Rosy begleitet, ins Büro, auf Konferenzen und nach hier unten, dann vergisst man leicht, was unter all dem Unbegreiflichen ihrer Welt am wenigsten zu begreifen ist: ATLAS existiert nicht allein.

8,5 Kilometer Luftlinie von hier, auf der anderen Seite des Beschleuniger-Rings, lebt eine Parallelwelt. Der CMS-Detektor ist fast so groß wie dieser, er ist ähnlich konstruiert, auch dort gibt es 2000 Forscher. Arbeitstreffen, Intrigen,

Begeisterung. Ein Myonen-Team, eine zweite Rosy sozusagen.

Der Gedanke erscheint absurd. Und doch ist er wahr. Rosy weiß das, weil ihr Mann in der Zweitwelt arbeitet.

Das Verhältnis zwischen ATLAS und CMS ähnelt einer Großen Koalition. Sie stehen in Konkurrenz; jede will das Higgs zuerst finden. Und sie sind aufeinander angewiesen; was die eine Forscherwelt entdeckt, muss die andere bestätigen, sonst hat es keinen Wert. Viele Kontakte gibt es nicht, nur eine Art Koalitionsausschuss, der Standards für die Suche festlegt.

„Zum Glück", sagt Rosy, „ist die Natur demokratisch." Man kann so viel finden, meint sie, für alle wird etwas dabei sein. Auch für die 1650 Forscher der Detektoren drei und vier, ALICE und LHCb.

Denn mit der Entdeckung des Higgs-Teilchens würde ja nur eine Story enden, und die nächste könnte beginnen. Auch das Higgs würde nämlich nicht vollends das Rätsel lösen, weshalb Materie schwer ist. Am Ende, wenn die Theorien des Standardmodells gerettet sind und alle Elementarteilchen die ihnen zustehende Masse erhalten haben – am Ende bliebe eine letzte, harmlos klingende Frage. Sie ist blinder Fleck und ultimative Ironie der Versuchsanordnung, und sie klingt wie ein Witz von Woody Allen.

Allen würde fragen: Woher bekommt eigentlich das Higgs-Teilchen seine Masse? Es verleiht sie sich selbst, lautet die Antwort der Physiker; man kann das ausrechnen.

Und dann: Panik. Hilflosigkeit. Denn nach dem bekannten Modell ergäbe sich für das Higgs eine Masse, die 100 Billiarden Mal höher ist, als es für ein halbwegs normales Partikel zu erwarten wäre. Schließlich verlangen die merkwürdigen Gesetze der **Quantenmechanik**, dass sämtliche denkbaren Wechselwirkungen eines Teilchens mit anderen Teilchen seine Masse aufstocken.

Und beim Higgs, das ja allen anderen Partikeln ihre Masse verleiht, wären unendlich viele solcher Wechselwirkungen zu berücksichtigen. Seine Masse würde explodieren, immer weiter. Das Ergebnis wäre absurd hoch, es entspräche der „Planck-Energie", jenem Grenzwert, hinter dem keine Erkenntnis mehr möglich ist.

Man könnte sich auch diese Hässlichkeit vermutlich irgendwie schönrechnen. Aber das, glauben viele Physiker, wäre ein Sabotageakt an der Realität.

Sie sagen das so: Mit dem Higgs und seiner Masse gäbe es ein „Natürlichkeitsproblem".

Die Theoretiker: denken nach. Und melden sich mit einer Lösung. Einem neuen Modell, das die Widersprüche lösen würde, ohne dem Standardmodell Gewalt anzutun: der „Supersymmetrie".

In diesem Modell hätte jedes Elementarteilchen einen Partner, zum Quark gehörte ein Squark, zum Photon ein Photino und zum Higgs das Higgsino. Die Anteile der Partikel und ihrer Gegenparts an der Higgs-Masse würden sich gegenseitig neutralisieren; so wäre deren Zuwachs zu stoppen.

Und auf der Liste der Physiker stünden auf einmal doppelt so viele elementare Teilchen.

Möglicherweise zeichnet die „Supersymmetrie" auch verantwortlich für die Dunkle Materie, jene rätselhafte Substanz, die etwa ein Viertel des Kosmos ausmacht. Und winzige Schwarze Löcher? Neue Dimensionen? Alles scheint möglich, jetzt, in der Euphorie des Neuanfangs. Denn wenn sie existieren, dann sind alle diese Sensationen vielleicht im neuen Beschleuniger am CERN herstellbar; dann wird man sie an ihren Bruchstücken erkennen können, so wie Rosy es mit den Myonen macht.

Werden die Forscher auf eine »Neue Physik« stoßen und damit die Dunkle Materie erklären?

Wird es gelingen, nicht nur die Signaturen des Higgs-Teilchens, sondern auch die einer „Neuen Physik" zu entziffern?

„Das wird geschehen", sagt Rosy, sie klingt wie eine Prophetin der Erlösung, „und auch wenn es lange dauert: Ich werde vorbereitet sein."

Sie kommt nur noch selten in die Kaverne. Bei einer Aufräumaktion sind sie neulich hineingeklettert in ihre Maschine, haben Mobiltelefone, Brillen, Uhren herausgeholt, letzte Spuren der Erbauer. Im Sommer, wenn die Teilchen aufeinanderprallen, wird es hier unten menschenleer sein, wegen der Strahlung. Einzig am Bildschirm wird der „Urknall" zu beobachten sein.

Ein Arbeitstag geht zu Ende, ein Routinetag im wichtigsten Forschungsprojekt unserer Zeit. An der Bushaltestelle vor dem Haupttor stehen müde Menschen, und Rosy in ihrem Büro kehrt nach zehn Stunden *service* zurück zur Königsdisziplin, der Higgs-Suche, die sie seit drei Jahren probt und für die sie nur morgens oder spät am Abend Zeit findet, weil sie fast immer damit beschäftigt ist, die Voraussetzungen für diese Suche zu schaffen.

Sie gähnt, reißt das Fenster auf, dann sitzt sie wieder vor ihren Grafiken. Hier, in der Simulation, ragt der Zacken der Kurve beruhigend in die Höhe. Er steht gerade bei 8. „Das ist die Zahl der Ereignisse, die 36 Monate nach der ersten Kollision zu erwarten sind."

„Das heißt, im Jahr 2010 wird das Higgs nach Abertausendmilliarden Kollisionen nur acht Mal aufgetaucht sein?"

„Wenn wir gut gearbeitet haben, die Maschine gut funktioniert – ja."

„So selten?"

„Tja. Es gibt Asteroiden, die fliegen nur alle 80 Jahre an der Erde vorbei. Bedeutende Naturereignisse sind eben selten."

Ein Mann schaut ins Zimmer, Zdenko van Kesteren von nebenan, Amsterdamer Gruppe. Am Wochenende werde er mit Kollegen ins Spa gehen. Whirlpool, Massage, mal wieder den Körper spüren, eintauchen in die Wirklichkeit. Ob Rosy nicht mitkommen wolle?

„Ich glaube, ich habe keine Zeit", sagt sie. Dann schaut sie wieder auf ihren Computer. □

GEOkompakt-Redakteur **Malte Henk**, 31, war beeindruckt von der Begeisterung der Physiker, die in der Suche nach dem Higgs-Teilchen ihre Lebensaufgabe sehen.

Literatur: Harald Fritzsch, „Quarks. Urstoff unserer Welt", Piper. Günther Hasinger, „Das Schicksal des Universums", Beck. **Internet:** www.cern.de

Harald Martenstein über Dr. Frankenstein, die Erfindung der Brille und das Jahrhundert der deutschen Wissenschaft

THE MAD SCIENTIST

Louis Pasteur war missgünstig und gewissenlos, Edwin Hubble hochfahrend und arrogant und Isaac Newton ein Fall von Größenwahn. Was genau sagt uns das?

Die Texte in diesem Heft sind von Wissenschaftsjournalisten verfasst worden. Sie denken und arbeiten so ähnlich wie Wissenschaftler – sie sind Experten, sie wollen Beweise und kennen sich aus. Nur ein Text, dieser hier, wird von einem Laien geschrieben. Das hat fast schon Tradition. Ich darf herumspekulieren und den naiven Blick aufs Thema ausprobieren. Ich bin der Hofnarr.

Auf gut 140 Seiten erfahren wir, welche Wissenschaftler einen besonders großen Beitrag zur Menschheitsgeschichte geleistet haben. Ich frage mich: Was sind das eigentlich für Menschen gewesen?

Bei einigen Personen deutet die Redaktion vorsichtig an, dass sie charakterlich wohl ein bisschen schwierig gewesen seien. Den etwas intrigant veranlagten Louis Pasteur hätte man sicher nicht gern als Chef, Edwin Hubble war wegen seiner Arroganz gefürchtet. Newton war, sprechen wir es doch einfach mal ungeschützt aus, ein Sonderling, ein Hypochonder, ein Sexualneurotiker, ein Fall von Größenwahn, ein Diktator, und er hat Leute an den Galgen gebracht.

Wer Großes leistet, muss nicht unbedingt ein großartiger Mensch sein. Bei den Künstlern ist es ja ähnlich. Vielleicht verlangen wir deshalb von den Politikern zu viel, wenn wir ihr Privatleben und ihren Charakter durchleuchten. Wenn ein völlig gestörter Typ wie Newton die Physik revolutionieren konnte, zugunsten der gesamten Menschheit, wieso sollte dann ein leicht durchgeknallter Haldodri – ich verkneife mir Namen – nicht in der Lage sein, den Staatshaushalt in Ordnung zu bringen oder das Rentensystem überzeugend zu reformieren?

Archimedes hat Stimmen gehört und lief wie ein Landstreicher herum. Vielleicht ist Archimedes das erste historisch belegte Beispiel für eine Figur, die in der Literatur und im Kino seit Jahrhunderten beliebt ist – der *mad scientist*, der leicht sonderbare bis schwer wahnsinnige Wissenschaftler. Berühmteste Fälle: Frankenstein sowie Dr. Jekyll und Mr. Hyde.

Eigentlich ist der *mad scientist* eine logisch erklärbare Erscheinung. Um auf eine Idee zu kommen, die noch kein anderer hatte, muss man anders sein. Um sich auf eine Forschungsaufgabe völlig konzentrieren zu können, um alles Störende auszublenden, sollte man vielleicht kein besonders soziales, geselliges und liebesfähiges Exemplar unserer Art sein. Um Protesten vorzubeugen: Ich weiß, dass es auch einige sehr nette und relativ normale Wissenschaftler gegeben hat.

»Newton war, sprechen wir es doch mal aus, ein Sonderling, ein Hypochonder, ein Sexualneurotiker«

Alles beruht auf Logik und Mathe. Die antiken Denker haben natürlich, nach unseren Begriffen, fast nichts über die Welt gewusst. Trotzdem konnten sie mithilfe von Logik und Mathematik Grundlagen schaffen, auf denen wir noch heute stehen. Allerdings finde ich es desillusionierend, dass die Lehren des Thales und des Pythagoras womöglich von deren Nachfolgern erdacht wurden und dass der hippokratische Eid gar nicht von Hippokrates stammt.

In dieser Liste der 100 größten Forscher stehen erfreulicherweise auch Leute, die in den wichtigsten Fragen ihres Wissenschaftlerlebens schwer danebenlagen, wie der Astronom Ptolemäus oder der Arzt Galen. Ptolemäus hat sich geirrt, aber so überzeugend, dass die Welt jahrhundertelang an seinen Irrtum geglaubt hat, auch das hat Größe.

Es werden sogar so fragwürdige Erfindungen wie die Atombombe gewürdigt, zu Recht, finde ich, nicht nur, weil die Atombombe schwer zu bauen war. Falls die Welt eines Tages durch einen Atomkrieg vernichtet werden sollte, wird ein – naturgemäß außerirdischer – Beobachter womöglich den Satz sagen: „Die Atombombe war zweifellos die wichtigste aller Erfindungen, sie hat am meisten bewirkt."

Elf der 100 Wissenschaftler in diesem Heft wirkten in der Antike und waren Griechen oder stammten zumindest aus der hellenischen Welt. Die größte Zeitlücke klafft in Europa zwischen der Nummer 11, Galen, geboren 129 n. Chr., und Friedrich II., geboren 1194. Dazwischen taucht lediglich der Araber Alhazen auf.

Das Heft bricht ja eine Lanze für das Mittelalter, das gar nicht so finster gewesen sei und immerhin fünf von 100 Namen beisteuert. Trotzdem steht fest, dass nach dem Ende der Antike geistig erst einmal ein paar Hundert Jahre lang wenig los gewesen ist. Warum? Ich wage dazu eine These. Die Staaten waren in diesem chaotischen Zeitalter zwischen Spätantike und Spätmittelalter zu schwach, sie konnten ihr Gewaltmonopol nicht durchsetzen. Wo jeder fast ständig um seine Sicherheit fürchten und sich hinter Burgmauern gegen Räuber oder Rivalen schützen muss, herrscht kein gutes Klima für wissenschaftlichen Fortschritt.

Wenn ich richtig gezählt habe, ist nur in einem einzigen weiteren Zeitabschnitt eine Nation wissenschaftlich so dominant gewesen wie die Griechen in der Antike – die Deutschen im 19. Jahrhundert. 17 der 26 Forscher von John Dalton bis Heinrich Hertz sind deutsch. Ich finde, man darf darauf ruhig ein bisschen stolz sein. Nur Großbritannien, fünf Forscher, hält im Jahrhundert der deutschen Wissenschaft halbwegs mit.

John Dalton? Ich habe Herrn Dalton, der als Erster Atomgewichte bestimmt hat, vor der Lektüre dieses Heftes nicht gekannt. Das Gleiche gilt für Charles Lyell, einen der Begründer der modernen Geologie, für Antoni van Leeuwenhoek, der als erster Mensch Bakterien beobachtet hat, und viele andere, obwohl ich glaube, eine passable Allgemeinbildung zu besitzen.

Kunststoff prägt unseren Alltag: Diese banale Erkenntnis schreibe ich nur deswegen auf, weil ich es so erstaunlich finde, dass ein gewisser Herr Baekeland, der wohl einen der größten Beiträge zur Prägung unseres Alltags geleistet hat, tausendmal unbekannter ist als zum Beispiel der Maler Cézanne oder der Sportler Muhammad Ali.

Ohne Computerchips würde die Welt von heute nicht funktionieren, die Welt würde ganz einfach stillstehen, den Computerchip aber gäbe es wohl nicht ohne Walter Schottky. Ich würde, vorausgesetzt, er stünde von den Toten auf, Walter Schottky nicht erkennen, wenn er mir in der U-Bahn gegenübersäße. Und falls er sich mir vorstellte, würde ich ihn fragen, was er beruflich so macht.

Galileo Galilei und Charles Darwin dagegen kennt fast jeder. Weshalb ist das so? Beide Herren haben nichts Nützliches geschaffen, was einen Vergleich mit dem Kunststoff oder dem Computerchip aushielte. Brauche ich im Alltag die Kenntnis der Evolution? Was nützt mir mehr, meine Sammlung von „Tupper"-Dosen oder das Bewusstsein, dass die Erde sich um die Sonne dreht?

Was prägt unseren Alltag mehr: der Kunststoff – oder die Evolutionstheorie?

Offenbar gilt die Faustregel: Wirklich unsterblich wird nur, wer das Denken verändert. Es kommt, unter dem Gesichtspunkt des maximalen Ruhmes, nicht darauf an, das Leben der Menschen zu verbessern und es ihnen ein bisschen bequemer zu machen, sondern es kommt auf die Beeinflussung ihres Weltbildes an. Der Mensch ist kopfgesteuert.

Ich bin Brillenträger, ohne Brille renne ich gegen Türkanten und stürze in Erdlöcher. Der Mönch Roger Bacon ist der geistige Vater der Brille. Dieser Mann müsste für uns Kurzsichtige wie ein Heiliger sein, dessen Bildchen wir in unseren Brillenetuis aufheben. Wofür aber ist Roger Bacon bis heute bekannt? Vor allem für eine theoretische Schrift, in der er, schön und gut, aber völlig unpraktisch, die Experimentalwissenschaft und die Mathematik lobpreist.

Außerdem möchte der Mensch beleidigt werden. Häufig wird von den drei großen Kränkungen der Menschheit gesprochen: Galileo und Copernicus haben uns beigebracht, dass die Erde nicht im Zentrum des Universums steht; Darwin hat uns die Illusion geraubt, die von Gott in persönlicher Handarbeit erschaffene Krone der Schöpfung zu sein; und Freud hat uns, mit der Erkenntnis, dass es ein Unterbewusstsein gibt, die Illusion geraubt, freier Herr all unserer Entscheidungen zu sein.

Die Urheber dieser großen Kränkungen hatten anfangs begreiflicherweise einige Akzeptanzprobleme zu überwinden, aber heute stehen sie alle als historische Riesen da. Darwin, ein Titan, verglichen mit so einem armen, kleinen Brillenerfinder, der nie auch nur im Geringsten jemanden beleidigt hat.

Sigmund Freud vermisse ich in der Liste. Es gab natürlich Diskussionen darüber, ob er hineingehört, er befindet sich im Grenzgebiet zwischen den Geistes- und den Naturwissenschaften. So eine Liste bleibt halt immer ein Spiel, eine Ansichtssache. Die Wissenschaft mag, in Grenzen, objektiv sein, aber manchmal will der Mensch eben spielen, dann schreibt er zum Beispiel Listen. □

Harald Martenstein, 54, ist Schriftsteller und Kolumnist in Berlin.

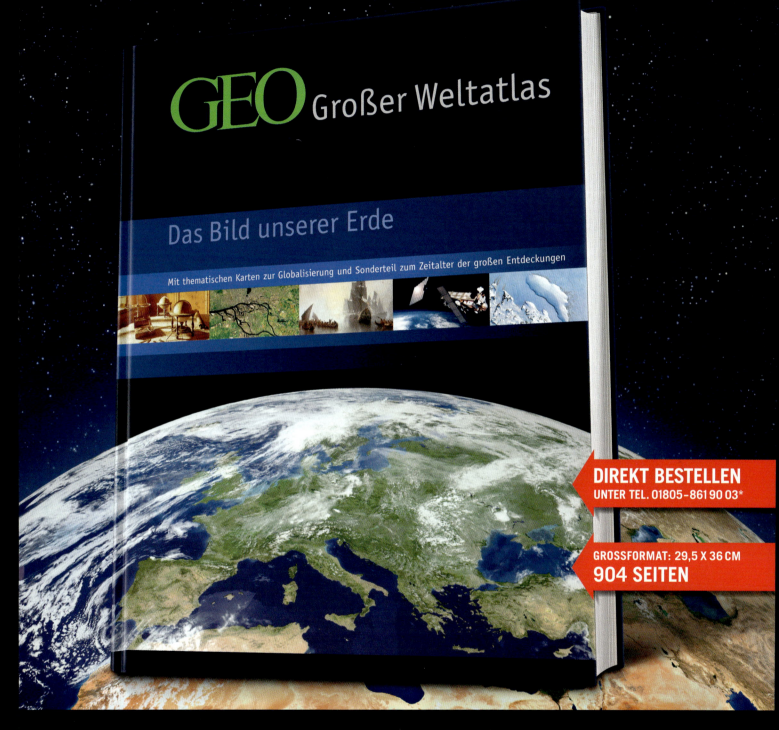

Kompakt erklärt

Wichtige Fachbegriffe – präzise definiert. Die Zahlen geben an, auf welchen Seiten sie vorkommen und wo sie (blau hervorgehoben) zum Verständnis eines Textes besonders wichtig sind

Alphateilchen
Atomkerne aus zwei ***Protonen*** und zwei ***Neutronen***, die als Strahlung beim Zerfall von bestimmten radioaktiven Elementen, den sogenannten Alphastrahlern, ausgesendet werden. 1 mg reines Radium etwa strahlt pro Sekunde 37 Millionen Alphateilchen ab. (**94**)

Aminosäuren
Chemische Verbindungen mit mindestens einer Carboxylgruppe (–COOH) und einer Aminogruppe ($-NH_2$). Wegen dieser Endgruppen verbinden sie sich leicht zu Ketten. Eiweißstoffe sind aus 22 verschiedenen Aminosäuren aufgebaut. (**87**, *125*, **127**, *128*, *129*)

Anorganische Chemie
Chemische Disziplin, die sich mit sämtlichen Verbindungen beschäftigt, die keine Kohlenstoff-Wasserstoff-Bindungen enthalten. Das trifft auf zwei Prozent aller bekannten Stoffe zu (etwa Kochsalz, Ammoniak, Schwefelsäure). (**67**, **84**)

Antimaterie
Besteht aus ***Antiteilchen***. Diese haben die gleiche Masse und den gleichen ***Spin*** wie gewöhnliche Teilchen, aber sonst entgegengesetzte Eigenschaften. (**119**)

Antiteilchen
Elementarteilchen existieren in zwei komplementären Formen: als gewöhnliche Teilchen, aus denen sämtliche Materie besteht, und als Antiteilchen. Sofern sie elektrisch geladen sind, unterscheiden sie sich durch das Vorzeichen ihrer Ladung. Das Antiteilchen des ***Elektrons*** ist etwa das Positron. Bei einer Kollision vernichten gewöhnliche Teilchen und Antiteilchen einander, werden zu Energie. Diese kann sich wieder in neue Teilchen umwandeln. (**119**)

Atomgewicht, relatives
Heute: relative Atommasse. Dimensionslose Einheit, die angibt, wievielmal die Masse eines bestimmten Atoms größer ist als 1/12 eines Kohlenstoffatoms. Seit 1962 ist das Kohlenstoffatom ^{12}C die Bezugsgröße. (**59**, *85*)

Chromosomen
Stäbchenförmige, oft gekrümmte Gebilde im Zellinneren, in denen die Erbsubstanz ***DNS*** gespeichert ist. Alle Zellen von Lebewesen mit Ausnahme der Bakterien und Blaualgen enthalten in ihrem Zellkern eine für jede Art typische Anzahl von Chromosomen. (*15*, **119**)

DNS (Desoxyribonukleinsäure)
In allen Lebewesen (Ausnahme: einige Viren) der Träger der Erbinformation. Das Molekül besteht aus zwei Ketten, die strickleiterartig über jeweils zwei sich gegenseitig ergänzende ***Nukleinsäurebasen*** miteinander verbunden sind. (*9*, **94**, **119**, **122**, *123–125*, **126**, *127–129*)

Elektrodynamik
Die Elektrodynamik beschreibt den Zusammenhang zwischen Elektrizität und Magnetismus: Jede bewegte Ladung ist von einem magnetischen Feld umgeben, jedes sich ändernde Magnetfeld erzeugt seinerseits ein elektrisches Feld. So entstehen ***elektromagnetische Felder***, die sich – als elektromagnetische Strahlung oder Wellen – mit Lichtgeschwindigkeit ausbreiten. (**81**, **94**)

Elektromagnetische Wellen
Elektromagnetische Felder, die sich mit unterschiedlicher Wellenlänge und Frequenz mit Lichtgeschwindigkeit ausbreiten. Dazu zählt das sichtbare Licht ebenso wie Röntgenstrahlen, Mikro- und Radiowellen. Im Gegensatz zu Wasser- und Schallwellen können sich elektromagnetische Wellen nicht nur in einem Medium, sondern auch im Vakuum fortpflanzen. (**84**, **86**, **88**)

Elektromagnetisches Feld
Resultiert aus der Wechselwirkung von Elektrizität und Magnetismus: Bewegte elektrische Ladungen sind stets von Magnetfeldern umgeben. Andererseits können Magnetfelder ihrerseits elektrische Ströme erzeugen. (**84**, *138*, *141*)

Elektron
Elektrisch negativ geladenes ***Elementarteilchen***. In Atomen bilden Elektronen die Hülle um den Kern. (*6*, *10*, **81**, *86*, **87**, *89*, **94**, *95*, **103**, **104**, **106**, **118**, **119**, **122**, *123*, **132**, **138**, *139*, *141*, *142*)

Elektronenröhre
Grundlegendes Bauelement der Elektronik, das als elektrisches Steuer- und Verstärkungsgerät für Gleich- und Wechselströme dient. Es basiert auf der verschiedenartig beeinflussbaren Bewegung von ***Elektronen*** im Vakuum. Die Elektronenröhre war lange Zeit das wichtigste Gerät in der Elektrotechnik. Heute werden viele Funktionen von Halbleiterbauteilen übernommen. (**120**)

Elektrostatische Kraft
Kraft, die ruhende elektrische Ladungen aufeinander ausüben. Gleichnamige Ladungen stoßen einander ab, ungleichnamige ziehen sich an. Die elektrostatische Kraft zwischen einem ***Elektron*** (–) und einem ***Proton*** (+) ist dabei um etwa 40 Größenordnungen stärker als ihre gegenseitige Anziehung aufgrund der Gravitationskraft. (**102**)

Element
Stoff, der nur aus Atomen mit gleicher Zahl von Protonen im Kern besteht, etwa Helium oder Gold. Im Gegensatz zu chemischen Verbindungen, wie Zucker oder Wasser, lassen sich Elemente durch chemische Verfahren nicht weiter zerlegen. Das ***Periodensystem der Elemente*** kennt heute 118 Elemente, davon kommen jedoch nur 93 in der Natur vor. (*8*, *12*, **17**, *18*, **42**, *47*, **60**, **61**, **67**, **83**, **84**, **85**, *92*, **95**, *99*, *106*, **111**, *112*, *122*, **132**)

Elementarteilchen
Subatomare Teilchen, die kleinsten Bausteine der Materie. Sie können zumindest mit den derzeit zur Verfügung stehenden Mitteln nicht weiter zerlegt werden. Zu den Elementarteilchen zählen zum Beispiel die ***Quarks*** und die ***Elektronen***. (**87**, **133**, *136*, **139**, *141*, *143*, *145*, *146*)

Energieerhaltungssatz
Allgemeingültiges Gesetz der Physik, nach dem Energie weder neu geschaffen noch verloren gehen, sondern nur von einer Form in die andere umgewandelt werden kann. Beispiel: Ein Motor wandelt chemische Energie in Bewegungsenergie und Wärme um. Die Gesamtenergie bleibt dabei stets erhalten. (**80**)

Enzyme
Fast ausschließlich hoch spezialisierte Eiweißstoffe, die als Katalysatoren bei bestimmten chemischen Reaktionen wirken: Sie erhöhen die Geschwindigkeit, mit der diese ablaufen. Zum Beispiel steuern sie die Stoffwechselvorgänge aller Lebewesen. (**87**, *94*, *124*, *127*)

Gammastrahlen
Sehr kurzwellige ***elektromagnetische Wellen***, die bei Umwandlungen von Atomkernen auftreten. Können Zellen stark schädigen. (*88*, **133**)

Gattung
In der Biologie eine Einheit des Systems der Lebewesen, die verwandtschaftlich sehr nahestehende Spezies zusammenfasst. Sie tragen dieselbe Gattungsbezeichnung. Beispielsweise gehören Mensch und Neandertaler zur Gattung Homo. (**56**, **75**, **76**)

Alphabetisches Verzeichnis der Forscher – und wo sie im Heft stehen

* arabisch: Al Hasan Ibn Al-Haytham

Gen
Einheit der Erbinformation, die aus definierten Abschnitten des ***DNS***-Moleküls besteht. Die Erbanlagen des Menschen sind in rund 23 000 unterschiedlichen Genen festgelegt. (129)

Genetischer Code
Gewissermaßen eine Übersetzungsvorschrift für den wichtigsten biochemischen Prozess in der Zelle. Diese Übersetzung ermöglicht es, dass die in der ***RNS*** gespeicherte Information zur Bildung eines bestimmten Eiweißstoffes in die dementsprechende Reihenfolge von ***Aminosäuren*** übertragen wird. Die Werkzeuge, die dabei eingesetzt werden, sind spezielle Transportmoleküle. Sie stellen die Verbindung zwischen einer Kombination von jeweils drei chemischen Buchstaben (***Nukleinsäurebasen***) der RNS einerseits und einer spezifischen Aminosäure andererseits her. So wie man mithilfe eines Englisch-Wörterbuchs die drei Wörter „tree of life" übersetzen kann in das eine deutsche Wort „Lebensbaum", so wird bei der Eiweißproduktion in der Zelle die Kombination von jeweils drei chemischen Buchstaben in eine Aminosäure übersetzt. Insgesamt gibt es 22 Aminosäuren, die mithilfe dieses genetischen Codes zu Hunderttausenden von Proteinen zusammengefügt werden können. (*126*, 128, *129*)

Genom
Die Gesamtheit aller ***Gene*** eines Organismus. (119)

Halbleiterkristalle
Halbmetalle wie Silizium oder Metalle wie Gallium, deren Fähigkeit, den elektrischen Strom zu leiten, stark von der Temperatur abhängt. Zusätzlich kann die Leitfähigkeit durch das Einmischen fremder Atome in den Halbleiter beeinflusst werden. Diese Regulierbarkeit macht man sich in der Elektronik zum Steuern von elektrischen Strömen zunutze, etwa in Computerbauteilen wie ***Speicherchips***. (104, 120)

Ion
Elektrisch geladenes Atom oder Molekül, das durch die Aufnahme oder Abgabe von ***Elektronen*** entsteht. (103)

Kausalitätsprinzip
Physikalischer Grundsatz, nach dem gleiche Ursachen stets die gleiche Wirkung haben. Beispiel: Bei Zuführung von Wärme schmilzt der Schnee. Der Zusammenhang zwischen einer Ursache und ihrer Wirkung ist durch Naturgesetze bestimmt. In der ***Quantenphysik*** jedoch gilt das Kausalitätsprinzip nicht. (89, 103, 118)

Kernfusion
Die Verschmelzung zweier leichter Atomkerne zu einem schwereren Kern; dabei wird Energie frei. Die von Sternen abgestrahlte Energie wird durch Kernfusion in ihrem Zentrum gebildet. (103)

Kernspaltung
Im Gegensatz zur ***Kernfusion*** wird bei der Kernspaltung ein schwerer Atomkern in zwei oder mehr mittelschwere Kerne und mehrere Neutronen unter Freisetzung von Energie zerlegt. In Kernreaktoren lassen sich Kernspaltungen durch Neutronenbeschuss kontrolliert durchführen, um Wärme und daraus Elektrizität zu erzeugen. (*12, 15*, 95, 112, *113, 117*)

Kettenreaktion
Sich selbst erhaltende Folge von Kernspaltungen. Jede von ihnen erzeugt ***Neutronen***, die ihrerseits, wenn sie auf andere Atomkerne treffen, weitere Spaltungen auslösen, bis das spaltbare Material aufgebraucht ist. Beim Zünden einer Atombombe ist diese Reaktion extrem schnell, in einem Kernreaktor hingegen läuft sie kontrolliert ab. (*110*, 112, *113, 114, 115, 117*)

Kinetische Energie
Auch: Bewegungsenergie. Jene Energie, die ein Körper aufgrund seiner Bewegung besitzt; ihre Größe hängt von Masse und Geschwindigkeit des Körpers ab. Je schneller die Bewegung des Körpers, desto größer ist seine kinetische Energie. Die kinetische Energie etwa des Aston Martin DB 4 GT, Baujahr 1963 (306 PS, 0–100 km/h in 6,6 Sek., Spitzengeschwindigkeit 246 km/h) beträgt bei Höchstgeschwindigkeit 0,82 Kilowattstunden. (*48*, 80)

Kinetische Gastheorie
Physikalische Modellvorstellung, die Eigenschaften und Gesetzmäßigkeiten von Gasen anhand der Bewegungen der Gasteilchen erklärt. (84, 85)

Klasse
In der biologischen Systematik eine Kategorie, die mehrere ***Ordnungen*** zusammenfasst. (*38*, 56, *90*)

Kontinuität
Begriff, der kennzeichnet, dass die Werte einer physikalischen Größe, etwa Temperatur oder Energie, stetig, also stufenlos, ansteigen bzw. abfallen. (89, 118)

Kosmische Hintergrundstrahlung
Elektromagnetische Strahlung, die das Weltall annähernd gleichmäßig ausfüllt. Die Strahlung stammt aus der Energie des Urknalls und breitet sich seit der Entstehung der Atome vor mehr als 13 Milliarden Jahren frei und gleichmäßig im Universum aus – ist also gleichsam ein Echo des Urknalls. (119, *133*)

Mathematische Konstante
Jede feste, unveränderliche Zahl (etwa die Kreiszahl Pi), die sich aus Gesetzen der Mathematik ergibt. (57)

Myon
Instabiles ***Elementarteilchen***, das wie ein ***Elektron*** negativ geladen, jedoch gut 200-mal schwerer ist. Myonen entstehen beispielsweise, wenn kosmische Strahlung auf Atomkerne in der Atmosphäre trifft und mit ihnen reagiert. In Teilchenbeschleunigern, wie voraussichtlich ab Sommer 2008 im LHC in Genf, werden Myonen durch Partikelkollisionen künstlich erzeugt. (*141*, 142, *144, 145*)

Neuron (Nervenzelle)
Grundeinheit des Nervensystems. Neuronen sind in der Lage, elektrische Signale rasch weiterzuleiten. Jede Nervenzelle besitzt Zellfortsätze, durch die sie mit zahlreichen anderen verbunden ist. (88)

Neutron
Elektrisch neutrales Teilchen, das neben ***Protonen*** in unterschiedlicher Anzahl in den Kernen aller Atome außer normalem (leichtem) Wasserstoff enthalten ist.
(95, 110, *111, 112, 114, 115*, 122, *141*)

Nukleinsäurebasen
Bestandteile der ***Nukleotide*** in ***DNS*** und ***RNS***. Lediglich vier solcher Basen (Adenin, Cytosin, Guanin und Thymin) – die auch als genetische Buchstaben bezeichnet werden – bilden in Zweierkombinationen die Sprossen des strickleiterartigen DNS-Moleküls. In der RNS wird die Base Thymin durch Uracil ersetzt. (123, *124, 125*)

Nukleotide
Bausteine der Nukleinsäuren DNS und RNS, die jeweils eine ***Nukleinsäurebase***, eine bestimmte Art von Zucker und eine Phosphorsäure-Verbindung enthalten. (*124, 125*, 127, *128, 129*)

Objektiver Zustand
Die Existenz objektiver Eigenschaften eines physikalischen Körpers – unabhängig von einer Beobachtung desselben. Die Gesetze der klassischen Physik (sie gelten mit großer Genauigkeit in der Makrowelt) gehen davon aus, dass alle Gegenstände einen objektiven Zustand besitzen. Für den atomaren Bereich hingegen gelten die Gesetze der klassischen Physik nicht – sondern die der ***Quantenmechanik***. Aus ihren Gesetzmäßigkeiten folgt, dass die beschriebenen Teilchen und Zustände in der Mikrowelt nicht nur objektive, an sich feststehende Eigenschaften haben. Erst die Messung einer physikalischen Größe – wie etwa die der Geschwindigkeit eines Teilchens – hat einen konkreten Wert dieser physikalischen Größe zur Folge. Allerdings ist es nach Werner Heisenbergs Unschärferelation unmöglich, gleichzeitig alle Eigenschaften eines Teilchens exakt zu messen – also einen vollständig objektiven Zustand zu erzeugen. Er existiert in der Mikrowelt nicht. (89, 118)

Ordnung
Höhere systematische Kategorie in der Biologie, die verschiedene Familien zu einer Gruppe zusammenfasst. Sie steht im System der

Lebewesen damit zwischen Familie und ***Klasse.*** Diese Klassifikation benutzen Forscher, um Lebewesen zu benennen und einzuteilen. Die kleinste biologische Einheit ist die Art, mehrere Arten bilden eine ***Gattung.*** Zusammengehörige Gattungen fassen Biologen zu einer Familie zusammen. Das System setzt sich über immer höhere Kategorien fort: Ordnung, Klasse, Stamm/Abteilung und Reich. (*38, 48,* **56**)

Organische Chemie
Wissenschaft von den Kohlenstoff-Wasserstoff-Verbindungen (organischen Verbindungen). Diese Stoffe können auch weitere ***Elemente*** enthalten (etwa Sauerstoff, Stickstoff oder Schwefel). (**67, 84**)

Periodensystem der Elemente
Kurz: PSE. Tabellarische Darstellung aller bekannten chemischen ***Elemente.*** In den waagerechten Zeilen, den Perioden, reihen sich die Elemente nach steigendem ***Atomgewicht*** aneinander, das sich aus der Zahl der ***Protonen*** und ***Neutronen*** im Atomkern ergibt. In den senkrechten Spalten, den Gruppen, stehen die Elemente mit ähnlichen chemischen und physikalischen Eigenschaften. In der letzten Gruppe beispielsweise, ganz rechts, stehen alle Edelgase untereinander. (**59**, *85, 106, 111,* **132**)

Polymer
Riesenmolekül, das sich aus vielen kleinen identischen Bausteinen, sogenannten Monomeren, zusammensetzt. Stärke und Zellulose sind Polymere, aber auch viele künstlich hergestellte Stoffe wie Polyester oder Zelluloid. (**102**)

Positron
Auch Anti-***Elektron.*** Ein ***Elementarteilchen***, das die gleiche Masse wie ein Elektron, aber positive elektrische Ladung besitzt. (**119**)

Potenzielle Energie
Auch: Lageenergie. Form der Energie, die ein Körper aufgrund seiner Lage in einem Kraftfeld hat, etwa dem Gravitationsfeld der Erde. Ein Objekt, das in Relation zur Erdoberfläche erhöht ist, hat das „Potenzial", zu Boden zu fallen. Beim Fall wandelt sich seine potenzielle Energie in Bewegungs-, also ***kinetische Energie*** um. (**80**)

Projektionslehre
Mathematische Methode, die eine Abbildung räumlicher Objekte auf einer ebenen Fläche ermöglicht. Kartographen übertragen so die gekrümmte (dreidimensionale) Oberfläche der Erde auf ein flaches (zweidimensionales) Blatt. (**26**)

Proteine (Eiweißstoffe)
Große komplexe Moleküle, die in allen Zellen eine Schlüsselrolle spielen. Bei Menschen bilden 21 ***Aminosäuren***, die in unterschiedlicher Anzahl und Reihenfolge miteinander verbunden sind, mehrere Hunderttausend unterschiedliche Proteine. (*87,* **94**, *124, 125,* **126**, *128, 129*)

Proton
Elektrisch positiv geladenes Teilchen. Protonen sind zusammen mit ***Neutronen*** die Bausteine der Atomkerne aller Elemente (Ausnahme: Nur Wasserstoff hat keine Neutronen). (**110, 122**, *139–142, 144*)

Prozessor
Der Teil eines Computers, der die anderen Bestandteile steuert, also auch Rechnungen ausführt. Dazu enthält ein Prozessor als wesentliche Komponenten Steuerwerk, Rechenwerk und einen Datenspeicher. Bei heutigen Mikroprozessoren befinden sich alle notwendigen Verbindungsleitungen auf einem winzigen Chip. (**104**, *120*)

Quanten
Kleinste, unteilbare Einheiten physikalischer Größen. Beispielsweise ist das Photon das Quant des Lichts, also dessen kleinste Einheit. Die Eigenschaften von Quanten und deren Verhalten werden mit den Gesetzen der ***Quantenmechanik*** beschrieben. (**89, 103, 104, 106**)

Quantenphysik, Quantenmechanik, Quantensprung
1900 begründet Max Planck jenes Gebiet der Physik, das sich fortan mit dem Verhalten von Atomen und deren Bestandteilen beschäftigt: die Quantenphysik. Physikalische Größen, wie beispielsweise die Energie, können demnach nur „gequantelte" Werte annehmen, das heißt, sie können sich nur sprunghaft und nicht kontinuierlich ändern. Zwischen zwei verschiedenen physikalischen Zuständen (etwa verschiedenen Energiewerten eines Elektrons im Atom) ereignen sich die sogenannten Quantensprünge. In den 1920er Jahren wird dieses Gedankengebäude weiter zur Quantenmechanik ausgebaut. Im Unterschied zur klassischen Physik beschreibt sie physikalische Vorgänge nur durch Wahrscheinlichkeiten: So kann beispielsweise (vereinfacht gesagt) ein Experiment zu 60 Prozent in das wahrscheinlichste Ergebnis münden, zu 30 Prozent in ein zweites und zu zehn Prozent in ein drittes. (**83, 89, 91, 94, 98, 103, 104, 106, 118, 123, 145**)

Quarks
Elementarteilchen. Aus Quarks bestehen etwa ***Neutronen*** und ***Protonen.*** Sie treten (im Gegensatz zu allen anderen Teilchen) immer im Verbund auf, nie isoliert. (**132**, *139, 140, 141, 143, 145*)

Radioaktivität
(von lat. *radius* = Strahl) Eigenschaft bestimmter ***Elemente***, sich umzuwandeln, etwa in leichtere Elemente zu zerfallen. Beispiel: Uran zerfällt über viele Zwischenschritte zu Blei. Dabei geben die Uran-Atomkerne einen kleinen Teil ihrer Masse in Form von Strahlung (***Alpha***- oder Betateilchen bzw. ***Gammastrahlen***) ab. Radioaktive Strahlung zerstört organisches Gewebe und kann tödlich sein. Mediziner nutzen sie in geringen Dosen zur Behandlung von Krebs. (*8,* **92, 95**, *111*)

Speicherchip
Elektronischer Datenspeicher in Form von Plättchen. Ein Chip ist höchstens 0,1 Millimeter dick und enthält winzige Bauelemente. Etwa alle drei Jahre erreichen Ingenieure eine Vervierfachung der Speicherkapazität auf einem Chip. (**104**, *147*)

Spektroskop
Optische Vorrichtung, die Licht durch ein Prisma oder ein Beugungsgitter in unterschiedliche Wellenlängen zerlegt und somit ein farbiges Spektrum sichtbar macht. (**83**, *133*)

Spektrum, Spektrallinien, Spektralanalyse
Sternenlicht setzt sich aus unterschiedlichen Lichtfarben zusammen. Mithilfe einfacher Apparaturen (Prismen) können Astronomen das Licht in ein Farbband (Spektrum) auffächern – ähnlich dem eines Regenbogens. Das Spektrum eines Sternes ist jedoch von dunklen Streifen (Spektrallinien) durchsetzt. Sie zeigen an, welche Lichtfarben von den Atomen in der Sternenatmosphäre verschluckt wurden. Die Spektrallinien sind charakteristisch für Atome bestimmter chemischer Elemente. Daher kann bei einer Spektralanalyse aus dem Spektrum eines Sterns auf dessen chemische Zusammensetzung geschlossen werden. (**66, 83**, *88,* **105**)

Spieltheorie
Mathematische Theorie zur Modellierung von Spielsituationen, in denen die Spieler Einflussmöglichkeiten auf den Spielausgang haben. Ziel ist es, in Entscheidungssituationen die optimale Strategie für einen Spieler festzulegen. Anwendung findet die Spieltheorie vor allem in realen Konflikt- und Konkurrenzsituationen: etwa bei strategischen Unternehmensentscheidungen oder zur Bewertung militärischer Optionen. (**120**)

Spin
Der Spin ist eine Eigenschaft von ***Elementarteilchen.*** Er kann anschaulich als Eigendrehung der Teilchen aufgefasst werden. (**106, 119**)

Standardmodell
Bezeichnung für eine physikalische Theorie, die aufgrund des aktuellen Kenntnisstandes weitgehend gültig ist und von den meisten Forschern akzeptiert wird. Das Standardmodell der Elementarteilchenphysik zum Beispiel beschreibt die Wechselwirkungen zwischen allen bislang bekannten ***Elementarteilchen.*** Damit können Forscher nahezu alle bisher beobachteten Phänomene der Mikrowelt erklären. Allerdings ist das Standardmodell der Elementarteilchenphysik unvollständig, da etwa die gravitative Wechselwirkung, also die Schwerkraft, nicht beschrieben wird. (**139**, *145*)

Statistische Mechanik
Teilgebiet der Physik, das (mithilfe statistischer Methoden) makroskopische Eigenschaften von Materie, wie etwa die Temperatur eines Gases oder die Wärmeleitfähigkeit eines Metalls, aus den mechanischen Gesetzmäßigkeiten ihrer Bausteine (Atome oder Moleküle), herleitet. Die Temperatur eines Gases wird beispielsweise auf den Mittelwert der ***kinetischen Energie*** der Gasteilchen zurückgeführt. (**85**)

Statistische Wahrscheinlichkeit
Ergebnis einer Berechnung physikalischer Vorgänge in der atomaren Welt (oder in anderen Bereichen), die nicht eindeutig vorhersehbar sind, sondern nach statistischen Gesetzen ablaufen. Forscher können das Verhalten etwa von ***Quanten*** nicht eindeutig vorhersagen. Die statistische Wahrscheinlichkeit ist aber ein Maß dafür, mit welcher Wahrscheinlichkeit ein bestimmter Vorgang abläuft. (**103**)

Strukturchemie
Teilgebiet der Chemie, das sich mit der Aufklärung von Strukturen, insbesondere der Gruppierung und der Bindung der Atome im Molekül befasst. Dabei werden Aussagen über Atomgruppen oder den Bau des Moleküls gemacht. (**84**)

Supernova
Explosion eines Sterns von mehr als etwa zehn Sonnenmassen, der seinen solaren Brennstoff verbraucht hat. Er bläht sich auf und wird zu einem roten Überriesen. Dann kollabiert der Kern, die dabei entstehenden Schockwellen zerreißen die äußeren Hüllen. Dabei leuchtet der Stern für kurze Zeit so hell wie eine Milliarde Sonnen. (**39**)

Synapse
Kontaktstelle zwischen zwei ***Neuronen*** – oder zwischen einem Neuron mit einer Sinnes-, Muskel- oder Drüsenzelle. Mithilfe von Synapsen werden Signale von Zelle zu Zelle übertragen. (**88**)

Theorem der mittleren Geschwindigkeit
Lehrsatz, nach dem ein gleichmäßig beschleunigter Körper in einer bestimmten Zeit eine Strecke zurücklegt, die exakt derjenigen entspricht, die er zurückgelegt hätte, wenn er sich in derselben Zeit mit der Geschwindigkeit bewegt hätte, die er zum mittleren Zeitpunkt erreicht hat. (**29**)

Trigonometrie
(von griech. *trigonon* = Dreieck) Zweig der Mathematik, der die Berechnung von Dreiecken behandelt. Durch die Leersätze der Trigonometrie lässt sich von bekannten Größen eines Dreiecks, etwa Winkeln und Seitenlängen, auf unbekannte schließen. In der Astronomie können auf diese Weise die Entfernungen von Planeten, Monden und nahe gelegenen Sternen ermittelt werden. (**29**)

Autoren: Rainer Harf, Sebastian Witte

BILDNACHWEIS/COPYRIGHT-VERMERKE

Anordnung im Layout: l. = links, r. = rechts, o. = oben, m. = Mitte, u. = unten

Titel: Illustration: Tim Wehrmann für GEOkompakt, Fotos: bpk/Elliot+Frey; Alinari/Interfoto; Keystone/laif; Science Photo Library/Agentur Focus; Photo Scala Florence/HIP; Corbis
Editorial: Werner Bartsch für GEOkompakt
Inhalt: Bettmann/Corbis: 4. o.; Photo Scala Florence: 4 u.; The Atlas Experiment of Cern; Heiner Mülller-Elsner/Ag. Focus; Yale Joel/Stringer/Time+Life Pictures/Getty Images; SPL/Ag. Focus; Roger Ressmeyer/Corbis: 5 v. l. o.
Die Wege zum Wissen: CERN/SPL/Ag. Focus: 6; Margaret Bourke-White/Time&Life Pictures/Getty Images: 7; Musée Curie: 8; Getty Images/Keystone: 9 o.; SPL/Ag. Focus: 9 m.; Interfoto/ Friedrich Rauch: 9 u.; Hulton Deutsch Collection/Corbis: 10 o.; SPL/Ag. Focus: 10 l. u.; Mary Evans Picture Library/Interfoto: 10 r. u.; Ullstein-Bild: 11; Nina Leen/Time&Life Pictures/Getty Images: 12 o.; akg-images: 12 u.; Ullstein Bild: 13 o.; IFPAD/Interfoto: 13 u; Time&Life Pictures/Getty Images: 14; Bettmann/Corbis: 15 o.; Keystone/Stringer/Getty Images: 15 u.
Forscher 1–8: Corbis: 16 l. o. ; Sinopix/Laif: 16 r. o. ; Bildarchiv Preußischer Kulturbesitz: 16 r. u. ; akg-images: 17 l. o.; Photo Researchers/ Mauritius Images: 17 r. o.; Bibliotheque National France: 17 u.; H. Müller-Elsner/Ag. Focus: 18 o.; Stockbyte/Getty Images: 18 u. ; akg-images: 19 o. + l. u.
Forscher 10–16: Ullstein Bild/Granger Collection: 26; Mehau Kulyk/SPL/Ag. Focus: 27; The Bridgeman Art Library: 28 o.; Interfoto/Sammlung Rauch: 28 u.; Bettmann/Corbis: 29 o.; Bildarchiv Preußischer Kulturbesitz: 29 u.
Der Herr der Ringe: Gianni Tortoli/SPL/Ag. Focus: 30; The Art Archive/Galleria Degli Uffizi Florence/Alfredo Dagli Orti: 31; akg-images: 32 +34; Christophe Bolsvieux/Corbis: 33; Corbis: 35
Forscher 18–21: SPL/Agentur-Focus: 36 o.; Richard Kalvar/ Magnum/Ag. Focus: 36 u.; Christopher Pillitz/Ag. Focus/ 37 o.; Ullstein Bild/KPA: 37 l. u.; Bridgeman Art Library: 37 r. u.
Die Akte Galilei: Photo Scala, Florence: 38–40; Ullstein Bild/ Granger Collection: 41 + 42 u.; akg-images: 42 o.; Alinari/Interfoto: 43; Erich Lessing/akg-images: 45
Forscher 23–28: Ullstein Bild/KPA: 46; CNRI/SPL/Ag. Focus: 47 l. o.; Granger Collection/Ullstein Bild: 47 r. o. ; Interfoto/AISA: 47 u.; Giles Revell: 48 o.; Photo Scala/Florence Courtesy of the Ministero Beni e. Att. Culturali: 48 u.; SPL/Ag. Focus: 49 o.; Ullstein Bild/Roger Violet: 49 u.
Newtons wundersame Welt der Schwerkraft: Denis Darzacq/ Laif: 50–51, 53, 54; Humanities& Social Sciences Library/New York Public Library/SPL/Ag. Focus: 52 o.; Visual Arts Library (London)/ Alamy: 52m ; Simon Marsden/SPL/Ag. Focus: 52 u.; Interfoto/ Science Museum/SSPL: 55
Forscher 30–36: Stefano Bianchetti/Corbis: 56 l. o.; Archives Charmet/Bridgeman Art: Library: 56 r. o.; Interfoto/Science Museum/SSPL: 56 u.; Ullstein Bild/Granger Collection: 57 o; Ullstein Bild: 57 u.; Interfoto/AISA: 58; Biosphoto/Gilson Francois: 59 l. o.; Interfoto/Science Museum/SSPL: 59 r. o. + r. u; SPL/ Ag. Focus: 59 l. u.
Der Fürst der Zahlen: Bettmann/Corbis: 61, Anginmar/Okerland-Archiv: 65
Forscher 38–42: Henrik Spohler/Laif: 66 l.; Christian Schmidt/ Claudia Bitzer: 66 r. ; Dr. Morley Read/Science Photo Library/Ag. Focus: 67 o.; Interfoto/Mary Evans: 67 m.; Interfoto: 67 u.
Die Kraft, die neue Arten schafft: SPL/Ag. Focus: 68–69, 70, 72; Bildarchiv Preußischer Kulturbesitz/ART Resource, NY: 69 u.; Frances Evelegh/SPL/Ag. Focus: 71 o.; Bettmann/Corbis: 71 u.; The Natural History Museum, London: 73 o., 74; AKG-Images: 73 u.; Dave Roberts/SPL/Ag. Focus: 75–76
Forscher 44–67: Time + Life Pictures/Getty Images: 80 o.; AKG-Images: 80 u; Sergey Maximishin/Ag. Focus: 81; Interfoto/Sammlung Rauch: 82 o.; Ullstein Bild/AISA: 82 u.; Koen van Gorp: 83 o.; Granger Collection/Ullstein Bild: 83 u.; Frank Herfort: 84 o; Science Photo Library/Ag. Focus: 85 o.; Tony MacConnel/SPL/Ag. Focus: 85 o.; Photo Researchers/SPL/Ag. Focus: 86; Interfoto/IFPAD: 86 u.; Jean-Claude Révy/Ag. Focus: 87 l. o.; Bildarchiv Preußischer Kulturbesitz: 87 r. o.; Ullstein Bild/Granger Collection: 88 o.; Tim Tadder: 88/89; Emilio Segre Visual Archives/American Institute of Physics/Science Photo Library/Ag. Focus: 89 r.; Antonina Gern: 90; Baldwin H. & Kathryn C. Ward/Corbis: 91 l. o.; Alfred Pasieka/SPL/Ag. Focus: 91 r. o.; Steve Johnston/Alamy: 91 u.
Unsichtbare Gefahr: Getty Images: 92 o.; Science Photo Library/ Ag. Focus: 92 m; Musée Curie Paris: 92 u.; SPL/Ag. Focus; SV-Bilderdienst/S.M; Ullsteinbild/KPA; AKG-Images; NLM/Science Source/Photo Researchers; Granger Collection/Ullsteinbild; Picture Alliance/MAXPPP; SV-Bilderdienst/Kruse I.V.; Dan Lamont/Picture-Alliance: 93 v. l. o.
Forscher 69–72: Hulton-Deutsch Collection/Corbis: 94 l.o.; Bettmann/Corbis: 94 r. o.; Dr. Dennis Kunkel/Getty Images: 94 u.; Jürgen Nefzger: 95
Das Licht der Erkenntnis: science faction/Getty Images: 98
Forscher 74–83: Ullstein Bild: 102; Simon O Dwyer/Aurora/Laif: 103 o.; Gift of Jost Lemmerich/Emilio Segre Visual Archives/American Institute of Physics/SPL/Ag. Focus: 103; John Walsh/SPL/Ag. Focus: 104 o.; Archiv Friedrich/Interfoto: 104 u.; S. Beckwith & HUDF Working Group (STcI), HAST, ESA, NASA: 105; Alexandros Alexakis/SPL/Ag. Focus: 106 o.; Topfoto/Ullsteinbild: 106 u.
Der Tod aus dem Kern: Berlyn Brixner/Corbis: 108 o. + m.; Corbis: 108 m. + u.; Harold + Esther Edgerton Foundation, 2007, courtesy of Palm Press, Inc.: 108/109; Corbis 109 u.; Brissand-Brissand/ Gamma/Laif: 112–113; eyedea/Laif: 114 + 116; Yosuke Yamahata
Forscher 85–96: Roger Ressmeyer/Corbis: 118; Keystone France/ Laif: 119 o.; Chip Simons/Getty Images: 119 u.; Yale Joel/Stringer/ Time+Life Pictures/Getty Images: 120 o.; Ullstein Bild: m.; Simon Norfolk/NBPictures : 120 u.; Mitsuaki Iwago/Minden Pictures: 121 o.; Andreas Teichmann: 121 u.; Bettmann/Corbis: 126 o.; NASA: 126 u.; Hartmut Krinitz/Laif: 122/123; SPL/Ag. Focus: 123 r.
DNS. Das Archiv der Gene: National Library of Medicine: 125 + 126; Bettmann/Corbis: 127
Forscher 98–100: SPL/Ag. Focus: 132 o. ; Bettmann/Corbis: 132 u.; NASA/JPL: 133 o.; Roger Re ssmeyer/Corbis: 133 m.; TCS/Laif: 133 u.
Das Monster von Genf: The Atlas Experiment at CERN: 134–135 + 144; Peter Ginter: 136/137, Maximilian Brice/CERN: 143
The Mad Scientist: Erik Dreyer/Getty Images: 147
Vorschau: SPL/Ag. Focus: 154; Armin Smailovic/Ostkreuz: 155 o.; Eva Haeberle/Laif: 155 m. l. ; Mary Evans/Interfoto: 155 m. r.; Ian Hanning/REA/Laif: 155 u. l.; Jean-Christian Bourcart/Rapho/ Laif: 155 u. r.

Illustrationen:
David v. Behr für GEOkompakt: 104, 122, 123
Rainer Harf für GEOkompakt: 16, 19, 26, 58, 81, 84 l. + r. u., 86, 87, 102, 103
Herwig Hauser: 60–65
Mario Mensch/Geo-Grafik: 140/141
Jochen Stuhrmann für GEOkompakt: 5, 80, 96–101
(Das Licht der Erkenntnis), 110–111, 124–125
Tim Wehrmann für GEOkompakt: Titel, 4, 20–25
(Der erste Ingenieur), 46

Einem Teil dieser Auflage liegen folgende Beilagen bei: Gruner + Jahr AG & Co KG, Hamburg

DIE AUTOREN DER KURZPORTRÄTS

Ernst Artur Albaum: 1, 2, 3, 4, 6, 8, 10, 11, 15, 19, 21, 23, 27, 38, 42, 46
Dr. Christine Beil: 39, 40, 41, 44, 47
Jürgen Bischoff, Cay Rademacher: 20, 24, 28, 31, 48, 51, 54, 55, 56, 63, 66, 74, 78, 81, 86
Ute Eberle: 49, 58, 59, 60, 62
Dr. Henning Engeln, Cay Rademacher: 95
Marion Hombach: 61, 67
Ute Kehse: 65, 75, 76, 77, 82, 98, 99, 100
Johannes Kückens: 89, 96
Dr. Arno Nehlsen: 32, 79, 80, 87
Martin Paetsch: 13, 14, 16, 18, 25, 26, 30, 33, 35, 36, 45, 50, 52, 57 64, 94
Marlene Rau, Nora Somborn: 34
Alexandra Rigos: 70, 71, 72, 83, 85, 88, 90, 91, 92, 93
Susanne Utzt: 7, 12
Sebastian Witte: 5, 53, 68, 69

GEOkompakt

Gruner + Jahr AG & Co KG, Druck- und Verlagshaus, Am Baumwall 11, 20459 Hamburg. Postanschrift für Verlag und Redaktion: 20444 Hamburg, Telefon 040 / 37 03-0, Telefax 040 / 37 03 56 47, Telex 21 95 20. Internet: www.GEOkompakt.de

HERAUSGEBER
Peter-Matthias Gaede
CHEFREDAKTEUR
Michael Schaper
GESCHÄFTSFÜHRENDE REDAKTEURE
Martin Meister, Claus Peter Simon
CHEFS VOM DIENST
Dirk Krömer
Rainer Droste (Technik)
TEXTREDAKTION
Jörn Auf dem Kampe (Heftkonzept), Dr. Henning Engeln, Malte Henk
ART DIRECTOR
Torsten Laaker
BILDREDAKTION
Freie Mitarbeit: Lars Lindemann, Tatjana Stapelfeldt; Katrin Kaldenberg, Iris Pasch
VERIFIKATION
Susanne Gilges, Bettina Süssemilch;
Freie Mitarbeit: Dr. Eva Danulat, Johannes Kückens, Stefan Sedlmair
WISSENSCHAFTLICHE BERATUNG
Prof. Dr. Stefan Kirschner, Prof. Dr. Gudrun Wolfschmidt
TEXT-MITARBEIT
Christoph Kucklick, Dr. Arno Nehlsen, Jens Schröder; Freie Mitarbeit: Ernst Artur Albaum, Jörg-Uwe Albig, Dr. Christine Beil, Dr. Ralf Berhorst, Jürgen Bischoff, Ute Eberle, Prof. Dr. Ute Frevert, Jörg-Ulrich Gerhard, Rainer Harf, Marion Hombach, Ute Kehse, Johannes Kückens, Harald Martenstein, Martin Paetsch, Marlene Rau, Alexandra Rigos, Nora Somborn, Susanne Utzt, Bertram Weiß, Sebastian Witte
ILLUSTRATION
Freie Mitarbeit: David von Behr, Rainer Harf, Mario Mensch, Jochen Stuhrmann, Tim Wehrmann
SCHLUSSREDAKTION
Ralf Schulte;
Assistenz: Hannelore Koehl
REDAKTIONSASSISTENZ: Ursula Arens
HONORARE: Angelika Györffy
BILDADMINISTRATION UND -TECHNIK: Stefan Bruhn
BILDARCHIV: Bettina Behrens, Gudrun Lüdemann, Peter Müller
REDAKTIONSBÜRO NEW YORK: Nadja Masri (Leitung), Tina Ahrens, Christof Kalt (Redaktionsassistenz); 535 Fifth Avenue, 29th floor, New York, NY 10017, Tel. 001-646-884-7120, Fax 001-646-884-7111, E-Mail: geo@geo-ny.com
Verantwortlich für den redaktionellen Inhalt: Michael Schaper
VERLAGSLEITUNG: Dr. Gerd Brüne, Ove Saffe
ANZEIGENLEITUNG: Anke Wiegel
VERTRIEBSLEITUNG: Ulrike Klemmer, DPV Deutscher Pressevertrieb
MARKETING: Julia Duden (Ltg.), Anja Stalp
HERSTELLUNG: Oliver Fehling

ANZEIGENABTEILUNG: Anzeigenverkauf: Ute Wangermann, Tel. 040 / 37 03 29 32, Fax: 040 / 37 03 57 73; Anzeigendisposition: Carola Kitschmann, Tel. 040 / 37 03 23 93, Fax: 040 / 37 03 56 04
Es gilt die Anzeigenpreisliste Nr. 4/2008

Bankverbindung: Deutsche Bank AG Hamburg, Konto 0322800, BLZ 200 700 00
Heft-Preis: 8,00 Euro • ISBN 978-3-570-19784-4

ISSN 1614-6913
Litho: 4mat Media, Hamburg
Druck: Mohn Media Mohndruck GmbH, Gütersloh
Printed in Germany

GEO-LESERSERVICE

FRAGEN AN DIE REDAKTION
Telefon: 040 / 37 03 20 73, Telefax: 040 / 37 03 56 48
E-Mail: briefe@geo.de

ABONNEMENT- UND EINZELHEFTBESTELLUNG

ABONNEMENT DEUTSCHLAND
Jahres-Abonnement: 29 €

BESTELLUNGEN:
DPV Deutscher Pressevertrieb
GEO-Kundenservice
20080 Hamburg
Telefon: 01805 / 861 80 03*

KUNDENSERVICE ALLGEMEIN:
(pers. erreichb.)
Mo–Fr 7.30 bis 20.00 Uhr
Sa 9.00 bis 14.00 Uhr
Telefon: 01805 / 861 80 03*
Telefax: 01805 / 861 80 02*
E-Mail: geo-service@guj.de

24-Std.-Online-Kundenservice: www.MeinAbo.de/service

ABONNEMENT ÖSTERREICH
GEO-Kundenservice
Postfach 5, 6960 Wolfurt
Telefon: 0820 / 00 10 85
Telefax: 0820 / 00 10 86
E-Mail: geo@abo-service.at

ABONNEMENT SCHWEIZ
GEO-Kundenservice
Postfach, 6002 Luzern
Telefon: 041/ 329 22 20
Telefax: 041/ 329 22 04
E-Mail: geo@leserservice.ch

ABONNEMENT ÜBRIGES AUSLAND
GEO-Kundenservice, Postfach, CH-6002 Luzern;
Telefon: 0041-41 / 329 22 20, Telefax: 0041-41 / 329 22 04
E-Mail: geo@leserservice.ch

BESTELLADRESSE FÜR GEO-BÜCHER, GEO-KALENDER, SCHUBER ETC.

DEUTSCHLAND
GEO-Versand-Service
Werner-Haas-Straße 5
74172 Neckarsulm
Telefon: 01805 / 06 20 00*
Telefax: 01805 / 08 20 00*
E-Mail: service@guj.com

SCHWEIZ
GEO-Versand-Service 50/001
Postfach 1002
CH-1240 Genf 42

ÖSTERREICH
GEO-Versand-Service 50/001
Postfach 5000
A-1150 Wien

BESTELLUNGEN PER TELEFON UND FAX FÜR ALLE LÄNDER
Telefon: 0049-1805 / 06 20 00, Telefax: 0049-1805 / 08 20 00
E-Mail: service@guj.com

*14 Cent / Min. aus dem deutschen Festnetz, Mobilfunkpreise können abweichen

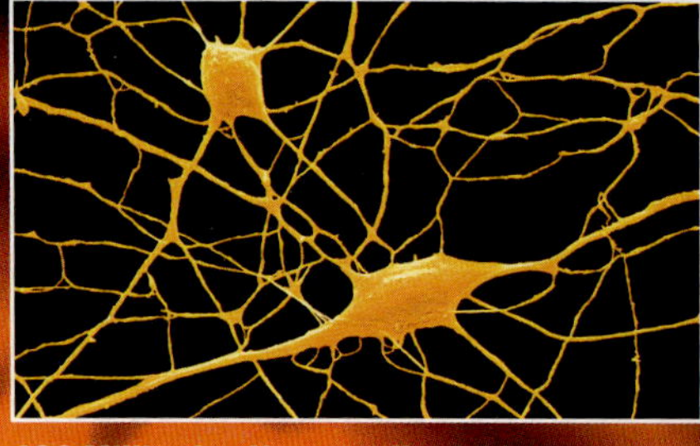

100 Milliarden Nervenzellen bilden unser Gehirn (großes Bild: Kernspin-Aufnahme)

GEO **kompakt Nr. 15 erscheint am 11. Juni 2008**

DAS GEHIRN

Ein ungemein komplexes Neuronengeflecht in unserem Kopf versorgt uns mit Sinnesreizen, steuert den Körper, erschafft ein Bild der Welt – und versucht, sich selbst zu begreifen